Die Zeit in Physik, Philosophie und im Menschlichen

Walter Hehl

Die Zeit in Physik, Philosophie und im Menschlichen

Walter Hehl
Thalwil, Schweiz

ISBN 978-3-658-44835-6   ISBN 978-3-658-44836-3   (eBook)
https://doi.org/10.1007/978-3-658-44836-3

Die Deutsche Nationalbibliothek verzeichnet diese Publikation in der Deutschen Nationalbibliografie; detaillierte bibliografische Daten sind im Internet über https://portal.dnb.de abrufbar.

© Der/die Herausgeber bzw. der/die Autor(en), exklusiv lizenziert an Springer Fachmedien Wiesbaden GmbH, ein Teil von Springer Nature 2024

Das Werk einschließlich aller seiner Teile ist urheberrechtlich geschützt. Jede Verwertung, die nicht ausdrücklich vom Urheberrechtsgesetz zugelassen ist, bedarf der vorherigen Zustimmung des Verlags. Das gilt insbesondere für Vervielfältigungen, Bearbeitungen, Übersetzungen, Mikroverfilmungen und die Einspeicherung und Verarbeitung in elektronischen Systemen.
Die Wiedergabe von allgemein beschreibenden Bezeichnungen, Marken, Unternehmensnamen etc. in diesem Werk bedeutet nicht, dass diese frei durch jede Person benutzt werden dürfen. Die Berechtigung zur Benutzung unterliegt, auch ohne gesonderten Hinweis hierzu, den Regeln des Markenrechts. Die Rechte des/der jeweiligen Zeicheninhaber*in sind zu beachten.
Der Verlag, die Autor*innen und die Herausgeber*innen gehen davon aus, dass die Angaben und Informationen in diesem Werk zum Zeitpunkt der Veröffentlichung vollständig und korrekt sind. Weder der Verlag noch die Autor*innen oder die Herausgeber*innen übernehmen, ausdrücklich oder implizit, Gewähr für den Inhalt des Werkes, etwaige Fehler oder Äußerungen. Der Verlag bleibt im Hinblick auf geografische Zuordnungen und Gebietsbezeichnungen in veröffentlichten Karten und Institutionsadressen neutral.

Planung/Lektorat: Frank Schindler
Springer VS ist ein Imprint der eingetragenen Gesellschaft Springer Fachmedien Wiesbaden GmbH und ist ein Teil von Springer Nature.
Die Anschrift der Gesellschaft ist: Abraham-Lincoln-Str. 46, 65189 Wiesbaden, Germany

Wenn Sie dieses Produkt entsorgen, geben Sie das Papier bitte zum Recycling.

Vorwort

Die Zeit ist vielleicht die wichtigste Grösse in der Physik und in unserem Leben. Auf jeden Fall ist *time* das gebräuchlichste Substantiv der englischen Sprache nach dem Forschungsprojekt Oxford English Corpus. Die Welt ist versessen auf das Phänomen Zeit.

Der Autor betrachtet die Zeit einerseits als Physiker, andrerseits als Vertreter der Informatik. Und natürlich ist er selbst auch Spielball der Zeit als ein nicht mehr junger Mensch.

Die objektive Zeit ist zunächst eine physikalische Grösse. Hier gibt es weise alte Erkenntnisse und seit Einsteins Arbeiten von 1905 bis 1915 auch fundamental Neues. Das Neue greift in die Tiefen unseres Verständnisses von der Welt und der Zeit. Auch die Informationstechnologie bringt neue Erkenntnisse, denn der Computer ist eine Vorrichtung in der Zeit. Letztlich sind wir – informationstechnisch gesehen – auch Computer, die ihren Lauf in der Zeit ausführen. Allerdings mit der Beschränkung der verfügbaren Zeit durch unseren Tod. Diese Begrenzung unserer Lebenszeit verändert alles. Wir empfinden die Zeit i. A. sachlich über das Ablesen von Uhren, aber die Empfindung selbst ist doch subjektiv, ja manchmal sogar eindeutig gestört. Das Buch skizziert die Psychologie der Zeit und wirft einen Blick auf die belletristische Literatur, die die Zeit thematisch behandelt. Die menschliche Zeit wird an Hand von Beispielen aus der Weltliteratur und der bildenden Kunst illustriert. Die Auswahl entspricht dem persönlichen Empfinden durch den Autor, aber sie ist durch die zitierten Werke doch von literarischem Wert. Es ist sicher lohnend, die angegebenen Gedichte und Romane zum Problem Zeit weiter zu verfolgen.

Das Buch versucht Fragen zu beantworten wie: Was ist die *Zeit*? Ist sie eine Illusion? Was kann man über sie aussagen? Was war am antiken Verstehen der Zeit schon richtig, was ist neu? Allerdings versteht man heute noch nicht, wie Zeit entsteht. Viel Verwirrung rührt von der Vermengung von Physik, Psychologie und Empfinden her. Hier können wir vielleicht einiges klären. Die Zeit als Illusion zu betrachten heisst jedenfalls «das Kind mit dem Bade auszuschütten».

Das Buch betrachtet die Zeit in der Physik und im Menschlichen. Dadurch bekommen die entsprechenden Kapitel zwangsläufig einen verschiedenen Stil und verschiedene Dichte.

Der erste Teil ist vor allem physikalisch und technisch. Den Anfang macht die *Zeit* klassisch astronomisch und physikalisch. Es sind Grundlagen im Verstehen der praktischen Zeit, angefangen mit Augustinus. Vor allem mit Einstein wird die Zeit dann ganz anders, viel komplexer. Wir erweitern den Horizont schliesslich auf den Kosmos als ganzes. Wir werden feststellen, dass das Bonmot vom Zeitpfeil nicht so passend ist wie üblich angenommen. Die *Zeit* ist zwar die vierte Weltkoordinate neben den drei Raumkoordinaten, aber wir zeigen, dass die Zeit anders ist und mehr.

Im zweiten Teil analysieren wir die Zeit der Menschen, zunächst nüchtern in ihrer Funktionsweise, dann wirklich menschlich mit Zeitgefühl. Der Leser mit Abneigung zur Physik findet hier Betrachtungen zur Faszination der Zeit allgemein und zur Rolle des Todes für die menschliche Zeit. Dort sind die schönsten Gedichte und die wichtigsten Romane zum Phänomen *Zeit* aufgeführt, die der Autor finden konnte.

Das Schlusskapitel versucht dann knapp die beste Antwort zu geben auf die Frage, was *Zeit* im Universum und im Menschlichen ist.

Insgesamt ist das Buch der Versuch, eine Art von Vorlage zu liefern für eine Studium-Generale-Vorlesung zum Thema *Zeit*. Es spannt dazu den Bogen von klassischer und moderner Physik zur schönen Literatur.

Im Unterschied zu «richtigen» Philosophiebüchern ist das Buch reich illustriert mit Bildern und Grafiken. Dazu kommen viele Originalzitate verschiedenster Quellen, die ich für treffend halte und/oder von wichtigen Personen sind, die ihre Ideen unverfälscht einbringen. Das Buch spannt ein Netz von Zitaten zum Thema Zeit. Ein Glossar zu wichtigen Begriffen aus den gestreiften Bereichen der Physik, Philosophie und Psychologie soll beim Verständnis helfen.

Jetzt ist es Zeit, das Buch zum Phänomen *Zeit* zu beginnen.

Walter Hehl

Danksagung

Dem Physiker und Autor Philipp Wehrli danke ich für Diskussionen und Anregungen zur Physik der Zeit.

Dem Astronomen Heino Falcke von der Radboud Universität in Nijmegen, Niederlande, verdanke ich den Hinweis zur zukünftigen Bedeutung von Pulsaren als Zeitgeber.

Dem Physiker und IBM-Kollegen Axel Tanner verdanke ich den Hinweis auf das Projekt der Zehntausend-Jahre-Uhr.

Dem Psychiater und Philosophen Marcin Moskalewicz, zur Zeit an der Universität Heidelberg, danke ich für seine Anregungen zum Zeitgefühl und zu dessen Störungen.

Meinem Schulfreund, dem Psychiater Volker Hüttl (gest. 2023), danke ich für seine Begeisterung über den *Zauberberg* von Thomas Mann, die ich heute zu würdigen weiss.

Ich danke dem Lektor des Springer Verlags, Frank Schindler, für das Interesse am Thema der Zeit und den Hinweis auf die Verwendung der Zeit in der Literatur und im Film als Stilmittel.

Dem Erfinder, Ingenieur und Uhrmacher John C. Taylor danke ich für die Genehmigung, ein Bild seiner Campusuhr für den Bucheinband verwenden zu dürfen.

Danksagung

Ganz ausserordentlicher Dank gilt meiner Frau Edith Geissmann, als Vertreterin der Geisteswissenschaft und Pädagogin in unseren Diskussionen, für ihre Beiträge zur belletristischen Literatur über die Zeit, aber dann ganz praktisch auch für die sorgfältige Korrektur des Manuskripts.

Inhaltsverzeichnis

1	**Einführung – die Zeit im klassischen Sinn**		1
1.1	Die klassische Philosophie der Zeit		5
	1.1.1	Die Zeit subjektiv bei Augustinus	5
	1.1.2	Die Zeit objektiv bei Plato, Aristoteles und Newton	12
1.2	Historische Zeitmessung		23
	1.2.1	Die klassische astronomische Zeit	26
	1.2.2	Die klassische physikalische Zeit	43
1.3	Moderne Zeit		56
	1.3.1	Quarzuhren und Quarzzeit	57
	1.3.2	Atomuhren und moderne Zeit	60
	1.3.3	Eine kosmische Uhr mit Pulsaren	64
	1.3.4	Drei Zeiten und neue Definition der Zeiteinheit	66
2	**Die nicht alltägliche Zeit, nach Einstein**		77
2.1	Das Problem mit den Geschwindigkeiten		80
	2.1.1	Licht hat immer die gleiche Geschwindigkeit	81
	2.1.2	Der Lorentz-Faktor und die Zeitdehnung	84

	2.1.3	Das Zwillings-Paradox	88
	2.1.4	Gleichzeitigkeit	93
	2.1.5	Die Zeit und der Anblick der Welt	96
2.2	Die Gravitation und die Zeit		102
2.3	Die kosmische Zeit		114
	2.3.1	Die Raumzeit	115
	2.3.2	Die Geschichte des Kosmos	120
	2.3.3	Die Zeit ist kein Pfeil	133
	2.3.4	Zeit zwischen Physik und Information: Entropie und Evolution	144
	2.3.5	Die Zeit ist mehr als die vierte Koordinate und mehr als Raum	148

3 Die Zeit und die Computer — 155

- 3.1 Die Zeit im einzelnen Computer — 156
  - 3.1.1 Stufen der Zeit im Computer — 158
  - 3.1.2 Vom Wert der Zeit (technisch) — 160
- 3.2 Aus vielen *Jetzt* wird *Eines* — 163
  - 3.2.1 Was ist das *Jetzt*? — 163
  - 3.2.2 Synchronisation — 164
  - 3.2.3 Selbst – Synchronisation — 169

4 Die menschliche Zeit – nüchtern — 173

- 4.1 Unsere Zeit als Computerzeit — 176
  - 4.1.1 Die Zeit als gleitendes Fenster — 177
  - 4.1.2 Die gespeicherte Zeit — 184
- 4.2 Unsere menschliche Zeit — 192
  - 4.2.1 Die subjektive Gegenwart — 192
  - 4.2.2 Innere Uhren — 196
  - 4.2.3 Die gefühlte Zeit — 204
  - 4.2.4 Die «beschleunigte» Zeit — 221

5 Die menschliche Zeit – existentiell und poetisch — 233

- 5.1 Das Menschliche an der Zeit — 234
- 5.2 Die Zeit in Kunst und Literatur — 245
  - 5.2.1 Alter und Tod als Motiv — 246
  - 5.2.2 Die Zeit selbst in der Lyrik – Auswahl — 256

	5.2.3 Die Zeit als Objekt im Roman – Auswahl	271
	5.2.4 Die Zeit als Musik	289
5.3	Die Faszination «Zeit» und Uhren	294
	5.3.1 Die Mystik der unendlichen Zeit: Das Long-Now-Projekt	295
	5.3.2 Die Faszination des sehr Langsamen: Das Pechtropfen-Experiment	300
	5.3.3 Die Faszination des Unmöglichen: Zeitreisen	303

6 Die Zeit – Schlussgedanken   319

Liste der Gedichte   333

Liste der Romane   334

Ausgewählte Wikipedia-Artikel   334

Glossar   337

Literatur   341

Stichwortverzeichnis   349

1

Einführung – die Zeit im klassischen Sinn

Inhaltsverzeichnis

1.1　Die klassische Philosophie der Zeit........................... 5
　　1.1.1　Die Zeit subjektiv bei Augustinus..................... 5
　　1.1.2　Die Zeit objektiv bei Plato, Aristoteles und Newton...... 12
1.2　Historische Zeitmessung 23
　　1.2.1　Die klassische astronomische Zeit..................... 26
　　1.2.2　Die klassische physikalische Zeit 43
1.3　Moderne Zeit... 56
　　1.3.1　Quarzuhren und Quarzzeit........................... 57
　　1.3.2　Atomuhren und moderne Zeit 60
　　1.3.3　Eine kosmische Uhr mit Pulsaren..................... 64
　　1.3.4　Drei Zeiten und neue Definition der Zeiteinheit 66

Die Zeit, klassisch, ist das, was und wie wir die Zeit fühlen. Es ist die gleichmässig fliessende Zeit, die wir empfinden. Dazu gibt zum einen kluge Gedanken zur *Zeit* (das ist die klassische Philosophie der Zeit) und zum anderen ist dieses Vorstellung das Fundament der klassischen Physik.

© Der/die Autor(en), exklusiv lizenziert an Springer Fachmedien Wiesbaden GmbH, ein Teil von Springer Nature 2024
W. Hehl, *Die Zeit in Physik, Philosophie und im Menschlichen*,
https://doi.org/10.1007/978-3-658-44836-3_1

Der Anfang ist die klassische philosophische Frage:

«quid est ergo tempus?» – Was aber ist nun die Zeit?

So beginnt eine Diskussion über die Zeit bei Augustinus (354–430 n.Chr.). Sein ganzer Absatz zu Fragen nach der Zeit hier auf Deutsch[1]:

Was aber ist nun die Zeit? Wer will das kurz und bündig erklären? Wer kann es im Denken erfassen und in Worten darstellen? Was aber auch ist uns im Sprechen vertrauter und geläufiger als die Zeit? Wir wissen, wovon wir reden, wir verstehen, wenn ein anderer davon spricht. Was also ist die Zeit? Wenn keiner mich fragt, weiß ich es; wenn einer mich fragt und ich es erklären soll, weiß ich es nicht mehr.

Diese Fragen wurden um das Jahr 400 n.Chr. vom christlichen Philosophen Augustinus von Hippo formuliert im 11. Buch seiner autobiografischen Bekenntnisse *Confessiones*. Der Titel dieses Bands heisst *Das Rätsel der Zeit*. Die Logik in den Fragen des Augustinus erinnert an die Logik des US-amerikanischen Richters Potter Stewart in einem pragmatischen Urteil zur Definition von Pornografie 1964:

«Ich weiss es, wenn ich es sehe, und jemand anderes wird es wissen, wenn er es sieht, aber was er sieht und was er weiß, kann mit dem, was ich sehe und was ich weiß, übereinstimmen oder auch nicht, und das ist in Ordnung.»

Dies bedeutet für die Zeit: Ich weiss es, weil ich sie spüre oder besser *weil ich sie erlebe*. Meine Sinne melden mir Veränderungen in der Zeit. Viele dieser Veränderungen können wir sogar messen, das heisst mit systematischen Zahlenwerten versehen. Damit kommt eine ganz andere Antwort vom Physiker auf die Frage «Was ist Zeit»:

Ich weiss es, weil ich es messen kann.

---

[1] Hier übersetzt von Dieter Hattrup, 2006. Augustinus Bekenntnisse, Paderborn. https://www.unifr.ch/dogmatik/de/assets/public/files/Dokumentation/Online-Bibliothek/Klassiker/Augustinus_Bekenntnisse.pdf.

Damit haben wir zwei verschiedene Ansätze, die Zeit zu verstehen: *Subjektiv* als Zeit für lebendige Wesen, die die Zeit und die davon abhängigen Veränderungen durch sie erleben, und *objektiv* als Zeit des messenden Naturwissenschaftlers, der die Veränderungen systematisch untersucht. Eine Zwischenposition nimmt die Psychologie der Zeitwahrnehmung ein. Hier ist das Ziel, die Zeitsensorik von Menschen und Tieren mit ihren Eigenschaften und Phänomenen zu erfassen. Wir werden versuchen, die Zeit auf drei Ebenen zu verstehen:

1. Objektiv physikalisch: Instrumente messen die Zeit,
2. Im Computer: Wir bauen und arbeiten in der Zeit,
3. Menschlich: Wir empfinden die Zeit. Es ist eigentlich wie 2), nur aus der Innenperspektive.

Die Versuche, die Zeit zu verstehen, reichen damit von der Literatur, etwa mit dem Thema des Tods und der Endlichkeit des menschlichen Lebens, bis zur Kosmologie mit dem (wahrscheinlichen Beginn) der Zeit im Urknall in einem sich ausdehnenden Weltall.

Infolge der Abstraktheit aller Vorstellungen zur *Zeit* wurde von Anbeginn der philosophischen Diskussion der Begriff der Illusion für die Zeit ins Spiel gebracht. Wir definieren eine Illusion:

> Def.: Eine Illusion ist eine falsche Wahrnehmung oder falsche Interpretation der Wirklichkeit.

Aber was ist die behauptete Illusion und was ist die «wahre» Wirklichkeit? Im menschlichen Leben ist der Ablauf des Lebens mit dem Tod als Schlusspunkt ein eindrücklicher Beweis für die Zeit als Realität. In der Welt der Physik ist die Geschichte des Weltalls mit der Entstehung unseres Planeten und der Evolution eine gigantische Bestätigung.

Es gab schon eine ähnliche philosphische Situation in den ersten Jahrzehnten der Entwicklung der Quantenphysik. Es kursierte der Gedanke, dass es keine Realität gäbe. In der atomaren Welt sind Objekte gleichzeitig Welle und Teilchen und zwischen zwei Beobachtungen tatsächlich und nachgewiesen unbestimmt-dazwischen. Hierzu gibt es eine kleine Anekdote von Heisenberg, einem der Schöpfer der Quantenmechanik aus dem Jahr 1925 (nach Rovelli, 2016):

Heisenberg geht im Abendnebel Kopenhagens im dunklen Park nach Hause. Er sieht einen Passanten im Licht der Strassenlaterne. Die Person verschwindet im Dunkel des Nebels und taucht im Licht der nächsten Strassenlaterne wieder auf. Dabei sei im der Gedanke gekommen, wie sich die Teilchen verhalten zwischen Realität und Virtualität. Dem Licht der Laterne entspricht der Vorgang der Messung.

Im Grossen ist die Welt jedoch stabil. Entfernte Objekte, die gemeinsam entstanden sind, können über grosse Entfernungen noch eine virtuelle Verbindung haben (die «Verschränkung»). Albert Einstein hatte nicht daran geglaubt und es spöttisch «spukhafte Wirkung» genannt. Heute ist dieser «Spuk» quantenmechanisch verstanden und wir wissen, dass diese Fernwirkung existiert, mit der Realität verträglich ist und man keine Information damit übertragen kann.

Gewiss existieren grosse Körper real – unsere Körper etwa und erst recht die Himmelskörper. Albert Einstein hat dies sarkastisch bemerkt in einem Gespräch mit dem niederländischen Physikerkollegen Abraham Pais. Pais hat den Ausspruch Einsteins dazu 1979 veröffentlicht:

Einstein blieb bei einem Spaziergang plötzlich stehen, drehte sich zu mir um und fragte mich, ob ich wirklich glaube, dass der Mond nur existiere, wenn ich ihn anschaute.

Es gibt keinen Zweifel an der Realität grosser Objekte, aber im atomaren Bereich löst sich der Begriff der Realität durch die Quantenphysik und die Unschärferelation auf. Dadurch lassen sich Ort und Geschwindigkeit eines Teilchens nicht gemeinsam genau bestimmen.

Entsprechendes gilt für die Zeit: Für unser menschliches Schicksal und die Entwicklung der Sterne ist die Zeit Realität. Auch ein unbelehrbarer Illusionist wird schliesslich durch seinen Tod «überzeugt». Allerdings wird im atomaren Bereich auch die physikalische Zeit unscharf – es gilt auch hier eine Unschärferelation. Die Unschärfen von Energie und Zeit sind gemeinsam gekoppelt. Ein Prozess kann sich für kurze Zeit damit Energie in diesem Zeitrahmen ausborgen.

1 Einführung – die Zeit im klassischen Sinn

Ein weiteres Zitat von Einstein hat unglücklicherweise den Gedanken der Zeit als Illusion durch die Autorität des grossen Wissenschaftlers beflügelt:

Für uns gläubige Physiker hat die Scheidung zwischen Vergangenheit, Gegenwart und Zukunft nur die Bedeutung einer, wenn auch hartnäckigen, Illusion.
Kondolenzbrief Einsteins an die Angehörigen seines verstorbenen Freundes Michele Besso, 1955.

Aber dieser Brief redet nicht von Physik trotz der Anrede als «gläubige Physiker» (Einstein ist nicht gläubig, weder jüdisch noch christlich. Er meint hier eher etwa «nüchterner»). Der Text ist menschlich tröstend gemeint. Er soll die Bedeutung des Todes abschwächen. «Illusion» ist kein physikalischer Begriff.

1.1 Die klassische Philosophie der Zeit

Nach den genannten Themen steht als nächstes die Zeit zur Diskussion. Am besten beginnt man damit, die Schwierigkeiten, die mit ihr verbunden sind, mithilfe der gängigen Argumente herauszuarbeiten. Erstens: Gehört sie zu den Dingen, die existieren, oder zu den Dingen, die nicht existieren? Und zweitens: Welcher Art ist sie?
Aristoteles im Essay Physik IV, §10, nach Barnes, 1984.

1.1.1 Die Zeit subjektiv bei Augustinus

«Duo ergo illa tempora, praeteritum et futurum, quomodo sunt, quando et praeteritum iam non est et futurum nondum est?»
Die Zeit kommt aus der Zukunft, die nicht existiert, in die Gegenwart, die keine Dauer hat, und geht in die Vergangenheit, die aufgehört hat zu bestehen.

Dieses wunderbare Zitat und kompakte Beschreibung der Zeit stammt ebenfalls aus den *Confessiones* von Augustinus von Hippo. Wir beginnen die Diskussion der Zeit mit Augustinus. Er liefert das antike Verständnis der Zeit besonders anschaulich und ist dabei so modern.

Abb. 1.1 **Augustinus von Hippo** Gemälde *Tolle lege* – nimm das Buch und lies! Benozzo Gozzoli, um 1465. (Bild: TolleLege, Wikimedia Commons, Web Gallery of Art)

Die Abb. 1.1 zeigt Augustinus in der Szene seiner Bekehrung. Eine kindliche Stimme hat ihm nach seiner Autobiographie *Tolle Lege* gesagt: Nimm das Buch (mit den Paulus-Briefen) und lies!

Augustinus definiert die Zeit dreiteilig («tripartit») mit den drei Zeiten Vergangenheit, Gegenwart und Zukunft, die wir auch empfinden. Eigentlich gibt es davon nur die Gegenwart: Die Zukunft ist eine Erwartung in der Gegenwart, die Vergangenheit die Erinnerung an eine Gegenwart. Die Gegenwart ist ein vorübergehender Moment und muss vergehen, sonst wäre sie Ewigkeit. Danach kann man nach Augustinus konsequenterweise nicht von einer Zeitspanne in der Vergangenheit sagen, *«es war eine lange Zeit»* – denn die vergangene Zeit existiert nicht.

Die Betonung der Gegenwart bis hin zur Leugnung der Existenz von Zukunft (die noch nicht hier ist) und Vergangenheit (die vergangen ist) nennen wir *Präsentismus,* abgeleitet von lat. *praesens* – gegenwärtig. In der extremen Formulierung der Nichtexistenz von etwas anderem als der Gegenwart hat man ein logisches Problem: Wie soll man mit der Zukunft und der Vergangenheit objektiv umgehen, denn sie existieren ja nicht! Was für Augustinus als Zeit existiert, sind die Eindrücke und Empfindungen. Augustinus verinnerlicht die Zeit und schreibt nach Aichelburg, 2006:

> In dir, mein Geist, messe ich meine Zeiten … der Eindruck, den die vorübergehenden Dinge in dir hervorbringen und der bleibt, wenn sie vergangen sind, ihn, den gegenwärtigen, messe ich … also ist er es den wir die Zeiten nennen, oder aber ich kann die Zeit nicht messen.

Für Augustinus ist das Wesentliche an der Zeit die Empfindung in uns, zunächst das Spüren der vorbeiziehenden Gegenwart und dann das Erinnern an die vergangene Gegenwart als mehr oder weniger ausgeprägten Eindruck. Die Vergangenheit ist der Gedächtnisbereich im Geist (d. h. modern im Gehirn), die Zukunft ist ein Erwartungsareal. In diesem Sinn steht Augustinus am Beginn einer Psychologie der Zeit. Diese Zeit ist nicht die abstrakte Zeit der Physik, sondern es sind die begleitenden Gedanken und die Empfindungen in uns. Dazu gehören die schmerzlichen Ereignisse des Lebens, insbesondere der Tod, erwartet oder unerwartet, die dem Menschen die Zeitlichkeit vorführen. Augustinus berichtet von den Erlebnissen des Tods des Vaters, vom Tod des Freundes und vom Tod der Mutter. Er spricht vom *zähen Leim des Todes* und wie *kostbar jeder Tropfen der Zeit* eines Lebens ist.

Die Gegenwart konstruiert Augustinus förmlich als Einschachtelung in immer kleinere Zeitspannen (Abb. 1.2). Er schreibt (Hattrup, 2006):

> Sind hundert gegenwärtige Jahre eine lange Zeit? Aber überlege zuvor, ob hundert Jahre gegenwärtig sein können. Während das erste von ihnen abläuft, ist es gewiss gegenwärtig, während die übrigen neunundneunzig künftig und deshalb noch nicht sind. Läuft das zweite ab, dann ist das erste schon vergangen, das zweite ist Gegenwart, die übrigen sind Zukunft.

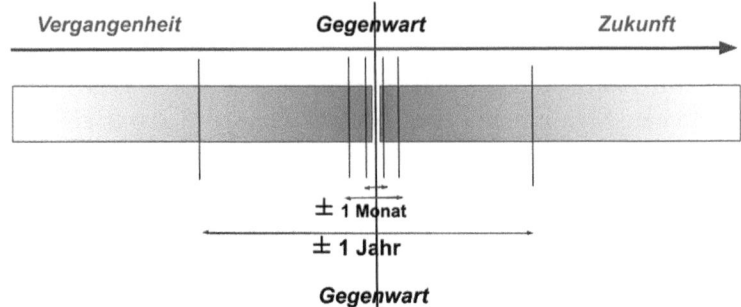

Abb. 1.2 **Die Gegenwart als Dedekindscher Schnitt in der Zeit** Die Gegenwart ist der Grenzwert der Einschachtelung in immer kleinere Zeitspannen. Analogon zur Bildung reeller Zahlen aus rationalen Zahlen

Und so konstruiert er weiter nach dem Jahr den Monat, einen Tag, eine Stunde:

> Lässt sich ein Zeitpunkt fassen, der in kein noch so winziges Teilchen unterteilt werden kann, so könnte dieser Punkt allein als Gegenwart bezeichnet werden, aber dieser Punkt fliegt so rasch von der Zukunft in die Vergangenheit, dass er sich nicht in der kleinsten Dauer ausdehnen kann.

Diese Einschachtelung der Zeit bis zur Gegenwart, ohne sie zu letztlich fassen zu können, entspricht in der Mathematik dem Verfahren, irrationale Zahlen sauber zu definieren, genannt Dedekindscher Schnitt[2]. So am Beispiel der Quadratwurzel der Zahl 2. Seit der Antike ist es sicher, dass es keinen Bruch gibt, der mit sich selbst multipliziert 2 ergibt, aber die Zahl $\sqrt{2}$ lässt sich beliebig genau einschachteln: Sie ist grösser als 1, kleiner als 2, grösser als 1.4, kleiner als 1.5, usw., auf 10 Dezimale genau grösser als 1.4142135623, aber kleiner als 1.4142135624. Damit können wir elegant sagen nach Augustinus und Dedekind:

> Die Gegenwart ist ein laufender Dedekindscher Schnitt in der Zeit.

---

[2] Nach dem deutschen Mathematiker Richard Dedekind (1831–1916).

Und umgekehrt:

> Die Zeit ist die Zerdehnung (distentio) der Gegenwart.

Der mathematische Schnitt lässt sich ohne Ende weiterführen bis zu beliebiger Genauigkeit. Dies gilt nicht ohne weiteres für den Schnitt in der Zeit. Allerdings ist die Vermutung, dass eine Körnung der Zeit erst bemerkbar wird, weit weg von üblichen Zeiten, sowohl im Alltag wie in der Laborphysik. Es ist die Planck-Zeit von 5.39×10^{-44} s! Das ist die kürzeste Zeit, die in der Physik auftaucht und damit die kürzest mögliche Gegenwart. Dagegen sind die Zeitspannen für die effektive menschliche Gegenwart riesengross: Die menschliche Zeitspanne, die ankommende Signale und folgende Aktionen integriert, ist bis zu etwa 3 s. Die Zeit, die neurologische Prozess zur Synchronisation brauchen, ist unter 100 Millisekunden. Die letztere Zeit ist der psychologische Moment, die erstere Zeit etwa die minimale Zeit, um eine Melodie zu erkennen (Elliott, 2016). Die innere Struktur des psychologischen Moments lässt sich dabei noch weiter analysieren. Dies ist die Aufgabe der mentalen Chronometrie.

Trotz der subjektiven Betrachtung der Zeit weiss Augustinus, dass der Lauf der Gestirne, vor allem von Sonne und Mond, als Mass der Zeit gilt. Hier ergibt sich eine andere, eine objektive Frage *Was ist die Zeit?*

> Ist die Bewegung der Gestirne selbst die Zeit?
> Oder ist es die Dauer, in der sie sich vollenden [d. h. am Himmel umlaufen]?

Augustinus sieht die Zeit als «etwas Unabhängiges» von der Bewegung, hinter der Bewegung am Himmel. Sein Hauptargument ist allerdings religiös und nicht wissenschaftlich-philosophisch. Er bezieht sich auf das Alte Testament und schreibt, dass

> auf den Wunsch eines Menschen hin die Sonne stillstand, damit die Schlacht siegreich beenden werden konnte, und die Zeit ging [dennoch] voran (Joshua, 10, 12).

Ein weiteres Konzept des Augustinus zum Phänomen Zeit ist der Gedanke der Ewigkeit. Sie wird im Sprachgebrauch definiert als «eine Zeitspanne ohne Anfang und (vor allem) ohne Ende».

In Religionen und im Alltag wird mit dem Begriff «ewig» leichtfertig umgegangen. Es gibt die ewigen Reiche des Bösen und des Guten, ein ewiges Leben, ewige Gesetze und ewige Verfassungen, ewige Wahrheit. Ein Höhepunkt ist die Formulierung «von Ewigkeit zu Ewigkeit» in der deutschen Kirchensprache. Dieser paradoxe Ausspruch, bei dem eine Ewigkeit endet, um eine zweite beginnen zu lassen, kommt allerdings in der Bibel gar nicht vor. Die Bibel verwendet statt «Ewigkeit» den weniger scharf definierten Begriff «Äon» oder Lebensalter aus dem klassischen Griechisch (Fischer, 2019).

Wir können uns Ewigkeit nicht visuell vorstellen. Es gibt einige beschränkte Versuche für die symbolische Darstellung der Ewigkeit (die Abb. 1.3). Es sind Symbole, die zumindest einen Anfang und ein Ende vermeiden und durch gedankliche Wiederholung von Umläufen eine Ewigkeit simulieren wollen. Aber sie können die unendliche lineare Ausdehnung nicht darstellen. Die ewige Wiederholung ist ein anderes, besonderes Konzept für eine Ewigkeit.

Die Schlange in Abb. 1.3 a) beisst sich in den Schwanz und ist ein ägyptisches und alchemistisches Symbol für die ewige Wiederkehr. Ein

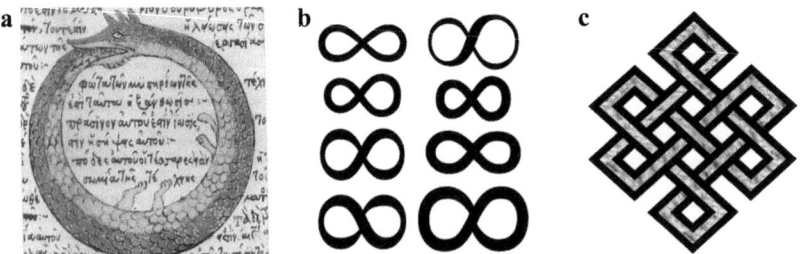

Abb. 1.3 Falsche Symbole der Ewigkeit (a) Ouroboros Alchemistische Schlange Bild: Ouroboros, Wikimedia Commons,lhcoyc. **(b) Lemniskate** Zeichen der Unendlichkeit Bild: Infinity Symbol, Wikimedia Commons,public. **(c) Endlosknoten** Buddhistisches Symbol Bild: EndlessKnot03d, Wikimedia Commons,Rickjpelleg.

schlichter Kreis reicht eigentlich aus als abstraktes Zeichen für die ewige Wiederholung. Abb. 1.3 b) zeigt das mathematische Symbol für Unendlichkeit, die Abb. 1.3 c) das entsprechende buddhistische Zeichen des endlosen oder ewigen Knotens.

Kulturell liegt es nahe, aus den ewigen Kreisbewegungen am Himmel auf eine Art kreisender Zeit insgesamt zu denken, an eine zyklische Wiederholung von allem. Verschiedene Religionen haben die Vorstellung von der Zeit als ein kosmisches Rad. Im Jainismus ist die Zeit ein Rad mit 12 Speichen, das sich ohne Anfang für immer dreht. Im westlichen Kulturkreis hatte die zyklische Zeit keine grössere Bedeutung. Ein Grund dafür war und ist das dominierende jüdische Weltbild mit einer linearen Weltgeschichte, mit der Erschaffung der Welt und einem geplanten Weltende. Aber auch die ausgeprägte Geschichtsschreibung, erfunden von im fünften Jahrhundert v.Chr. vom griechischen Autor Herodot, verhinderte den Eindruck einer zyklischen Wiederkehr von allem. Die Zeit ist linear, auch physikalisch, und dies mit unglaublicher Präzision. Es gibt keinen experimentellen Grund von dieser letzten Endes tautologischen Annahme abzuweichen.

Ewigkeit ist kein physikalischer Begriff. Die Physik lässt den Lauf der Zeit in die Unendlichkeit offen; auch die Unendlichkeit ist kein physikalischer Begriff. Offen ist die Frage, ob die Ewigkeit beidseitig ist (in der Vergangenheit wie in der Zukunft) oder nur einseitig. Mit der modernen Erkenntnis eines Urknalls, des Big Bang, vor 13.787 Mrd. Jahren, ist die Frage des Augustinus übertragen noch heute aktuell:

Beginnt die Zeit mit der Schöpfung der Welt, modern also mit dem Urknall, oder gab es sie schon vorher? Naturgemäss ist der Gedanke eines «Anfangs der Zeit» ein Unding – wie könnte ohne existierende Zeit etwas geschaffen werden?

Die Lösung sind bei Augustinus zwei Arten von Zeit:
Menschliche (weltliche Zeit):
Sie beginnt mit der Schöpfung. In ihr leben wir und mit ihr messen wir.
Göttliche (ewige) Zeit:
Sie ist ohne Anfang und Ende. Wir verstehen sie nicht.

Im Ewigen gibt es keine Bewegung, nur das Ganze. Das Ganze ist wie «Gegenwart». Augustinus philosophiert scharfsinnig über die Ewigkeit und das Unvermögen der Menschen, die Ewigkeit zu erfassen. Er diskutiert die Frage *Was machte Gott vor der Erschaffung der Welt?* Er hält sie für ketzerisch. Aber es ist ein reelles logisches Problem: Wie kann aus der Ewigkeit heraus die Schöpfung der Welt entstehen? Wie kann sich der augustinische ewige Gott in die endliche Zeit der Menschen versetzen ...

Auch dieser Gedanke der sich nicht bewegenden (ewigen) Zeit findet sich in modernen Überlegungen wieder. Es ist die vermutlich falsche Hypothese eines Blockuniversums (s. u.).

Augustinus schreibt: Wenn etwa die Himmelslichter verschwänden, würde das Rad des Töpfers sich weiterdrehen und die Zeit liefe weiter. Dieses Zeitkonzept ist die abstrakte, objektive Zeit, wie sie Newton 1300 Jahre später beschreiben wird.

1.1.2 Die Zeit objektiv bei Plato, Aristoteles und Newton

Die Sonne und der Mond und fünf andere Sterne, die Planeten genannt werden, wurden von ihm erschaffen, um die Zahlen der Zeit zu unterscheiden und zu bewahren; und als er ihre verschiedenen Körper geschaffen hatte, setzte er sie in die Bahnen, in denen sich der Kreis der anderen drehte – sieben Bahnen sieben Sterne.
Plato in *Timaeus*, um 360 v.Chr.

Dies schreibt der antike Philosoph Plato (428–348 v.Chr.) über die Einsetzung der Zeit durch «ihn», den Demiurgen. «Demiurg» ist das altgriechische Wort für Handwerker, Werkmeister. Bei Plato ist es der Erbauer der Welt aus den vorhandenen Bausteinen – nicht der Schöpfer von allem, sondern der grosse Ordner des vorhandenen Chaos. Er bringt das Universum und damit den Himmel in die Kugelform und setzt die Himmelskörper auf (oder in) ihre Kreisbahnen. Der Demiurg ist damit in einer fiktiven Gotteshierarchie eine Stufe unter dem christlichen Schöpfergott des Augustinus; er nimmt das Vorhandene und macht damit das Bestmögliche, um einen vorgegebenen Sinn zu erfüllen.

1 Einführung – die Zeit im klassischen Sinn

Der *Timaios* ist das naturphilosophische Spätwerk Platos in Dialogform. Der Philosoph und «Wissenschaftler» Timaios erklärt darin dem Philosophen Sokrates die Entstehung des Universums und auch der Zeit (Platon/Franz Susemihl, 1856):

> «Er» [der Demiurg oder der höchste Lebendige] beschloss, ein bewegtes Bild der Ewigkeit zu machen, und bildete, um zugleich dadurch dem Weltgebäude seine innere Einrichtung zu geben, von der in Einheit beharrenden Ewigkeit ein nach der Vielheit der Zahl sich fortbewegendes dauerndes Abbild, nämlich eben das, was wir Zeit genannt haben.
> Plato, griechischer Philosoph, in *Timaios*, um 420 v.Chr.

Die Zeit ist damit ein ordnender Faktor für die Welt.

Der Realist Aristoteles (384–322 v.Chr.), Schüler des Plato, Philosoph und vielleicht der erste Wissenschaftler, sieht keinen Demiurgen, aber er sieht die Zeit auch als Ordnungsprinzip. Er zählt die Zeit, er schreibt von den Zahlen *arithmos* der Zeit und nicht von Messwerten *metron*.

> Zeit ist also eine Art von Zahl. (Zahl wir in zweierlei Hinsicht verwendet – sowohl für das, was gezählt wird oder zählbar ist, als auch für das, womit wir zählen. Die Zeit ist also das, was gezählt wird, nicht das, womit wir zählen: das sind verschiedene Arten von Dingen.
> Aristoteles im Essay *Physik* IV, §10, nach Barnes, 1984.

Die Zeit ist also, ganz im modernen Sinn, das, was hinter den Zahlen steht. Der Titel des Buchs *Physik* des Aristoteles aus dem Jahr 350 v. Chr. bedeutet so viel wie «Lektionen über die Natur». Diese Lektionen haben der ganzen Disziplin *Physik* den Namen gegeben.

Eine lineare Fortbewegung brächte noch zum Problem der Zeit das Problem der fortdauernden Ortsveränderung. Einfacher ist zum Zählen ein sich wiederholender Vorgang; Aristoteles fügt hinzu:

> Die regelmäßige Kreisbewegung ist vor allem das Maß, denn die Zahl davon ist am besten bekannt.

In der Moderne nahm man ebenfalls zunächst auch eine Rotation (die der Erde) zum Mass für die Zeit, heute ist es eine atomare Schwingung. Zeit ist nicht die Bewegung selbst, sondern «etwas» mit ihr oder hinter ihr. Um einen Zirkelschluss zu vermeiden, vermeidet Aristoteles sogar den Begriff der «Geschwindigkeit» – denn diese wird ja erst mit der Zeit gemessen. Das unaufhaltsame Weiterschreiten der Himmelskörper auf ihren Kreisen macht den Himmel zur göttlichen Uhr.

Sinngebend ist in der Antike und vor allem für Plato das Vorhandensein von Symmetrien. Platon (wie zwei Jahrtausende später Johannes Kepler) ist fasziniert von den fünf Körpern höchster Symmetrie, die heute nach ihm «Platonische Körper» heissen: Tetraeder, Würfel, Oktaeder, Dodekaeder und Ikosaeder. Diese Körper werden von 4, 6, 8, 12 und 20 Flächen gebildet. Für die himmlischen Uhren sind die Kreise auf der Himmelskugel mit ihrer höchsten Symmetrie seit Plato ein antikes Axiom. Es war bis zu den Entdeckungen von Johannes Kepler undenkbar, an eine andere geometrische Form für die Bewegungen am Himmel zu denken:

> Die antike Zeit wird gegeben durch das gleichförmige Fortschreiten eines Himmelskörpers auf einem himmlischen Kreis.

Aristoteles teilt die Welt ein in die himmlische Welt («über dem Mond») und die irdische Welt («unter dem Mond»). Die himmlische Welt besteht aus den beweglichen Kristallsphären, deren Bewegung einmal angestossen wurde und die die Bahnen der Himmelskörper tragen.

Eindrucksvolle Modelle des himmlischen Uhrwerks sind die Armillarsphären, ursprünglich astronomische Messinstrumente. Eine Armillarsphäre ist ein System von beweglichen Ringen in einem kugelförmigen Rahmen mit dem Modell der Erde oder der Sonnen im Zentrum. Die Abb. 1.4 zeigt eine Armillarsphäre des dänischen Astronomen Tycho Brahe (1546–1601), des grössten Astronomen seiner Zeit in der Epoche vor der Erfindung des Fernrohrs und vor den Entdeckungen von Johannes Kepler.

Eine erste Komplikation bringt die Neigung der Erdachse zur Bahn der Sonne, der Ekliptik, die im geozentrischen Weltbild die Drehung

1 Einführung – die Zeit im klassischen Sinn

Abb. 1.4 Armillarsphäre Zeichnung der Armillarsphäre von Tycho Brahe, 1598. (Bild: Tycho instrument armillary 13, Wikimedia Commons, DET KGL Bibliotek)

des Universums bestimmt. Diese Neigung verwandelt die Kreisbahnen der beweglichen Himmelskörper in ewige Spiralen.

Eine zweite Komplikation, die scheinbar in den Lauf der Zeit eingreift, ist die Schleifenbewegung der Lichtpunkte von Planeten am Himmel. Der Planet scheint stillzustehen oder gar rückwärts zu laufen. Heute wissen wir, dass Schleifen beim Überholen eines Planeten scheinbar auftreten. Aber für die antiken beobachtenden Astronomen sind die Himmelskörper keine Körper, sondern nur Lichtpunkte. Ein genialer mathematischer Trick ermöglicht es, die Schleifen zu erklären, ja die Planeten sogar kurzzeitig rückwärts laufen zu lassen: Man positioniert den Planeten auf einem Kreis (dem Epizykel), der auf einem Grundkreis (dem Träger oder Deferenten) abläuft.

Die Abb. 1.5 illustriert den Effekt mit der Erde im Mittelpunkt. Der Planet läuft i.A. gegen den Uhrzeigersinn, zwischen den Positionen 2 und 3 im Uhrzeigersinn. Selbst dies genügt nicht. In der höchstentwickelten Form der Epizyklentheorie von Ptolemäus (100–160 n.Chr.) muss der Deferent noch speziell versetzt werden. Dies alles klingt sehr

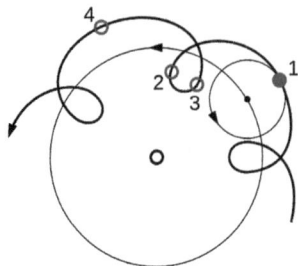

Abb. 1.5 Der Schleifeneffekt der Planeten Ein Kreis (Epizyklus) läuft auf einem Grundkreis (Deferenten) ab. (Bild: Epicycle and deferent, Wikimedia Commons, MLWatts)

künstlich, aber zum einen gibt es sie ja wirklich, die Epizyklen: Die Bahnen der Monde um die Planeten sind eigentlich Epizyklen mit den Planetenbahnen als Deferenten. Zum anderen waren die Epizyklen eine geniale und hochkomplexe mathematische Rechenmethode, die über eineinhalb Jahrtausende gültig war und noch heute passable Planetenörter liefern würde.

Kopernikus versuchte sie umzuformen mit der Sonne im Zentrum, aber das Resultat war weniger genau als mit dem alten Verfahren und benötigte etwa gleich viele Epizyklen, nämlich bis zu 48 Hilfskreise (Köstler, 1959). Kopernikus war näher an der physikalischen Wahrheit, aber nicht besser in der Genauigkeit der Berechnung. Auf keinen Fall konnte er beweisen, dass die Sonne im Zentrum des Planetensystems stand und nicht, wie bisher angenommen, die Erde.

Damit ist Kopernikus noch ein antiker Astronom, und auch Galilei ist der Antike verhaftet. Galilei zweifelt nicht daran, dass es am Himmel nur göttlich Kreise geben kann. Erst mit Kepler, der die Kreise durch Ellipsen und allgemein durch Kegelschnitte ersetzt, beginnt die Neuzeit und die Epizyklen werden unnötig. Es hat eineinhalb Jahrtausende benötigt, um die Wissenschaft der Antike zu überflügeln! Der Physiker Isaac Newton (1643–1727) wird die Planetenbewegungen sogar kausal aus dem Gravitationsgesetz herleiten können.

*Bei Plato ist die Zeit das mystische Abbild der Ewigkeit,
bei Aristoteles eine am Himmel erfasste Zahl von Umläufen.
Newton wird den Zeitbegriff mathematisch etablieren.*

Newton formuliert die Theorie der Bewegung von Körpern mathematisch und entwickelt dafür mit dem deutschen Philosophen Gottfried Wilhelm Leibniz eine eigene Mathematik, die Differentialrechnung. Diese Mathematik erfasst die Zeit in subtiler Form, direkt und indirekt als Bewegung mit der Geschwindigkeit und vor allem mit der Änderung der Geschwindigkeit, der Beschleunigung. Diese Beschleunigung ist dann unmittelbar mit den wirkenden Kräften verknüpft. Die Bezeichnungen, die Newton für Ort, Zeit, Geschwindigkeit und Beschleunigung eingeführt hat, gehen in die Geschichte der Physik ein: x für den Ort, t für die Zeit *(tempus)*, $\dot{x}$ mit dem Punkt für die Geschwindigkeit, $\ddot{x}$ für die Beschleunigung. Allerdings setzt sich diese Schreibweise von Newton nur für die Abhängigkeit von der Zeit durch, allgemein wird heute die Notation von Leibniz verwendet: etwa dx/dt für die Geschwindigkeit und d^2x/dt^2 für die Beschleunigung[3].

Newton beschreibt seine philosophische Auffassung von der Zeit im Anhang *Scholium* zu seinem Hauptwerk *Philosophiae Naturalis Principia Mathematica*, das er im Jahr 1687 in lateinischer Sprache veröffentlicht. Es ist der Beginn der modernen Physik und eines der wichtigsten Bücher der Menschheit. Die Abb. 1.6 zeigt die Titelseite des Buchexemplars, das Newton selbst benützt hat und mit Notizen versehen. Nach Wikipedia ist ein Scholium eine Erläuterung zu einer schwierigen Textstelle. Er sagt vorab, dass er sie eigentlich nicht definieren will, da «es ja allen bekannt sei, was Zeit, Raum, Ort und Geschwindigkeit sind» – aber dann definiert er doch «um Vorurteile zu vermeiden» (siehe z. B. Rynasiewicz, 2016):

Die absolute, wahre und mathematische Zeit fließt von sich aus und aus ihrer eigenen Natur heraus gleichmäßig, ohne Beziehung zu irgendetwas Äußerem, und wird mit einem anderen Namen "Dauer" genannt; die

---

[3] Der Buchstabe *d* steht für Differenz.

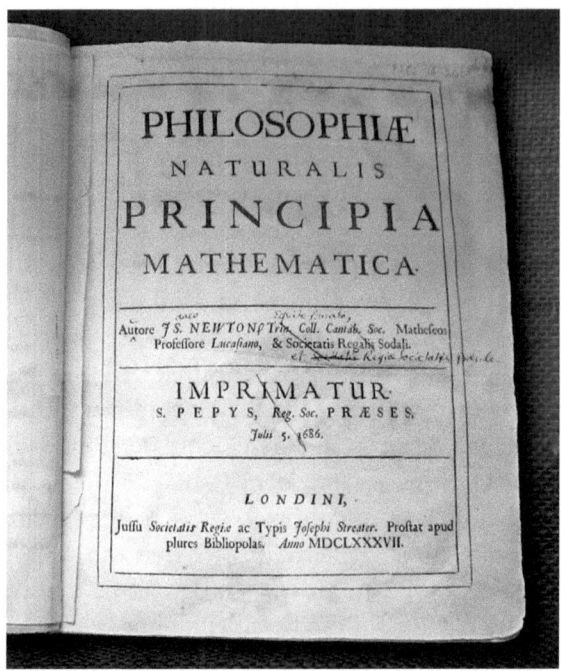

Abb. 1.6 Die *Principia* Newtons Eines der wichtigsten Bücher der Weltkultur. Newtons eigene Kopie. Sie befindet sich im Trinity College, Cambridge. (Bild: NewtonsPrincipia, Wikimedia Commons, Dunn/Solipsist)

relative, scheinbare und gewöhnliche Zeit ist irgendein sinnliches und äußeres (ob genau oder ungleichmäßig) Maß der Dauer durch Bewegung, das gewöhnlich anstelle der wahren Zeit verwendet wird, wie eine Stunde, ein Tag, ein Monat, ein Jahr.

Die klassische Diskussion der Zeit erreicht mit Newton ihren Höhepunkt. Die Zeit ist nicht sichtbar und wird deshalb leicht mit einer Vielzahl falscher Eigenschaften verbunden, als wäre sie eine Substanz. Substanzen gibt es viele. Vielleicht hat jeder Körper seine eigene Zeit? Vielleicht passt keine Bewegung eines Körpers in der Zeit zu einer anderen Bewegung mit anderer Zeit? Vielleicht verläuft die Zeit heute anders als gestern? All dies will Newton ausschliessen mit den Attributen

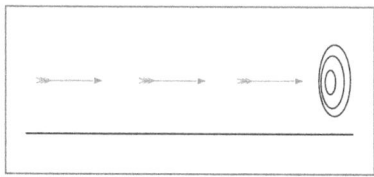

Abb. 1.7 Zum Pfeil-Paradoxon, einem der Bewegungs-Paradoxien von Zeno. (Bild: Zeno Arrow Paradox, Wikimedia Commons, Grandjean)

«absolut» und «wahr». Er schliesst jede Abhängigkeit von einem äusseren Gegenstand aus und beschreibt damit eine Auffassung von der Zeit, wie wir sie heute natürlich finden.

Die Newtonsche Mechanik gibt auch die klassische, physikalischemathematische Auflösung für die philosophischen Paradoxien des Zeno von Elea (490–430 v.Chr.). Diese Paradoxien zeigen am Beispiel einer Bewegung die Problematik auf zwischen einer Auffassung der Welt als Kontinuum oder aus kleinsten Bausteinen bestehend. Das bekannteste Rätsel ist das Rennen des Achill mit der Schildkröte; wir wählen das noch einfachere Pfeil-Paradox, illustriert in Abb. 1.7. Zeno argumentiert mit der Auflösung der Zeit in Momente, in denen sich der Pfeil nicht bewegt. Die Pfeile sind immer in einem «Jetzt» und damit in Ruhe – im logischen Widerspruch zu einer Bewegung. Aber abgeschossene Pfeile fliegen. Der gedankliche Widerspruch ist als «Illusion der Bewegung» in die Philosophiegeschichte eingegangen.

Die Mathematik Newtons klärt auch zusammen mit der Physik diese klassisch-philosophischen Paradoxa um Zeit und Raum. Die Geschwindigkeit des Pfeils ist jeweils der Quotient eines Stückchen Wegs dividiert durch das zugehörige Zeitfleckchen, im Grenzfall des Moments ist es das exakte $\dot{x}$ des Isaac Newton. Zwischen den Momenten (wenn überhaupt vorhanden) gilt das 1. Newtonsche Gesetz

> Ein ruhender Körper bleibt in Ruhe und ein in Bewegung befindlicher Körper bewegt sich mit konstanter Geschwindigkeit weiter, wenn keine äußeren Kräfte auf ihn einwirken.

Damit gibt es kein Paradoxon – der Pfeil fliegt kontinuierlich. Dies gilt für die klassische Physik; in der Quantenphysik lösen sich Zeiten durch die Unschärferelation auf und das Paradoxon von Zeno wird neu aufgelegt[4].

Die absolute Zeit, die einfach so abläuft, ist wie der absolute Raum, der einfach so da ist, eine kühne, abstrakte Hypothese, denn wir können uns ohne materielle Körper den Lauf der Zeit nicht vorstellen, genauso wenig wie den leeren Raum ohne Körper. Dies war der Kritikpunkt des deutschen Philosophen Gottfried Wilhelm Leibniz (1646–1716), der sagt:

> Zeit und Raum sind nicht Sachen, sondern Anordnungen von Sachen.
> Raum und Zeit können nicht unabhängig von Körpern existieren, es sei denn als Ideen Gottes.

Der Philosoph Leibniz verbindet den Zeitbegriff materialistisch mit der Gesamtheit der Bewegung materieller Körper, der Physiker Newton definiert die Zeit philosophisch als minimalistische Idee. Der leere Raum ist für Leibniz eine unsinnige Vorstellung – selbst Gott würde in der Leere nicht wissen, wann und wo mit der Schöpfung ansetzen! Die Zeit als *Idee Gottes* ist dabei ein wunderbarer Ausdruck. In der modernen Physik gibt es jedoch weder absolute Leere noch harte Materie. Das Vakuum des Weltalls ist ein Ozean von Teilchen und Antiteilchen, die laufend entstehen und vergehen. Leibniz und Newton sind sich näher, als sie es sich vorstellen konnten.

Die Anordnungen der Dinge in Raum und Zeit sind für Leibniz *der* Raum und *die* Zeit. Der deutsche Philosoph Immanuel Kant (1724–1804) hält die Art, wie wir in Raum und Zeit mit diesen Anordnungen denken müssen, für das Wesentliche. Zeit und Raum sind für ihn fest in unser Erkenntnisvermögen eingebaut sieht. Die Abb. 1.8 zeigt einige Zeilen des Textes Kants in seiner *Kritik der reinen Vernunft* zu seinem Zeitverständnis.

---

[4] Wir werden später sehen, dass der Pfeil kein gutes Bild für die Zeit ist.

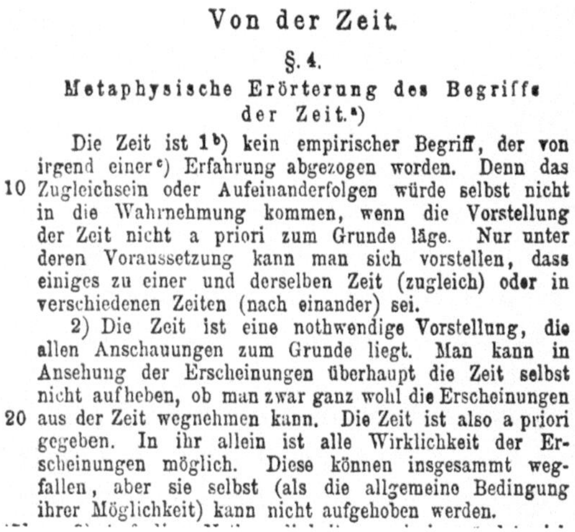

> Von der Zeit.
>
> §. 4.
>
> Metaphysische Erörterung des Begriffs der Zeit.ᵃ)
>
> Die Zeit ist 1ᵇ) kein empirischer Begriff, der von irgend einerᶜ) Erfahrung abgezogen worden. Denn das Zugleichsein oder Aufeinanderfolgen würde selbst nicht in die Wahrnehmung kommen, wenn die Vorstellung der Zeit nicht a priori zum Grunde läge. Nur unter deren Voraussetzung kann man sich vorstellen, dass einiges zu einer und derselben Zeit (zugleich) oder in verschiedenen Zeiten (nach einander) sei.
>
> 2) Die Zeit ist eine nothwendige Vorstellung, die allen Anschauungen zum Grunde liegt. Man kann in Ansehung der Erscheinungen überhaupt die Zeit selbst nicht aufheben, ob man zwar ganz wohl die Erscheinungen aus der Zeit wegnehmen kann. Die Zeit ist also a priori gegeben. In ihr allein ist alle Wirklichkeit der Erscheinungen möglich. Diese können insgesammt wegfallen, aber sie selbst (als die allgemeine Bedingung ihrer Möglichkeit) kann nicht aufgehoben werden.

Abb. 1.8 Die Zeit bei Kant Aus der Kritik der reinen Vernunft, Transzendentale Ästhetik. (Bild: Ausschnitt aus 11. Auflage, 1919, S. 85. Internet Archiv, kritikderreinenv19kant, pdf)

Kant sieht dies entsprechend auch beim Raumbegriff: Man könne sich zwar alle Gegenstände im Raum fortgenommen vorstellen, aber trotzdem bleibe der Raum. Damit sind für Kant Zeit und Raum einfach a priori-Begriffe und keine physikalischen Problembereiche. In unserem psychologischen Zeitverständnis identifiziert Kant unsere eingebauten, in der Evolution gewachsenen Verhaltensweisen mit der Zeit und dem Raum selbst.

Es wäre doch so einfach: Zeit (und Raum) wären eingebaut in unsere Sinne und unseren Verstand. Aber Kant hat sich wie Newton geirrt. Die Zeit ist komplexe, fundamentale Physik.

Die Zeit ist nicht absolut. Bewegung und Gravitation verändern die Zeit (und den Raum).

Die Welt der absoluten Zeit hat einen weiteren Geburtsfehler: Zu ihr gehört die stille Annahme, Licht sei spontan überall und seine Ausbreitungsgeschwindigkeit unendlich. Bis zum Jahr 1676 ist die Geschwindigkeit des Lichts unbekannt; in diesem Jahr bestimmt der dänische Astronom Ole Rømer astronomisch den ungefähren, endlichen Wert aus den Bahnen der Monde des Jupiters. Damit ändern sich zwar noch nicht die Uhren und die Zeit, aber es gibt bereits unerkannte Zeiteffekte. Der Anblick der bewegten Welt verschiebt[5] und verfärbt sich[6], auch in klassischer Physik und ohne Relativitätstheorie.

Mit Isaac Newton sind wir wissenschaftlich im Verstehen der Zeit so weit gekommen wie es ohne Relativitätstheorie möglich war. Mit Albert Einstein wird im 20. Jahrhundert ein widerspruchsfreies mathematisch-physikalisches Gebäude, die Allgemeine Relativitätstheorie, entstehen.

Zahlreiche historische Überlegungen zur *Zeit* sind unscharf oder windschief. Die schwere Fassbarkeit des Phänomens *Zeit* hat dazu geführt, dass viele Gedanken an der Grenze zu Zirkelschlüssen oder «richtige» Zirkelschlüsse sind. Der antike Philosoph und Physiker Aristoteles sieht diese logische Schwierigkeit schon, wenn er sagt:

> Wir messen nicht nur die Bewegung an der Zeit, sondern auch die Zeit an der Bewegung, denn beide definieren sich gegenseitig.
> Aristoteles im Essay Physik IV, §10, nach Barnes, 1984.

Aristoteles ist Philosoph, aber auch ein grossartiger Wissenschaftler. Er drängt zu Recht auf die Bedeutung von Zahlen zur Erfassung der Zeit. Er schreibt im gleichen Buch:

> Denn durch die Verwendung der Zahl wissen wir, wie viele Pferde es gibt; und durch die Verwendung des einen Pferdes als Einheit wissen wir wiederum die Anzahl der Pferde selbst.

Er betreibt damit Philosophie der Zeit, aber er beginnt auch die physikalische Wissenschaft von der Zeit. Plato kann dies nicht – er sieht (oder strenggenommen sieht nicht) die Idee der Zeit und sucht nach ihrem Sinn. Plato geht ja in seinem Zeitverständnis von der nicht fassbaren, ja vielleicht gar nicht existierenden Ewigkeit aus! Die Abstraktion

---

[5] Es ist der Effekt der Aberration.
[6] Dies ist der Dopplereffekt.

der Zeit in Zahlen aus der Bewegung der Himmelskörper ist die Erfindung von Aristoteles (Cohen, 2006).
Für die subjektive Zeit, dem Empfinden von Zeit, sind die Erklärungen des Augustinus grossartig. Als christlicher Philosoph betont er die Ewigkeit und interpretiert einen quasi-persönlichen Gott hinter der Zeit, aber die Analyse ist wunderbar menschlich.

> In der Seele gibt es tatsächlich diese drei Zeitweisen, anderswo sehe ich sie nicht. Die Gegenwart des Vergangenen ist das Gedächtnis, die Gegenwart des Gegenwärtigen der Anblick, die Gegenwart des Zukünftigen die Erwartung.
> Augustinus in den *Bekenntnissen* (Hattrup, 2006).

Es ist nicht zu leugnen: Ein Pfeil erreicht sein Ziel und ist keine Illusion, er kann töten. Die Zeit vergeht und ist keine Illusion, in ihr kann man und wird man sterben. Und auch die Erde als Ganzes ist keine Illusion, denn sie gibt uns Luft zu Atmen und sie kann untergehen.

1.2 Historische Zeitmessung

> Zeit ist das, was man an der Uhr abliest.
> Albert Einstein zugeschrieben.
> Eine Uhr ist ein Messgerät, das den aktuellen Zeitpunkt anzeigen kann.
> Wikipediaartikel *Uhr*.

So einfach geht es wohl nicht; der Zirkelschluss ist eindeutig. Einstein ist dies sicher bewusst.
Im Sinne von Aristoteles und Newton sind alle Prozesse[7] oder Veränderungen Zeichen der Zeit, aber «Uhren» im engeren Sinn sind periodische Vorgänge. Die Welt ist auch voll solcher periodischer Vorgänge, angefangen mit den periodischen Vorgängen am Himmel mit Sonne, Mond, Planeten und Fixsternen. Die Uhren gleichen Typs sollen so

---

[7] Ein Prozess ist eine zeitliche Serie von Aktionen, um ein Ziel oder Produkt zu erreichen.

reproduzierbar sein wie möglich und im gegenseitigen Vergleich so stabil sein wie möglich. Die Zeit wird auf viele Arten gemessen, deren Anzeigen dann untereinander verglichen werden.

Ein historisches Beispiel sind die Zeitmessungen Galileis bei seinen Experimenten mit der schiefen Ebene. Eine Kugel rollt eine geneigtes, mehrere Meter («12 Ellen») langes Brett hinunter. Die Aufgabe war, diese Bewegung über einige Sekunden hinweg zu messen, aber auf den Bruchteil einer Sekunde genau. Galilei benötigte nicht absolute Zeitwerte in Sekunden, sondern nur die Verhältnisse der Zeiten nach verschiedenen Lauflängen der Kugel. Er verwendete

1. seinen Herzschlag, den Puls, als Zeitgeber,
2. eine selbstgebaute Wasseruhr, und
3. er versuchte ein deutlich getaktetes Lied zu singen und mit den Takten die Zeit zu messen.

Die menschlichen Arten der Messung, Puls und Musikgefühl, waren ihm dann aber zu ungenau. Seine Messung mit der Wasseruhr beschreibt er so (Galilei, 1638):

> Zur Ausmessung der Zeit stellten wir einen Eimer voll Wasser auf, in dessen Boden ein enger Kanal angebracht war, durch den ein feiner Wasserstrahl sich ergoss, der mit einem kleinen Becher aufgefangen wurde, während einer jeden beobachten Fallzeit: das dieser Art aufgesammelte Wasser wurde auf einer sehr genauen Waage gewogen.

Es ist Galilei dann wichtig zu betonen, dass die Messungen immer die gleichen Werte ergäben, was zu bezweifeln ist, denn das Experiment ist nicht einfach durchzuführen.

Galilei war auch kurz davor, eine vierte Methode zur Zeitmessung im Labor zu erfinden:

4. Messung durch eine (kontrollierte) Pendelbewegung.

Ausgangspunkt waren dafür die Schwingungen eines Kerzenleuchters an langer Kette. Schon als Student stellte Galilei 1583 fest (mithilfe seines

Pulsschlags), dass die Schwingungsdauer dieses Pendels überraschenderweise gleich war, ob weit ausgeschlagen oder nur noch mit kleinen Auslenkungen. Die Legende, geschrieben vom ersten Biographen Galileis, Vincenzo Viviani, verlegt die erste Entdeckung in den Dom von Pisa. Das Gemälde in Abb. 1.9 zelebriert die Entdeckung.

Es ist offensichtlich, dass Galilei von einer einzigen fliessenden Zeit ausging, die gleiche Zeit im menschlichen Körper, im menschlichen Geist wie in der materiellen Welt. Es ist nicht trivial, dass die Uhren der Welt auf einen gemeinsamen Zeitlauf hin konvergieren. Aber die Konvergenz ist genau das, was Newton behauptet – es wäre ein Annähern an die absolute Zeit. Die Minimalbedingung für eine gemeinsame Zeit durch die Gemeinschaft der Uhren ist, dass die gemessene

Abb. 1.9 Galilei entdeckt die Pendelgesetze Luigi Sabatelli, 1840. Im Museo di Storia naturale, Zoologische Abteilung, Florenz. (Bild: Galileo che osserva la lampada del Duomo di Pisa (luigi Sabatelli), Wikimedia Commons, sailko)

Zeit (d. h. die zugehörige Zahl) monoton wächst. Damit können keine Widersprüche in der Zeit auftreten, durch die etwa virtuelle Reisen in die Vergangenheit oder Korrekturen von Aktienkäufen möglich werden würden.

Zum Messen der Zeit im Alltag mit Tag und Nacht muss die verwendete Zeit auch an den Lauf der Gestirne gekoppelt werden. Damit wird die laufende Zeit in den grossen Rahmen der Zeit des Kosmos gestellt. Der Anblick des Sternenhimmels und die Bewegungen der Planeten, von Sonne und Mond, sind unser direkter Zugang zum Universum, sowohl wissenschaftlich als auch gefühlt.

Dazu werden wir einige astronomische Grundbegriff klären. Die genaue astronomische Zeitmessung erfordert ein astronomisches Observatorium. Für kürzere Zeitspannen und bequemere, mobile Zeitmessung genügen mechanische Uhren. Die grösste historische Herausforderung stellt die Schifffahrt dar. Die Uhren müssen die mechanischen Erschütterungen und wechselnden Wetterverhältnisse auf der Reise des Schiffes ertragen und dabei genau sein. Die Genauigkeit der Zeitmessung bestimmt auf der rotierenden Erde unmittelbar die Genauigkeit der Ortsbestimmung für das Schiff.

1.2.1 Die klassische astronomische Zeit

> Die Sternzeit ist ein Zeitmaß innerhalb der Föderation. Ab dem 24. Jahrhundert wird auf irdische Datumsangaben weitgehend verzichtet. Sämtliche Logbucheinträge, Dienstakten und Widmungsplatten werden mit Sternzeiten versehen.
>
> Star Trek Wiki auf Fandom.com, gez. April 2023.

Diese Sternzeit ist bei der Science Fiction-Serie Star Trek zwar ein fiktives Zeitmass[8], aber die Sternzeit gibt es als astronomische Zeit wirklich.

Sternzeit ist die Zeit gemessen an der Drehung der Erde bezüglich der Sterne.

---

[8] Auf Englisch heisst es auch *star date* – Sterndatum.

Eine volle Umdrehung der Erde bezüglich der Sterne ist ein Sterntag oder siderischer Tag[9]. Misst man die Zeit mit einer Sternzeituhr, so stehen am gleichen Ort zu einer bestimmten Sternzeit die Sterne an der gleichen Stelle am Himmel. Diese lokale Sternzeit ist das geeignete Zeitmass für Astronomen. Bei gleicher Sternzeit sieht man immer in die gleiche Richtung ins Weltall hinaus. Allerdings ist ein Sterntag keine 24 h lang, sondern um 4 min *kürzer* (s. u.).

Für den Alltag auf der Erde ist die Sonne entscheidend, denn sie erzeugt den Tag (im Sinne des erhellten Teiles des Gesamttages) und die Nacht; wir benötigen Sonnenzeit.

Eine volle Umdrehung der Erde bezüglich der Sonne ist ein Sonnentag, etwa definiert von Mittag zu Mittag, vornehmer: von Kulmination zu Kulmination.

Ein Sterntag ist die Zeitspanne, bis ein Stern wieder seine höchste Position am Himmel hat («kulminiert»). Allerdings hat sich die Sonne in dieser Zeit auf dem Sternenhimmel ein Stückchen weiterbewegt und die Erde muss sich, um die Sonne zu erreichen, ein wenig weiterdrehen. Das bedeutet:

Ein Sterntag ist vier Minuten kürzer als ein Sonnentag, nämlich 23h 56 m.

Die 365 (und ein wenig) Tage des Jahres geben genau eine Drehung mehr für den Sternenhimmel, also 366 (und ein plus) Sterntage.

Eine Schwierigkeit der Sonnenzeit ist der ungleichmässige (scheinbare) Lauf der Sonne auf ihrer Bahn am Himmel im Lauf eines Jahres – d. h. umgekehrt realistischer die ungleichmässige Bewegung der Erde auf ihrer Bahn um die Sonne. Im sonnennächsten Teil der Bahn läuft die Erde schneller, im ferneren Teil langsamer. Um ein gleichförmiges Zeitmass zu haben (und damit näher an der absoluten Zeit zu sein), führt man eine fiktive mittlere Sonne ein, die gleichmässig den Himmelsäquator entlangläuft. Es ist die Zeit, die unsere Uhren verwenden. Die astronomische Uhr in Abb. 1.10 aus dem 19. Jahrhundert zeigt die Zeiten nebeneinander: Links unten die Sternzeit (Sidereal time), rechts

---

[9] Eine Variante bezieht sich auf die Position des Frühlingspunkts. Wir ignorieren diese Form.

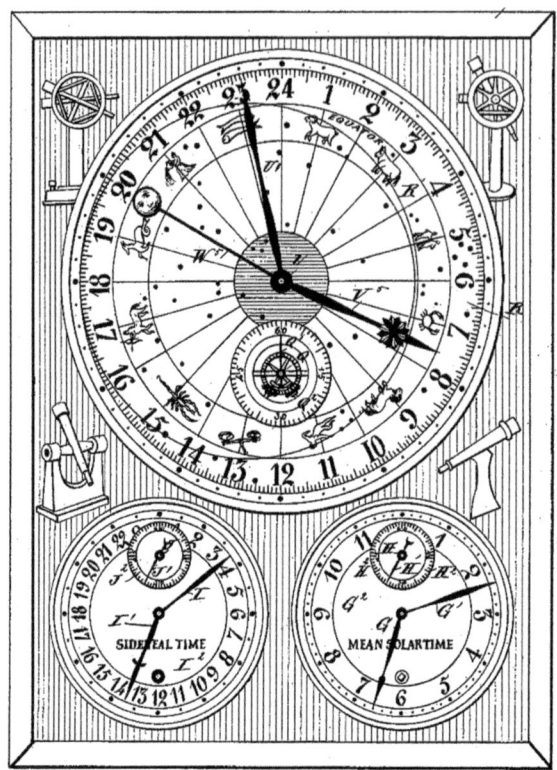

Abb. 1.10 **Klassische Astronomische Uhr** für Sternwarten. Hezekiah Conant, Tiffany, 1887. (Bild: ConantClock, Wikimedia Commons, Conant)

daneben die Mittlere Sonnenzeit am gleichen Ort und oben der bisher aufgelaufene Unterschied der beiden Zeiten, im Bild sind es 23 h und damit schon beinahe ein Tag. Zusätzlich geben Zeiger die Positionen von Sonne und Mond an.

Die Bewegung der realen Sonne ist komplizierter, sie (bzw. natürlich umgekehrt die Erde) bewegt sich auf einer Ellipse und ihre Bahn ist zur täglichen Erdrotation geneigt. Da die Sonne etwa 333 000-mal mehr Masse als die Erde hat, ist es sinnvoller, davon zu reden, dass die Erde sich um die Sonne bewegt, als andersherum! Wir haben das antike, gefühlte geozentrische Weltbild des Ptolemäus deshalb nach eineinhalb erfolgreichen Jahrtausenden durch das heliozentrische Weltmodell des Kopernikus ersetzt.

Streng genommen ist der Begriff «heliozentrisch» übrigens nicht richtig. Die Sonne steht weder bei Kopernikus (und dessen Kreisbahnen) noch in der modernen Astronomie (mit Ellipsen) im Mittelpunkt der Planetenbewegung. Kopernikus musste die Sonne in seinem Weltmodell exzentrisch setzen, um eine Ellipsenbahn besser nachbilden zu können, und in der modernen Himmelsmechanik bewegen sich sowohl Erde als auch Sonne auf Ellipsen um den gemeinsamen Schwerpunkt, die Erde auf einer grossen Ellipse, die Sonne auf einer kleinen. Der Schwerpunkt der beiden liegt allerdings in der Sonne, nur wenige hundert Kilometer von ihrem Mittelpunkt.

Um den 3. Januar ist die Erde der Sonne am nächsten («im Perihel») und am schnellsten, um den 5. Juli am entferntesten («im Aphel») und am langsamsten. Dazu kommt der Effekt der Schiefe der Sonnenbahn (der Ekliptik) gegen den Äquator; durch die beiden Effekte steigt oder fällt die Sonne manchmal schneller oder langsamer auf ihrer jährlichen Bahn in der Relation zum Himmelsäquator. Sie eilt einer mittleren Sonne manchmal voraus, manchmal hinterdrein (Abb. 1.11).

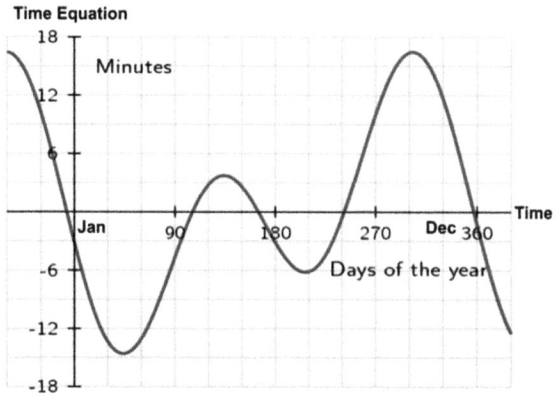

Abb. 1.11 Die Zeitgleichung Die Abweichung der wahren Sonne von einer mittleren Sonne über das Jahr. (Bild: Equation of Time, Wikimedia Commons, Pedro Sánchez)

Das Ergebnis trägt den eindrucksvollen Namen *Zeitgleichung*. Sie gibt den Unterschied an zwischen der «wahren» Sonne und einer fiktiven «mittleren» Sonne, die auf dem Himmelsäquator gleichmässig umliefe, jeweils bezogen auf den gleichen Ort. Es ist der Unterschied in der Anzeige einer Sonnenuhr («wahre Zeit») und unseren üblichen Uhren mit «mittlerer» Zeit. Die Abb. 1.11 illustriert die Doppelschwingung der Kurve der Zeitgleichung (Time Equation). So viel Zeit muss an einem Tag des Jahres zur mittleren Zeit hinzugezählt werden, um die wahre Sonnenzeit aus der angezeigten Zeit einer «normalen» Uhr mit mittlerer Sonnenzeit zu erhalten! Bei positiver Zeitgleichung geht eine Sonnenuhr vor, bei negativer Angabe dagegen nach.

Eine andere Visualisierung der Zeitgleichung erhält man, wenn man die Sonne über das Jahr hinweg immer wieder zur selben *mittleren* Ortszeit fotografiert. Die Grafik der Abb. 1.12 zeigt das entsprechende Bild für die Position der Sonne am lokalen Mittag über den Lauf eines Jahres hinweg. jeweils die Position der Sonne am lokalen Mittag, angezeigt auf der Uhr mit mittlerer Ortszeit jeweils im Abstand von sechs Tagen. Oben ist die Sommersonnwende, unten die des Winters. Die geheimnisvolle Figur ist ein *Analemma* vom griechischen *analemma*, dem Wort für den Sockel einer Sonnenuhr.

Die Schleife am Himmel steht hier beinahe senkrecht, da sie am lokalen Mittag um die Südrichtung herum aufgestellt ist. Allgemein liegt das Analemma schräg am Himmel. Sie erinnert an die Lemniskate. Die Sonne malt im Lauf des Jahres das Symbol der Unendlichkeit an den Himmel.

Historisch teilte man den Tag (im Sinne des hellen Teils der gesamten Erdumdrehung) in zwölf Stunden ein, ebenso den dunklen Teil, die Nacht. Diese sog. *Temporalen Stunden* erlaubten über das Jahr hinweg «zur gleichen Zeit» die Arbeiten zu verrichten. Aber sie waren naturgemäss im Laufe des Jahres verschieden – nur bei den Tag- und Nachtgleichen, den Äquinoktien, wird die temporale Einteilung gleichmässig und identisch mit den modernen gleichen Stunden.

Die komplizierte temporale Zeit wurde vor allem mit Sonnenuhren gemessen und damit direkt mit dem Stand der wahren Sonne. Für mechanische Uhren ist die gleichmässige Zeiteinteilung die

1 Einführung – die Zeit im klassischen Sinn

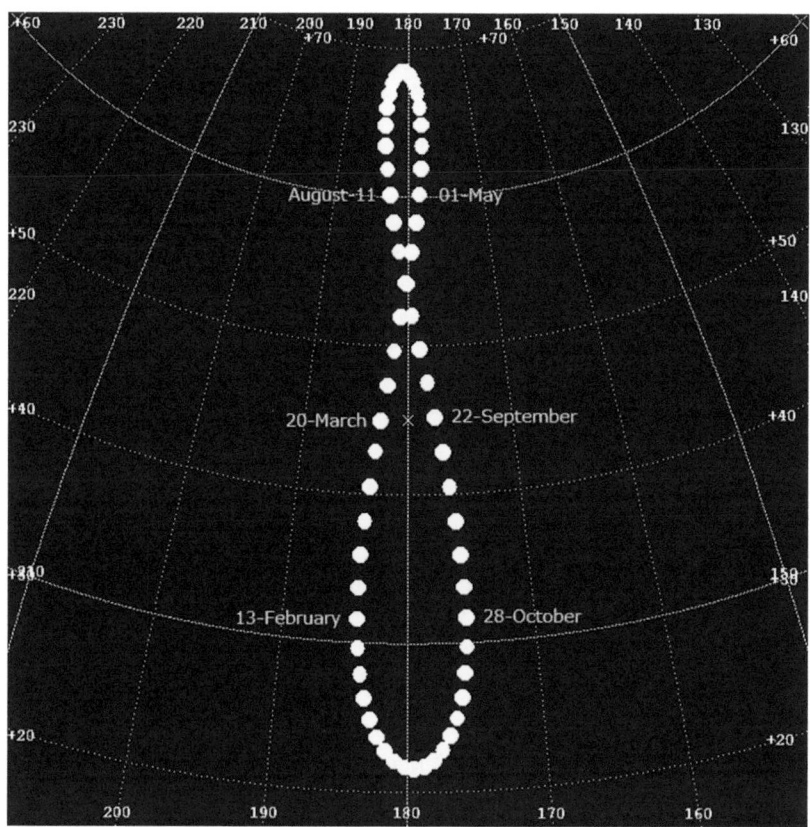

Abb. 1.12 Analemma der Sonne Die Zeitgleichung als Schleife am Himmel. Die wahre Sonne am Himmel über das Jahr zur gleichen mittleren Zeit fotografiert bzw. hier berechnet. Der Abstand der Punkte ist 6 Tage. (Bild: Sun at midday on each day, Wikimedia Commons, Kurubu)

natürliche, einfache Anzeige. Die Abb. 1.13 zeigt das Zifferblatt der grossen Turmuhr *Zytglogge* in Bern. Das Ziffernblatt zeigt aussen eine gleichmässige 24-Stundenzählung; im Innern kann man an den goldenen Bögen die ungleichen temporalen Stunden ablesen. In der Übergangszeit der Einführung der gleichförmigen Stundenzeit zeigten Uhren häufig beide Zeiten an. Die Berner Uhr aus dem Jahr 1530 ist auch ein Astrolabium, eine scheibenförmige Konstruktion,

Abb. 1.13 Zytglogge in Bern Eine astronomische Uhr mit 24 gleichen Stunden und den goldenen Bögen für die temporalen Stunden. (Bild: Zytglogge astronomical clock, Wikimedia Commons, Sandstein. Public domain)

die noch weitere astronomische Funktionen zum Lauf der Sonne und des Monds anzeigt. Mit ihrem Schlagwerk gab sie die verbindliche Zeit für die ganze Stadt Bern.

Diese Zeit ist damit gleichmässig und einfacher messbar geworden, aber sie ist abhängig vom Längengrad. An jedem Längengrad steht die Sonne zu einer anderen, bestimmten Zeit am höchsten Punkt, dem lokalen Mittag. Damit haben alle Orte auf der Erde mit demselben Längengrad die gleiche (Orts-) Zeit. Als Ende des 19. Jahrhunderts durch Eisenbahn und Schiffverkehr die pragmatische Aufgabe entsteht, die Zeit der Welt zu organisieren, bringt diese Eigenschaft im Jahr 1858 den italienischen Mathematiker Quirico Filopanti auf die Lösung: Wenn man den Globus in «vertikale» Scheiben mit per Definition gleicher Zeit einteilt, so lebt man innerhalb einer Zone mit einem ähnlichen Sonnenstand. Mit Abweichungen durch Ländergrenzen entsteht so das weltweite System der Zeitzonen.

Der mittlere Sonnentag, also die gemittelte Zeit zwischen zwei Mittagen, ist die erste Grundlage für kürzere und mittlere Zeitspannen und definiert (zunächst) die Einheit der Zeit, die Sekunde: *1 Tag hat 24 h zu 60 min zu 60 s, also 86 400 s.*

Die Sekunde ist als *Secunda* von lateinisch *pars minuta secunda* «zweiter verminderter Teil» seit dem 13. Jahrhundert bekannt. Im Jahr 1585 konstruierte der Schweizer Uhrmacher Jost Bürgi (1552–1632) am Hof des Fürsten von Hessen-Kassel die erste Uhr mit drei Zeigern, Stunde, Minute und Sekunde, die auch ernsthaft mit Sekundengenauigkeit verwendet wurde.

Es gab im späten Mittelalter sogar noch eine kleinere Teilung, nämlich die Sekunde in 60 Tertien. Galileo Galilei verwendet das Mass Tertie in seinen (falschen) Überlegungen zum Radius von Sternen. Die Tertie konnte sich nicht durchsetzen. Als die Genauigkeit von Zeitmessungen so weit fortgeschritten war, um so kleine Masseinheiten verwenden zu können, hatte sich das Dezimalsystem auf breiter Front bereits durchgesetzt.

Zunächst fällt auf, dass die Einheiten der Zeit im Sexagesimal-System gestuft sind, also auf der Basis der Zahl 60. Dieses System reicht bis zu den Sumerern und Babyloniern ins dritte Jahrtausend vor Christi zurück. Mehrere Motivationen werden in der Literatur für die Bedeutung und Wahl von 60 (und damit auch die Zahlen 360 und 12) genannt:

- *Astronomisch* sind im Jahr ungefähr 12 Monate (d. h. Mondumläufe) enthalten. Dies war das babylonische Jahr mit 12 Monaten zu 30 Tagen, notwendigerweise ergänzt mit einem zusätzlichen 13. Monat als Schaltmonat.
- *Mathematisch* betrachtet sind die auftretenden Zahlen 12, 60, 360 sehr gut teilbar. Sie enthalten mehr Teiler als jede kleinere positive ganze Zahl. Derartige Zahlen werden *höchstzusammengesetzte Zahlen* genannt.
- *Geometrisch* kann man einen Kreis mit sechs gleichseitigen Dreiecken ausfüllen mit dem Radius als Kantenlänge. Gibt man jedem Dreieck den Winkelwert 60, so erhält man für den vollen Kreis 360.

Die in der Zeiteinteilung verwendeten natürlichen Zahlen stehen in der Liste der Höchstzusammengesetzten Zahlen und sind damit ausgezeichnet geeignet für die pragmatische Aufteilung. Es sind sozusagen Anti-Primzahlen, das Gegenteil von Primzahlen. Die Tab. 1.1 zeigt den Anfang der Liste dieser Zahlen mit dem Auftreten der Grundzahlen für die Zeit und die Winkeleinteilung. Die Zahl 10 von unserem modernen Zahlensystem gehört nicht dazu.

Ganz anders ist die gewählte Zahl für die mittlere Zeitstufe «Woche» von 7 Tagen. Die Primzahl 7 rührt offensichtlich aus einer anderen Argumentation. Ebenfalls die Babylonier verwendeten sie in ihrem Kalender. Seit dem Jahr 321 n.Chr. ist sie durch den römischen Kaiser Konstantin für das römische Reich verbindlich geworden mit dem Sonntag als Feiertag. Die Zahl 7 ist die Zahl der mit blossem Auge sichtbaren beweglichen Himmelskörper Sonne, Mond, Merkur, Venus, Mars, Jupiter und Saturn, deren Namen sich in vielen Sprachen in den Namen der Wochentage wieder finden wie etwa Sonntag, Montag, mardi (Marstag), mercredi (Merkurtag), jeudi (Jupiter), vendredi (Venus) und Saturday (Saturn) in einer Auswahl von Sprachen.

Die klassische Einstellung zur astronomischen Zeit ist wohl im Sinne der Beschreibung zur mechanischen Uhr der Abb. 1.10 des Uhrmachers Hezekiah Conant:

Trotz aller menschlichen Erfindungsgabe sind mechanische Uhren nicht perfekt.
Nur die Sterne, die Uhren der Natur selbst, sind absolut genau.
Library Brown University, gez. April 2023.

Tab. 1.1 Die ersten Höchstzusammengesetzten Zahlen (Anti-Primzahlen) Die Grundzahlen der Zeit- und der Winkeleinteilung (ausser der 90) sind in der Reihe enthalten

Laufende Zahl	1	2	3	4	5	6	7	8	9	10	11	12	13	14	15
Zahl	1	2	4	6	**12**	**24**	36	48	**60**	120	180	240	**360**	720	840
Anzahl Teiler	1	2	3	4	6	8	9	10	12	16	18	20	24	30	32

Der erste Satz ist korrekt. Aber Perfektion gibt es *per Definition* in der Physik nur bei Definitionen von Grössen, etwa bei der Lichtgeschwindigkeit oder bei der Sekunde als 86400ter Teil des Sonnentages. Der zweite Satz ist wunderbar, aber doppelt falsch. Verantwortlich für unser Zeitmass sind dazu nicht die Sterne, sondern (zunächst) die Drehung der Erde im All um ihre Achse. Und diese Umdrehung ist nicht absolut gleichförmig in Bezug zu den Sternen. Die Ansicht, dass der Himmel der Fixsterne ewig und unbeweglich sei und die Bewegungen der Planeten und von Sonne und Mond am Himmel ewig gleichförmige, perfekte Uhren wären, sind zum Ende der Aufklärung bereits unhaltbar geworden:

- William Herschel fand 1783 heraus, dass Sterne eine Eigenbewegung haben, also nicht nur eine scheinbare Bewegung durch die Erdbewegung. Das Wort *Fixstern* ist seitdem nur noch menschliche Näherung.
- Um 1845 wurde es offensichtlich, dass die Bahn des Uranus «gestört» war. Dies führte 1846 zur Berechnung und zum Auffinden des weiteren Planeten Neptun durch den rechnenden Urban Le Verrier und den beobachtenden Johann Galle.

Alles bewegt sich und alles beeinflusst sich gegenseitig! Es gilt das Mantra von Platon: „*pánta choreî kaì oudèn ménei*" – Alles bewegt sich fort und nichts bleibt.

Auch die Rotation der Erde ist leichten Änderungen unterworfen; damit sind der Sterntag (und auch der über das Jahr gemittelte Sonnentag) nicht «absolut genau». Allerdings sind die Änderungen und Schwankungen der Rotationszeit der Erde winzig und nur bestimmbar im Vergleich zu *genaueren (gleichmässigeren) Uhren* als die Erdrotation. Die rotierende Erde enthält zwar eine gigantische Menge an Rotationsenergie[10] und Drehimpuls, die sie stabilisieren. Aber der Mond und in

---

[10] Etwa $2{,}1 \times 10^{29}$ Joule an Energie. Die Gezeiten entnehmen («bremsen» mit) etwa 3,8 Tera-Watt.

geringerem Ausmass die Sonne «arbeitet» an der Verlangsamung durch die Gezeiten. Die Erde dreht sich unter zwei (!) Flutbergen und reibt sich an den Wassermassen.

Die Abb. 1.14 illustriert die Situation (nicht massstäblich). Der Effekt ist planetarisch gesehen klein, aber beständig: Eine Erddrehung verlangsamt sich dadurch um etwa 2,3 Millisekunden pro Jahrhundert. Damit diese Aussage und Messung sinnvoll ist, muss man den Zeitbegriff schon weiter fassen als nur im Rahmen der klassischen Astronomie und die Zeit von der Rotation der Erde lösen. Man muss sich ausserhalb des Erdsystems stellen können und dann auf die irdische Uhr sehen. Dies gelingt messbar mit Atomuhren.

Die Abbremsung der Erddrehung führt theoretisch dazu, dass in ferner Zukunft die Erddrehung und der Mondumlauf synchronisiert werden, d. h. der Tag verlängert sich, bis Tag und Monat gleich werden. Der Mond würde immer über dem gleichen Punkt der Erde stehen. Vermutlich würde schon lange vorher das Meer verdampft sein (die Sonne wird in dieser fernen Zukunft ja heisser) und der Bremseffekt durch die bewegte Flüssigkeit wird verschwinden. Die stetige Abnahme der Drehung der Erde hebt andrerseits den Mond an: Die Entfernung zum Mond wird um etwa 38 mm pro Jahr grösser.

Der physikalische Grund ist die Erhaltung des Drehimpulses, der «Pirouetteneffekt»: Zieht eine Schlittschuhläuferin bei der Drehung die Arme zum Körper, so wird sie schneller, umgekehrt langsamer. Dieser Effekt sorgt dafür, dass jede Verschiebung von grösseren Massen auf der Erde, die den Abstand von der Rotationsachse verändert, die

Abb. 1.14 Gezeiten bremsen unsere (die) Zeit Symbolbild. Der Tag wird langsam länger. (Bild: Tides3, Wikimedia Commons, Theresa Knott/NASA)

Drehgeschwindigkeit verändert. Seit dem Jahr 2020 scheint die Erdrotation schneller zu werden (Knapton, 2021). Die möglichen Gründe sind vielfältig: Verlagerungen im Erdkörper, Abschmelzen von Eis, eine Verringerung der Abplattung der Erde. Es kann sogar ein weiterer globaler Effekt des Klimawandels sein.

> Jedenfalls ist es nicht möglich, diese kleinen Schwankungen vorherzusagen. Die Erde und die Himmelsmechanik als Uhr haben hier ihre Grenzen. Misst man in der gleichmässigeren Zeit der Atomuhren, so zeigen sich Erdrotation und Tageslänge als recht variable Vorgänge.

Eine weitere wichtige astronomische Zeitgrösse, wichtig für den Ablauf des Lebens auf der Erde, und mögliches Zeitmass, ist das *tropische Jahr* nach dem griechischen *tropikos* für Wende. Es ist die Zeit, in der die vier Jahreszeiten durchlaufen werden und sich damit der Lauf der Sonne wiederholt. Anschaulich ist die Bedeutung von Sonnwende zu Sonnwende. Allerdings ist das tropische Jahr nicht so einfach, klar und wohlbestimmt, wie es diese Definition erscheinen lässt. Wie beim Tag und der täglichen Rotation gibt es ein einfacheres Jahr, das *siderische Jahr*. Dies ist die Zeit, bis die Sonne wieder in der gleichen Richtung zu den Sternen steht. Der Referenzpunkt für das Sonnenjahr (der sog. Frühlingspunkt) kommt der Bewegung der Sonne entgegen, um etwa 20 min im Jahr. Das Sternjahr ist damit um diese Zeitspanne länger. In etwa 25 800 Jahren hat sich damit die Sonnenreferenz um den ganzen grossen Kreis verschoben und ist damit durch alle Sternzeichen der Ekliptik, den *Zodiak*, gewandert. Dies ist ein verdrängtes Problem für die Astrologie: Der Löwe in der Zeit der Antike ist heute eine Jungfrau!

Der physikalische Grund für dieses Vorwärtsschreiten (die sog. Präzession) ist, dass die Erde auf ihrer Bahn um die Sonne auch ein Kreisel ist. In diesen 25 800 Jahren ist die Erdachse einmal vollständig «herumgekreiselt». Es ist ein übliches Missverständnis, diese Periode ein Platonisches Jahr zu nennen. Aber Platon kannte das Kreiseln der Erde natürlich nicht.

In der Antike vermutete man eine andere grosse fiktive Zeit als wichtige grosse Zeitspanne für den Kosmos:

Das antike Platonische Jahr (oder Grosses oder Perfektes) Jahr ist die mythische Zeitspanne, bis zu der alle grossen Planeten einschliesslich der Tierkreiszeichen zu ihrer Ausgangsposition zurückkommen (Wood, 2010).

Schon dem einzelnen Zusammentreffen von Planeten am Himmel (den «Konjunktionen») hatte man grosse astrologische Bedeutung beigemessen, für die grosse Versammlung am Ende des Grossen Jahres erwartete man Sintfluten und Feuersbrünste. Spätere Kommentatoren lasen aus Platons Texten eine verschlüsselte Zeitspanne von 36 000 Jahren heraus, nicht so verschieden von der wissenschaftlichen Präzessionszeit.

Zurück zur Astronomie. Das tropische Jahr ist entscheidend für die Einteilung des Jahres, den Kalender.

Der Kalender hat die Aufgabe, den Lauf der Tageszählung mit dem langfristigen Lauf der Sonne (also den tropischen Jahren) zu synchronisieren.

Dies ist die astronomische Bedeutung des Kalenders. Sozial ist der Sinn des Kalenders, in den nicht fassbaren Strom der Zeit Marken einzuschlagen, die einer Gesellschaft Sicherheit (und Rituale) geben. Die anscheinend ewige Wiederkehr der Feste gibt der Gesellschaft die Illusion, an dieser Ewigkeit teilzunehmen. Mehr zur sozialen Bedeutung in den Schlussgedanken. Zahlenmässig bedeutet es, eine Regel zu finden, um langfristig mit Vielfachen von ganzen Sonnentagen im Mittel trotzdem auf das tropische Jahr von etwa 365,242 190 52 Tagen[11] zu kommen. Dann bleiben die Jahreszeiten über die Jahre hinweg im Kalender dort, wo sie hingehören, Winter in die kalte, Sommer in die warme Jahreszeit auf der Nordhalbkugel. Der Trick dafür ist der geeignete Einschub von Schalttagen. Die erste historische Regel aus dem Jahr 45 v. Chr. von Julius Cäsar ist der *Julianische Kalender*, der auf 365,25 Tage kommt. Die Kalenderreform des Papstes Gregor XIII im Jahr 1582 kommt dem wahren Wert schon näher; der Gregorianische Kalender mittelt mit seiner Vorschrift für Schalttage das Jahr zu 365,2425 Son-

---

[11] Dies ist das tropische Jahr ab Beginn des Jahres 2000.
Man beachte die Genauigkeit der Zahl mit 11 geltenden Ziffern.

nentagen. Damit ist das mittlere Gregorianische Jahr nur 11 s länger als das astronomische Jahr.
Das tropische Jahr in Sekunden angegeben beträgt 31.556.925,261 s. Dies erlaubt eine kuriose, natürlich zufällige Merkregel. Ein tropisches Jahr hat die Länge von π mal 10^7 s – dieser Wert ist auf 4 ‰ genau.

Der allgemeine Eindruck der astronomischen Zeit ist, dass alle Begriffe, von der Sekunde bis zum Jahr, eigentlich sehr komplex sind. Dies erkennt man bei der genaueren Analyse oder Betrachtung über längere Zeiträume hinweg. Alles hängt mit allem zusammen und wird letztlich nicht lange präzise vorhersehbar. Über Millionen Jahre hinweg wird das ganze solare System, das die Grundlage liefert, sogar chaotisch. Dabei haben wir bisher nur klassische Himmelsmechanik angesehen.

Das Bild der sich bewegenden Gestirne ist ein spirituelles Erlebnis. Dies gilt besonders, wenn wir diese Himmelskörper eigentlich als Symbole für Beständigkeit ansehen. Dazu zwei Beispiele, die Sonnenfinsternis und die Sonnenuhr, hier eine spezielle Meridian-Sonnenuhr.
Bei einer Sonnenfinsternis kreuzt die um etwa 5° geneigte Mondbahn die Sonnenbahn, die Ekliptik. Es ist ein kosmischer Zufall, dass beide Himmelskörper, Sonne und Mond, uns am Himmel etwa gleich gross erscheinen. Dadurch wird die Bewegung am Himmel lebendig sichtbar und nahezu fühlbar. Es ist der Mond, der sich über die Sonnenscheibe bewegt. Ist der Mond in der Erdferne (dem Apogäum), dann ist sein Bild kleiner als die Sonnenscheibe und es resultiert eine ringförmige Finsternis, umgekehrt in Erdnähe (dem Perigäum) eine totale Finsternis. Maximal 7,5 min kann die Bedeckung der Sonne für einen Beobachter auf der Erde dauern. Es ist der Mond, der über die Sonne hinweg läuft. Die Abb. 1.15 zeigt eine besonders faszinierende Sonnenfinsternis. Hier bedeckt die Erde die Sonne, gesehen aus dem All bei der Rückkehr des Apollo 12- Raumschiffs vom Mond.
Die kosmische Bewegung und damit der Lauf der Zeit wird besonders deutlich im Augenblick des Verschwindens der Sonne und dann des Wiederauftauchens. Die Empfindung der Zeit durch kosmische Bewegungen verknüpft der Astronom Carl Sagan (1934–1993) mit dem Gedanken an Leben und Tod:

Abb. 1.15 Sonnenfinsternis im All Die Erde bedeckt die Sonne. Aufnahme von Apollo 12. (Bild: Earth Eclipses Sun-ap12-s80-37406, Wikimedia Commons, Apollo 12 crew/NASA)

Das Wiedererscheinen der Mondsichel nach dem Neumond, die Rückkehr der Sonne nach einer totalen Finsternis, der Aufgang der Sonne am Morgen nach ihrer lästigen Abwesenheit in der Nacht wurden von den Menschen auf der ganzen Welt beobachtet; diese Phänomene sprachen für unsere Vorfahren von der Möglichkeit, den Tod zu überleben. Der Himmel war auch eine Metapher für die Unsterblichkeit.
Carl Sagan in *Cosmos*, Random House, 1980.

Jeden Mittag bei klarem Himmel in der italienischen Stadt Bologna sieht man unmittelbar die Bewegung der Sonne und kann damit die Zeit empfinden. Es ist ein sich langsam bewegender Lichtfleck der Sonne auf dem Boden der Kathedrale San Petronio. Im Jahr 1655 konstruierte der italienische Astronom Giovanni Domenico Cassini dort eine besondere Sonnenuhr und ein ausserordentliches astronomisches Messinstrument. Durch ein Loch im Kirchendach fällt das Licht

1 Einführung – die Zeit im klassischen Sinn

Abb. 1.16 Das Sonnenloch im Dach der Kathedrale Bologna. (Bild: Eigen)

der Sonne aus 27 Meter Höhe auf den Marmorboden der Kirche. Die Decke des Kirchenschiffs ist in der Umgebung des Lochs malerisch mit den Strahlen der Sonne ausgeschmückt (Abb. 1.16).+

In den Marmorboden ist eine 66 Meter lange Messingrinne eingelassen in Nord-Süd-Richtung, ein Meridian[12]. Damit ist dies die Konstruktion einer besonderen Sonnenuhr zur Bestimmung des lokalen Mittags; es ist weltweit der grösste Meridian im Inneren eines Gebäudes. Die Sonne wirft durch die Dachöffnung einen elliptischen Lichtfleck auf den Boden. Die geometrische Vergrösserung durch den langen Lichtstrahl vom Dach zum Boden vergrössert die Geschwindigkeit der Bewegung und das Sonnenbild schiebt sich sichtbar langsam über die Schiene (Abb. 1.17).

Dem Astronomen Cassini erlaubte diese «grosse Sonnenuhr» genaue Messungen der scheinbaren Sonnenbahn. Dem menschlichen Beobachter beeindruckt das lautlose Gleiten des Sonnenbildes als Abbildung der

---

[12] Ein Meridian ist eine Linie auf der Erde in Nord-Süd-Richtung von Pol zu Pol bzw. ein Teil davon.

Abb. 1.17 **Der Sonnenfleck** wandert über den Meridian auf dem Boden der Kathedrale Bologna. (Bild: San Petronio al solstizio d'estate: la meridiana di Cassini 5, Wikimedia Commons, Mark Pagl)

grossen, fernen kosmischen Bewegung. Natürlich ist es eigentlich der Widerschein unserer eigenen, kaum merklichen und trotzdem grossen täglichen Drehbewegung.

Die klassische astronomische Welt mit dem Uhrwerk aus sieben beweglichen Himmelskörpern und den dahinter «feststehenden Fixsternen» lieferte einen festen Zeitrahmen für die Menschen und die Gesellschaft mit ihren Riten. Die erste Erschütterung war die zufällige Entdeckung eines weiteren Planeten im Jahr 1781 durch den deutschbritischen Astronomen Wilhelm Herschel, den Planeten Uranus: Niemand hatte an einen weiteren Planeten gedacht.

Den Todesstoss für die Metapher des Sonnensystems als einfaches Uhrwerk gab schliesslich die Entdeckung des Kleinplaneten Ceres durch den italienischen Astronomen Guiseppe Piazzi im Jahr 1801. Heute kennt man mehr als eine Million solcher Objekte (am Tag des Schreibens 17. April 2023 steht der Zähler bei 1 278 740 Objekten. Dazu kommen 691 «Planeten», die um die Planeten kreisen, also im Sprachgebrauch Monde sind). Alles beeinflusst sich gegenseitig, allen voran der Einfluss des grossen Planeten Jupiter und natürlich der mächtigen Sonne im Zentrum. Damit ist das Sonnensystem insgesamt ein grossartiges Schauspiel und ein verwirrendes komplexes Zeit-Agglomerat.

1.2.2 Die klassische physikalische Zeit

> Es könnte scheinen, dass alle, die Definition der Zeit betreffenden, Schwierigkeiten dadurch überwunden werden können, dass ich an Stelle der Zeit die Stellung des kleinen Zeigers meiner Uhr setze.
> Aus: *Zur Elektrodynamik bewegter Körper*, Albert Einstein 1905.

Vereinfacht ist Zeit das, was man an der Uhr abliest.

Dies ist wohl eine Zirkeldefinition, denn die Uhr ist ja nur als Zeitmessinstrument mit dem Zeitbegriff definiert. Eine Uhr ist ein laufender Prozess in der Zeit, der Marken setzt: Die Uhr tickt. Allgemein kann eine wiederholbare und kontrollierte Bewegung als «Uhr» betrachtet werden. Eigentlich ist auch schon der Begriff *Bewegung* problematisch, bevor die *Zeit* definiert ist, denn es ist ja eine Veränderung in der Zeit und ohne Zeitbegriff unverständlich. Hier zitiere ich Newton:

> «Zeit, Raum, Ort und Bewegung als allen bekannt erkläre ich nicht. Ich bemerke nur, dass man gewöhnlich diese Größen nicht anders als in Beziehung auf sinnlich Wahrnehmbares auffasst...»

Für die Zeit und damit auch für die Uhr benötigt man als Ausgangspunkt nur die Fähigkeit, überhaupt Veränderungen sinnlich feststellen zu können und zu erfahren. Dies tun wir laufend, denn wir haben Sensoren zur Aussenwelt und innere zeitliche Prozesse, die eigentlich selbst

Uhren sind. Alle weiteren Eigenschaften der Zeit, etwa den Verlauf der Zeit zu fühlen oder die Prinzipien von Zukunft und Vergangenheit zu verstehen, hat uns die Evolution mitgegeben nach der lokalen Befindlichkeit der uns umgebenden Natur.

Sanduhren und Zeit – Materiefluss-Uhren und Zeit
Die älteste Art der Veränderung der Dinge, die zur recht genauen Zeitmessung verwendet wurden, ist der kontrollierte Fluss von Wasser aus einem Gefäss. Die Menge des Wassers, verblieben oder ausgeflossen, wird als Mass verwendet. Im Gegensatz zu den Sonnenuhren zeigen die Wasseruhren auch in der Nacht die verstrichene Zeit an. Neben den einfachen Gefässen mit Loch wie den antiken griechischen Wasseruhren, den *Klepsydras* oder *Klepshydras*, wörtlich den «Wasserdieben», entwickelten sich komplexe mechanische Apparate. Der Ausfluss ist ein nichtlineares Problem: Die Ausflussmengen hängen nach einem Wurzelgesetz vom Wasserstand ab. Der italienische Physiker Evangelista Torricelli und Schüler Galileis fand um 1640 das Gesetz dafür. Die Ausflussgeschwindigkeit des Wassers ist gerade so gross, als wäre es frei die Höhe des Wasserstands heruntergefallen.

Einfach war die Vorrichtung des Galileo Galilei zur Messung der Rollzeiten der Kugel auf der Fallrinne:

Zur Ausmessung der Zeit stellten wir einen Eimer voll Wasser auf, in dessen Boden ein enger Kanal angebracht war, durch den ein feiner Wasserstrahl sich ergoss.
aus den Dialogen über zwei neue Wissenschaften, 1638.

Anschliessend wurde das gesammelte Wasser gewogen.

Leichter zu bedienen und in Betrieb zu halten sind die Sanduhren, die im 13. Jahrhundert entstehen. Hier fliesst feinkörniger Sand anstelle des Wassers. Die Abb. 1.18 zeigt eine der frühesten Darstellungen einer Sanduhr in einem Fresko zum Thema *Temperantia* oder Mässigung im Stadtpalast von Siena. Das Gesamtwerk *Allegorie der Guten Regierung* aus den Jahren 1338/1339 gibt einen Einblick in diese Zeit mit einer Fülle an Informationen aus der Stadt Siena und der Kultur und Bildung in dieser Epoche.

Abb. 1.18 Historische Sanduhr Fresko aus dem Zyklus *Allegorie der guten Regierung* im Stadtpalast Siena von Ambrogio Lorenzetti (1290–1348). (Bild: Ambrogio Lorenzetti 002-detail-Temperance, Wikimedia Commons, Yorck Project)

Überraschenderweise ist der Lauf der Zeit in einer Sanduhr physikalisch ein viel komplizierterer Vorgang als der Wasserfluss in der Wasseruhr, so einfach das Rieseln des Sands aussehen mag. Die zur Wasseruhr gehörende Physik ist einfache Hydrodynamik, deren Gesetze vom Schweizer Physiker Daniel Bernoulli im 18. Jahrhundert gefunden wurden. Die Physik im Ablauf der Körner in der Sanduhr ist sog. granulare Rheologie. Es ist die Wissenschaft vom Fliessen der Stoffe vom griechischen rhéō «Fluss» und beschäftigt sich mit normalem Fliessen von Gasen und Flüssigkeiten, aber auch mit «exotischer» weicher Materie wie mit Schlämmen, Suspensionen, Körperflüssigkeiten (etwa Blut), Polymeren oder Pulvern. Die Namensgebung rührt vom Ausspruch des griechischen Philosophen Heraklit von Ephesus her: *pánta rhei,* alles ist im Fluss.

Es ist kein Zufall, dass dieser philosophische Slogan und die Physikdisziplin so gut auf die Zeit als Phänomen passen. Heraklit vergleicht den Bestand der Welt (das «Sein») mit einem Fluss. Das Wesentliche ist nicht das Ruhende, sondern die Erfahrung der Bewegung oder der Veränderung. Die Welt ist die Gesamtheit dieser Veränderungen. Fügt man die Hypothese hinzu, dass die Veränderungen wenigstens zum Teil gesetzmässig erfolgen, dann ergibt sich die Welt als die Menge von Prozessen.

Die Uhren, die den Materiefluss zur Messung verwenden wie Wasser- und Sanduhr, sind in diesem Sinne Prozesse, die so einfach wie möglich und ohne Ablenkung den Fluss der Zeit demonstrieren sollen. Dies gilt insbesondere für die symbolträchtige Sanduhr. Sie ist Symbol für das Fliessen der Zeit, aber auch für das menschliche Leben in der Zeit mit dem absehbaren letzten Sandkorn und dem Aufhören des Strömens als Symbol des Todes. Ihre Körner stehen für die Untereinheiten unseres Lebens, etwa für jeden einzelnen Tag. Sinngemäss finden sich hierzu viele Aphorismen; hier vom Physiker Georg Christoph Lichtenberg (1742–1799):

> Die Sanduhren erinnern nicht bloß an die schnelle Flucht der Zeit, sondern auch zugleich
> an den Staub, in welchen wir einst verfallen werden.

Sanduhren (und allgemein Uhren) sind ein beliebtes Objekt in der Kunst, um die menschliche Vergänglichkeit zu demonstrieren. In der christlich-jüdischen Tradition entsteht das Vanitas-Motiv nach dem lateinischen *vanitas* leerer Schein, Eitelkeit. Die Abb. 1.19 zeigt ein typisches Vanitas-Bild aus dem 17. Jahrhundert vom französischen Maler Philippe de Champaigne (1602–1674). Die Blume steht für das Leben,

1 Einführung – die Zeit im klassischen Sinn

Abb. 1.19 Ein Vanitas-Bild mit Leben-, Tod- und Zeit-Symbol. Öl auf Leinwand, um 1671. Philippe de Champaigne. (Bild: StillLifeWithASkull, Wikimedia Commons, Web Gallery of Art und Musée Tessé)

der Totenschädel für den Tod und das Stundenglas für die Zeit. Mehr zu Vanitas in der Kunst siehe unten.

Physikalisch ist das Strömen des Sandes im Stundenglas nicht trivial. Es ist grundlegend verschieden vom Fluss des Wassers (Schichting, 2006). Im Gegensatz zur Wasseruhr hängt die Flussgeschwindigkeit in der Sanduhr nicht von der Höhe der Säule ab. Der Sand rieselt immer gleichmässig vom Anfang bis zum Ende, eine willkommene Eigenschaft für die Messung. Das Rieseln durch die enge Öffnung ist ein komplexer Vorgang: Die Menge der Sandkörner hält sich gegenseitig fest. Die Körner bilden insgesamt ein Kräftenetz, in dem sich kleine Gewölbe bilden. Solche kleinen Hohlräume lösen sich in der Öffnung auf und das Sandkorn fällt in das untere Gefäss. Würde man auf den Sand drücken, so würde das Netzwerk gefestigt und der Sandfluss gestoppt. Schon schütteln der Sanduhr (auf- und abwärts in Flussrichtung) kann den Sandstrahl zum Erliegen bringen. Eine einfache äusserliche Methode dafür kann sein, den unteren Glaskörper zu erwärmen: Die sich ausdehnende Luft stört den Sandstrom und bringt ihn zum Erliegen. «Die Zeit steht still».

Mechanische Uhren und Uhrkunstwerke

> Unsere außergewöhnlichen Uhrwerke machen das Unsichtbare sichtbar und zeigen die Kunst der Feinmechanik.
> aus einem Werbetext der Uhrenmarke Girard-Perregaux, Schweiz.

Sanduhren zeigen das lineare Strömen der Zeit bis zu einem harten Ende und einem Stopp. Beides, das Strömen und das Stoppen, beeindrucken uns und wir sehen darin unser Leben. Mechanische Uhren haben sowohl physikalisch wie philosophisch ein vollkommen anderes Prinzip:

- Physikalisch versuchen sie, die Rotation der Himmelskörper in kleinen Kreisbewegungen abzubilden.
- Philosophisch zeigen sie die Zeit nicht als Strom, der irgendwann aufhört, sondern als ewige, zuverlässige Wiederholung.

Mechanische Uhren müssen eine kontinuierliche Bewegung künstlich zerhacken und dann die Zeitbruchstücke zählen. Der Vorgang der Teilung soll dabei so gleichmässig sein wie möglich und für die praktische Anwendung mit der Bewegung der Sonne am Himmel korreliert sein.

Das wesentliche Element zur Teilung der Zeit ist die *Hemmung* (engl. Escapement). Ohne Hemmung hat man nur ein sinkendes Gewicht mit Zahnrädern und Zeigern, nichts andres als eine laufende Wasseruhr. Die Räderuhr mit mechanischer Hemmung wurde vermutlich im 13. Jahrhundert erfunden. Die Abb. 1.20 zeigt das Werk der Turmuhr für den Stadtpalast der französischen Könige, den Palais de la Cité, gebaut von Henri de Vic im Jahr 1379. Der Grund für das Weiterschreiten der Uhr gibt das Zackenrad oder Kronrad vor: Zacken um Zacken getrieben vom Gewicht, das an der Achse des Kronrads dreht. Die senkrechte Achse des Uhrwerks trägt zwei Metalllappen, die das Weiterschreiten des Kronrads abwechselnd ermöglichen. Am waagrechten Balken, dem *Foliot* (etwa zitterndes Blatt), hängen zwei Gewichte, deren Trägheitsmoment zusammen mit dem Treibgewicht den Gang der Uhr bestimmen.

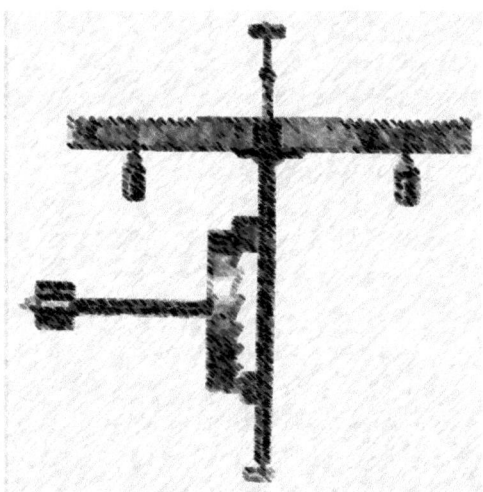

Abb. 1.20 Eine Foliot-Hemmung Spindel und Waage (Foliot) einer Turmuhr aus dem 14. Jahrhundert. (Bild: De Vick Clock Verge & Foliot, Wikimedia Commons, Histoire de l'Horlogerie, Pierre Dubois, 1849)

Damit haben wir das wohl einfachste mechanische Beispiel für den Lauf der Zeit: Eine Energiequelle (das Gewicht) und asymmetrisch geformte Zahnräder, die die Laufrichtung der Zeiger der Uhr (oder der Zeit) vorgeben. Totale Symmetrie würde zu einem Problem vom Typ des Esels des Buridanus führen, der hungrig vor zwei gleichen Heuhaufen steht: Der Zufall würde über die Richtung der Anzeige entscheiden.

Die Taktzeit (sozusagen hier die hörbare Tick-Tack-Zeit) ist nur von aussen bestimmt und die Uhr ist recht ungenau, nicht genauer als eine Viertelstunde pro Tag. Der nächste grosse Fortschritt ergab sich durch das Ankoppeln an eine innere Schwingungsfähigkeit, an einen Oszillator. Das erste physikalische Instrument dafür war das Pendel.

Die Idee zu einer Penduluhr findet sich schon bei Leonardo da Vinci im 15. Jahrhundert und Galileo Galilei im 17. Jahrhundert. Galilei hatte kurz vor seinem Tod die Idee einer Uhr mit einer durch ein Pendel gesteuerten Hemmung. Gemäss seinem Biographen Vincenzo Viviani hoffte er, dass *die sehr gleichmäßigen und natürlichen Bewegungen des Pendels alle Mängel in der Uhrmacherkunst beheben würden.*

Bei kleinen Ausschlägen ist das Pendel ein sog. *Harmonischer Oszillator*, seine Rückstellkraft wächst gleichmässig in Relation zur Auslenkung. Der harmonische Oszillator ist eines der wichtigsten Konzepte der Physik. Es ist das einfachste Modell für eine Schwingung, eines sich wiederholenden Vorgangs in der Zeit. Wichtig ist, dass der Beginn einer Schwingung immer bereits die Gegenwirkung enthält: Die schwingende Grösse wird ausgelenkt, eine Art Gegenkraft entwickelt sich und die Grösse kehrt in ihre Ausgangsposition zurück. Die Welt ist voller Oszillatoren mit innewohnenden Schwingungen: Kristalle schwingen, das Licht schwingt, Atome als Ganzes oder Moleküle in sich können schwingen. Am einfachsten in Schwingungsformen, die ihnen eigen sind: Das deutsche Wort «Eigenschwingung» ist auch im Englischen ein Fachbegriff.

Der Physiker, Mathematiker und Ingenieur Christiaan Huyghens (1629–1695) ist der Öffentlichkeit viel weniger bekannt als Galileo Galilei. Galilei ist noch ein Renaissancewissenschaftler, seine Mathematik ist Euklidsche Trigonometrie und Dreisatz. Huyghens gilt als der erste theoretisch-mathematische Physiker. Er berechnet die Abrollkurve eines Pendels und findet die Form, die auch bei grossen Auslenkungen des Pendels die Schwingungsdauer beibehält. Dies bedeutete die Lösung eines komplexen mathematischen Problems. Er baut die erste brauchbare Pendeluhr und steigert die Genauigkeit von Uhren von 15 min Fehler pro Tag auf noch 15 s.

Das Schwerependel hat noch zwei grosse Probleme: Es ist zu gross und es ist sehr empfindlich auf Erschütterungen. Kleinere Uhren werden erst möglich, wenn ein kleinerer harmonischer Oszillator verwendet wird. Dazu kann man das Pendel durch eine Spiralfeder, z. B. aus Stahl, ersetzen. Die steuernde Schwingung ist jetzt die Eigenschwingung gegen die Federkraft statt gegen die Schwerkraft. Später, zu Beginn des 19. Jahrhunderts, werden es Quarzkristalle sein, deren Eigenschwingung die Uhren steuern.

Die hohe Zeit der Uhren und des Uhrenbaus ist das 17. Jahrhundert und das 18. Jahrhundert. Die Dringlichkeit einer mobilen genauen Zeitmessung zeigt die Scilly-Flottenkatastrophe von 1707 auf:

1 Einführung – die Zeit im klassischen Sinn

Es war der Verlust von vier Kriegsschiffen einer Flotte der Royal Navy vor den Scilly-Inseln bei schwerem Wetter am 22. Oktober 1707. Zwischen 1.400 und 2.000 Seeleute verloren ihr Leben an Bord der zerstörten Schiffe, was den Vorfall zu einer der schlimmsten Seekatastrophen in der Geschichte der britischen Marine machte. Die Katastrophe wurde auf eine Kombination von Faktoren zurückgeführt, darunter die Unfähigkeit der Navigatoren, ihre Positionen genau zu berechnen nach dem Wikipediaartikel *Scilly naval disaster of 1707*, gez. April 2023.

Während die geographische Breite auch auf See leicht zu bestimmen ist über die Mittagshöhe von Gestirnen, ist es mit der geographischen Länge schwieriger. Die west-östliche Länge auf der Erdkugel ist mit der örtlichen Sonnenzeit verbunden. Ein Abstand von 15° in der Länge entspricht einer Zeitdifferenz von einer Stunde (Abb. 1.21). Der kleine Unterschied von einer Bogenminute wirkt sich als 4 s Zeitunterschied aus und bedeutet am Äquator etwa 1,8 km Wegdifferenz auf der Erde; dies ist die Definition einer Seemeile.

Wenn man an einem Ort der Welt neben der eigenen Uhrzeit auch die gegenwärtige Uhrzeit in Greenwich kennt, so kennt man auch die geographische Länge. Deshalb war es die Methode zur Längenbestimmung in dieser Zeit, eine laufende, genaue Uhr von Greenwich aus mit

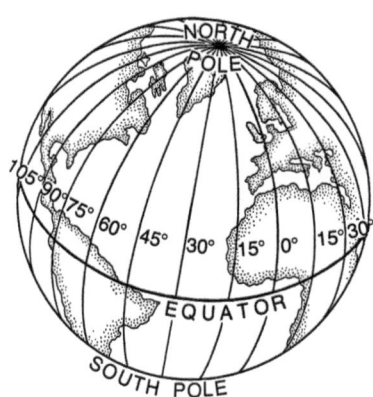

Abb. 1.21 Zum Längenproblem Der Erdglobus in Stundenteilung zu 15°. (Bild: Longitude (PSF), Wikimedia Commons, Pearson Scott Foresman)

dem Schiff in die Welt hinauszutragen. Die seefahrenden Länder setzen sogar Preise aus, um das «Längenproblem» zu lösen: Spanien, die Niederlande und England. Die englische Reaktion auf die Flottenkatastrophe waren 20 000 Pfund Preisgeld im *Longitude Act* für die Lösung. Das Preisgeld würde heute in der Kaufkraft zwei bis drei Millionen Pfund entsprechen!

Der absurdeste Vorschlag zur Lösung des Problems ist physikalisch besonders interessant, da er dem Grundverständnis von Zeit und insbesondere dem Gedanken Einsteins, was Zeit und Gleichzeitigkeit ist, dermassen widerspricht: die Verwendung des «Pulvers der Sympathie». Es ist ein Höhepunkt der Alchemie und spätmittelalterlicher Pseudowissenschaft. Ausgangspunkt ist der Gedanke einer «Waffensalbe», einer mystischen Salbe, die von Waffen verursachte Wunden heilt – sogar, wenn man nicht die Wunde, sondern *die Waffe* bestreicht. Das berühmteste Rezept dazu stammt vom Arzt Paracelsus …

Noch exotischer: Wenn man ein Stückchen Verband von der verwundeten Person mit dem Pulver bestäubt, würde sich die Wunde schliessen. Und der nützliche Punkt für das Längenproblem: Dies solle unabhängig von der Entfernung zwischen verwundetem und der Aktion geschehen. Wenn dies in Greenwich zu Mittag geschehe, hätte man den Londoner Mittag auf der ganzen Welt beobachten können. Das Problem wäre exakt gelöst.

Die Royal Navy testete 1687 die Idee des Sympathiepulvers. Ein Hund wurde verwundet und auf See geschickt, während sein Verband in London blieb. Zu einem bestimmten Zeitpunkt sollte der Verband [in London] mit dem Pulver behandelt werden, und der Hund sollte die Wirkung [auf See] spüren. Offenbar war dies nicht der Fall, denn die Marine setzte die Praxis nicht fort. Joe Schwarcz, in No Sympathy for the «Powder of Sympathy», *2018.*

Wissenschaftsphilosophisch besonders hervorzuheben ist zum einen die vermutete Fernwirkung mit einer mystischen «geistigen» Kausalität und zum andern die Annahme der unendlich raschen Ausbreitung dieser Wirkung. Es gibt keine geistige Kausalität und keine Wirkung breitet sich spontan aus. Das letztere wird ein zentraler Punkt in der Einsteinschen speziellen Relativitätstheorie werden, nämlich dass es dies nicht in der Natur gibt. Die höchste Geschwindigkeit der Ausbreitung jeglicher Aktion ist die Geschwindigkeit von Licht im Vakuum.

Bevor ein Leser die historischen Ansichten und Weisheiten wie das «Pulver der Sympathie» für idiotisch-unglaubwürdig hält, erinnere ich, wie viele Mitbürger (und -innen) z. B. an Astrologie und Homöopathie glauben, die auch «irgendwie geistig» wirken, jenseits aller Naturgesetze. Ein wunderbares ähnliches falsches Beispiel mit *Zeit* stammt vom grossartigen, aber unwissenschaftlichen Psychoanalytiker Carl Gustav (CG) Jung: die Hypothese der Synchronizität (s. Wikipedia-Artikel).

CG Jung vermutete, dass es eine geheimnisvolle Verbindung gibt oder geben könne zwischen inneren Ereignissen (etwa Träumen oder spontanen Erinnerungen) und physikalischen Ereignissen in der Welt. Diese Verbindung sollte ebenfalls «irgendwie» wirken, ohne Geschwindigkeitsbegrenzung sein und jenseits der realen Kausalität funktionieren. So träumt etwa jemand in Zürich von einem Unfall seines Enkels in China, und am nächsten Tag erfährt er: Es ist geschehen. Aber dies ist nur Psychologie und dazu Zufall. Sympathiepulver und Synchronizität sind nur Geschichte.

Zurück zum Längenproblem und der Zeit. Die praktische Lösung des Längenproblems gelang mit dem Bau einer hinreichend genauen und seetüchtigen Uhr, eines Marine-Chronometers, durch den englischen Tischler und autodidaktischen Uhrmacher (und Erfinder) John Harrison (1693–1776). Harrison widmete sein Leben dem Bau einer genauen Uhr – und damit dem Gewinn des Längen-Preises.

Er ist der Schöpfer einer Reihe von bleibenden Erfindungen, etwa eine besondere Hemmung (die Grashüpfer-Hemmung), die Einführung von Bimetallstreifen für einen Temperaturausgleich der Feder und für sein letztes Werk einen Zwischenspeicher für die Energie, der den Energiefluss ausgleicht, der bei der entspannten Feder sonst nachlässt. Es wird als *remontoir d'egalité* in den Uhrenbau eingehen. Und es braucht einen Mechanismus, der den Energiefluss aufrechterhält, während die Uhr aufgezogen wird. Im Kampf um das ausgeschriebene Preisgeld baut er, der Aussenseiter und Nicht-Wissenschaftler, vier Marine-Chronometer mit wachsender Genauigkeit und immer kleineren Ausmassen. Es ist ein spannendes Leben, das die Wissenschaftsredakteurin der New York Times, Dava Sobel (geb. 1947), in den Bestseller *Longitude* giesst

Abb. 1.22a Chronometer H1 John Harrisons erste marine Uhr (1735). (Bild: Royal Maritime Museums, Greenwich)

(Sobel, 1995). Die Abb. 1.22 a) zeigt das erste Marinechronometer von Harrison, die «H1», die Abb. 1.22 b) die vierte und letzte Uhr genannt H4.

John Harrisons Uhren erreichten auf festem Boden die Genauigkeit von einer Sekunde Abweichung pro Monat, auf dem bewegtem Schiff drei Sekunden pro Tag. Die minimale Anforderung an die Genauigkeit der Längenmethode für den Preis war ein erlaubtes Winkelgrad Fehler, das ist per Definition 60 Seemeilen oder etwa 110 km Abweichung am Äquator. Dies würde einem Fehler der Uhr von 4 min auf der Reise bedeuten. Die Uhren von Harrison waren wesentlich besser.

Die Chronometer von John Harrison sind Meisterstücke der Mechanik. Die Uhr H1 mit den spektakulären beiden gegeneinander schwingenden Pendeln besteht aus 1500 Teilen! Sein viertes Modell ist nur eine etwas gross geratene Taschenuhr, elegant und präzise. Harrison schreibt (Sobel, 1995):

1 Einführung – die Zeit im klassischen Sinn 55

Abb. 1.22b Chronometer H4 John Harrisons letzte marine Uhr (1759). (Bild: Harrison H4 chronometer, Wikimedia Commons, Colonel Warden at English Wikipedia)

Ich wage zu sagen, dass es kein mechanisches oder mathematisches Objekt auf der Welt gibt, das schöner wäre oder ausgefallener als diese meine Uhr und Zeitmesser für die Länge.

Ein halbes Jahrhundert später kommt eine eindrucksvolle mechanische Erfindung dazu, das Tourbillon, übersetzt der «Wirbelwind». Es geht darum, die Uhr noch mobiler zu machen, zunächst als Taschenuhr, später und heute als Armbanduhr. Die Ganggeschwindigkeit der Uhr hängt von der Neigung der Uhr ab – je nachdem wirkt die Schwerkraft ein wenig anders. Der Schweizer Uhrmacher Abraham Louis Breguet packte wesentliche Teile des Uhrenmechanismus in einen rotierenden Käfig, um die Ungleichgewichte auszugleichen. Im Jahr 1801 erhielt er das Patent dafür. Heute bieten fast alle Luxusuhrenhersteller Uhren mit Tourbillons an. Die Abb. 1.23 zeigt ein Tourbillon. Ihre mechanische Komplexität macht Uhren mit Tourbillon zu einem besonderen Wert, unabhängig von der Präzision der Messung. Moderne mechanische Uhren sind grossartige, wertvolle und edle Zeitmaschinen.

1.3 Moderne Zeit

Nach einer pragmatischen Definition ist eine Eigenschwingung die Schwingung eines sich selbst überlassenen schwingungsfähigen Systems, das einmal angestossen wird. Der historische Weg der Uhrentechnologie führt durch verschiedene, immer stabilere und gleichmässigere Systeme, zuerst vom Schwerependel zum Federpendel. Die nächsten und heute besten Technologien verwenden die Eigenschwingungen fester Kristalle oder die Schwingungen innerhalb von Atomen.

Abb. 1.23 Ein Tourbillon Makroaufnahme eines Käfigs. Uhrenatelier Frank Jutzi, Schweiz. (Bild: Tourbillon, Wikimedia Commons, Simon Schaller)

Die Ingenieure und Physiker brauchen für die Weiterentwicklung keine philosophischen Überlegungen zur *Zeit*. Die Gleichmässigkeit des Uhrenlaufs zeigt sich in der Beziehung zu den anderen, vergleichbaren Uhren. Beobachtet man eine Art von Gleichlauf bei verschiedenen Uhren, so darf man pramatisch interpretieren, dass sich die Uhren auf eine eindeutige Zeit einstellen. Es gibt also so etwas wie *Zeit*.

1.3.1 Quarzuhren und Quarzzeit

> Im Kristall haben wir einen reinen Beweis für die Existenz eines formenden Lebensprinzips, und obwohl wir trotz allem das Leben der Kristalle nicht verstehen können – es ist immer noch ein lebendiges Wesen.
> Nikola Tesla, Erfinder mit esoterischen Neigungen, 1900.

Die esoterische Literatur beschreibt Kristalle als magische Objekte, als «Meisterheiler» und «Energieverstärker des Planeten». Der Esoteriker (und Elektroingenieur) Nikola Tesla schwärmt hier vom Kristall als lebendigem Wesen. Den Kristallen Leben zuzuweisen ist Unsinn, sie sind reine Physik mit wohlgeordneten Atomen in Reih und Glied über Milliarden von Milliarden Atomen hinweg. Kristalle sind wunderbare magische Objekte, insbesondere ist der Quarz als Bergkristall «ein Juwel der Erde». Gerade der Quarz sollte die Zeitmessung weg führen von der Grundlage der Sonnenbewegung oder der Erdrotation für unsere Zeit. Es sind die Schwingungen von Quarzkristallen, die ab 1920 als Zeitsignal dienen. Von nun an gilt wieder die Definition des Aristoteles: Zeit wird zum schlichten Zählen. Aristoteles schreibt im Buch IV der *Physik*:

> Die Zeit ist die Zahl der Bewegung hinsichtlich des ‚davor' und ‚danach'.

Bei der quarzbasierenden Uhr werden die Eigenschwingungen eines präparierten Quarzkristalls gezählt. Diese Zeittechnologie mit Kristallschwingungen ist ganz im Sinn des esoterischen Nikola Tesla (1856–1943). Der Tesla-Verehrer und Biograf Ralph Bergstresser zitiert Tesla (Bergstresser, 1970):

«Wenn Sie die Geheimnisse des Universums finden wollen, so denken Sie in den Grössen Energie, Frequenz und Schwingung»

Es sind esoterische, aber auch wissenschaftlich prophetische Worte Teslas! Der Satz gilt für die neuen Zeitmessungs-Verfahren wie für die Physik als Ganzes.

Quarzkristalle schwingen sehr präzise und ihre Schwingung ist nicht nur mechanisch, sondern auch elektrisch. Der Grund sind die beiden Atomsorten, die Quarz ausmachen, Silizium und Sauerstoff, und der Kristallbau. Presst man den Kristall zusammen, so verschieben sich die positiven und negativen Ladungen im Kristall etwas unsymmetrisch und es tritt eine elektrische Spannung auf. Diese Eigenschaft heisst Piezoelektrizität vom altgriechisch *piezein* ‚drücken', ‚pressen' und *ēlektron* ‚Bernstein'. Diamantkristalle zeigen den Effekt nicht!

Dadurch werden mechanische Schwingungen des Kristalls mit Schwingungen der elektrischen Ladung gekoppelt und es ergibt sich eine Resonanz. Der Kristall wird Frequenzgeber für die Uhr.

Die Eigenfrequenz, also diese Frequenz, die dem vorgegebenen Kristall innewohnt, ist sehr beständig und ändert sich nur minimal mit der Temperatur und mit dem Altern des Kristalls. Ein praktisches Problem ist die gewünschte Schwingungsdauer. Eine Sekunde wäre als Grundfrequenz zwar praktisch, ist aber nicht möglich. Ein Sekunden-Quarz müsste so gross sein wie ein schwerer Felsbrocken und wäre nur für eine Turmuhr brauchbar. Man verwendet kleine Quarzstrukturen, die viel schneller schwingen.

Die Abb. 1.24 zeigt einen Schwingquarz in Stimmgabelform für eine Armbanduhr, der auf die Frequenz 32 768 Hertz getrimmt ist. Diese Zahl *32 768* ist eine besondere Zahl, nämlich eine Zweierpotenz, nämlich die Zahl 2^{15}. Halbiert man diese Zahl 15-mal hintereinander, so erhält man Eins, in der Uhr also *eine* Schwingung pro Sekunde oder 1 Hertz.

Die Grössen, die die Präzision einer Zeitmessung bestimmen sind (Lombardi, 2008):

Genauigkeit – die Zeitdifferenz einer Uhr gegenüber einer «echten» (besseren) Zeit, und   *Stabilität* – die Schwankungen der Uhr im Laufe der Zeit.

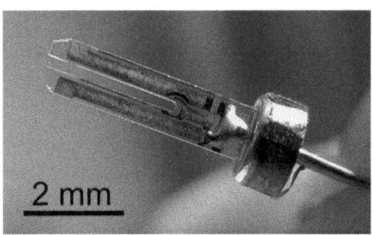

Abb. 1.24 Ein Uhrenquarz Quarz als Miniatur-Stimmgabel. (Bild: Inside Quartz-Crystal Tuningfork-2, Wikimedia Commons, Chribbe76)

Dabei ist die Stabilität der Uhr von grösserer praktischer und wissenschaftstheoretischer Bedeutung als die Genauigkeit. Oft lässt sich die in sich stabile Uhr noch im Lauf intern justieren und damit in der Genauigkeit verbessern. Bei Armband-Quarzuhren kann man mit etwa 2 bis 4 s Ungenauigkeit pro Monat rechnen, sehr gute mechanische Uhren haben diese Ungenauigkeit pro Tag. Die Quarzuhren enthalten naturgemäss weniger bewegte Teile als mechanische Uhren und sind zuverlässiger – aber die mechanischen Uhren sind auch im Inneren dafür wunderschön.

Ab 1932 ist die Quarzuhr genau genug, um kurzfristige Änderungen der täglichen Rotation der Erde festzustellen. Die Astronomen hatten eine allmähliche Verlangsamung der Erdrotation durch die Gezeiten erwartet und auch unmessbar kleine Variationen über die Jahreszeiten. Die Einheit der Zeit liess sich nicht mehr über die Erdrotation definieren.

Der Paradigmenwechsel geschah in der Physikalisch-Technischen Reichsanstalt Berlin (Hassler, 2003). Der Mathematiker Udo Adelsberger und der Physiker Adolf Scheibe hatten zwischen 1930 und 1933 mehrere hochgenaue Quarzuhren gebaut, die Exemplare QI, QII und QIII. Diese Gruppe von Quarzuhren wurde das öffentliche Zeitmass.

Bereits im Frühjahr 1934 kam es zu erheblichen Gangänderungen gleichermaßen bei QI und QII. Im Juni 1934 trat eine gleichartige Gangänderung auch bei der völlig anders gebauten QIII auf. Scheibe und Adelsberger schockierten 1935 die damalige Fachwelt mit der Schlussfolgerung, nicht ihre Uhren gingen falsch, sondern die als Vergleich und bis dato als Zeitnormal verwendete astronomische Tageslänge sei inkonstant. Wikipediaartikel Udo Adelsberger, gez. Mai 2023.

Im Sommer ging die «Erdrotations-Zeit» um bis zu 0,12 s der «Quarzzeit» nach. Die Erddrehung ist zwar ein einfaches Zeitmass – man muss ja nur auf den Sternenhimmel schauen – aber sie ist damit nicht mehr als präzises Zeitnormal brauchbar. Im Jahr 1956 machen die Astronomen einen neuen Anlauf und wählen das tropische Jahr als Zeitnormal. Danach ist die Sekunde per Definition der 31.556.925,974.7-te Teil des tropischen Jahres, also der Zeit, die die Sonne benötigt, um von Frühlingspunkt zu Frühlingspunkt auf ihrer scheinbaren Bahn zu laufen. Wie viele Tage genau in diesem Jahr ablaufen, lässt sich erst im Nachhinein feststellen, denn die Tageslängen sind mit den Schwankungen der Erdrotation ja variabel und nicht im Voraus berechenbar.

Während bisher die Astronomie die Zeit für die Physik vorgab, wird ab 1967 die Physik die Zeit messen und der beobachtenden Astronomie als Grundlage geben. Dies wird nicht mit der Schwingung eines Kristalls erreicht, sondern ganz fundamental mit inneren Schwingungen in Atomen.

1.3.2 Atomuhren und moderne Zeit

Man kann die Geschichte der Zeitmessung als eine Entwicklung zur Verwendung von immer schnelleren Schwingungen auffassen. Das klassische Schwerependel ist das Sekundenpendel, das für einen Schlag – das ist eine Halbperiode – eine Sekunde braucht (entsprechend 1/2 Hertz) und die Länge von etwa 99 cm hat, je nach der lokalen Stärke der Schwerkraft. Wäre die Schwerkraft auf der ganzen Welt gleich, so hätte man dieses Pendel bei vorgegebener Sekunde für die Definition des Meters verwenden können! Die Quarzuhr arbeitet intern typischerweise mit einer Grundschwingung von 32 768 Hertz. Die Atomuhren leiten die Zeit aus den Strahlungsübergängen der Elektronen freier Atome ab. Es sind Mikrowellen, die ausgestrahlt oder absorbiert werden.

Die niedrigste brauchbare Frequenz ist die wichtigste Frequenz im ganzen Kosmos, als Wellenlänge ausgedrückt die 21 cm-Linie des Wasserstoffs. Wasserstoff ist das verbreitetste Atom im Weltall.

1 Einführung – die Zeit im klassischen Sinn

Es ist klar, dass der 21 cm-Übergang das wichtigste Hilfsmittel ist, das wir im Kosmos haben. Auf mehr als eine Art und Weise ist es das «magische Mass» um einige der grössten Geheimnisse der Natur zu entschlüsseln.
Ethan Siegel, amerikanischer Astrophysiker, in BigThink vom 8. September 2022.

Auslösender Vorgang ist das Kippen des Spins (und des Magnetchen) des Atomkerns, eines Protons, in Bezug zum Spin (und Magnetchen) des Elektrons[13]. Die Magnetchen haben ein klein wenig weniger Energie, wenn sie entgegengesetzt sind. Diese Energiedifferenz gibt die Strahlung der Wellenlänge 21 cm entsprechend einer Schwingungsfrequenz 1,4 Gigahertz, genauer $1.4204057517667 \times 10^9$ Hertz. Die 13 Dezimalstellen zeigen die Genauigkeit an, mit der hier gemessen wird.

Aus messtechnischen Gründen war es günstiger, den entsprechenden Übergang beim Cäsiumatom für den Bau von Uhren zu verwenden. Hier ist die zugrunde liegende Schwingung 9,2 GHz, also eine Radio-Mikrowelle, vergleichbar der Mikrowelle im Herd.

Im Jahr 1955 schafft der britische Physiker Louis Essen (1908–1997) die erste praktische Cäsium-Atomuhr (Abb. 1.25). Die Genauigkeit (oder besser die Stabilität) der Uhr war eine Schwankung von einer Sekunde in 300 Jahren.

Es ist eine Kuriosität der Wissenschaftsgeschichte, dass der Physiker Louis Essen, der mit der Atomuhr das Instrument schafft, das die Einsteinsche spezielle Relativitätstheorie klar beweisen wird, gegen Einstein unberechtigt polemisiert hat, bis er seine Stellung im Labor riskierte.

Ab etwa dem Jahr 2008 werden optische Schwingungen zur Grundlage der Zeitmessung. Sie sind ungefähr 50 000-mal schneller als die Mikrowellen der ersten Atomuhren. So oszilliert das Licht der verwendeten Strontium-Resonanz etwa mit 429 TeraHertz, das entspricht rotem Licht von etwa 698 nm Wellenlänge, mit einer Schärfe von

---

[13] Der Vorgang ist ein sog. Hyperfeinstruktur-Übergang.

Abb. 1.25 Die erste Atomuhr Louis Essen (rechts) vor der ersten Cäsium-Atomuhr. (Bild: Atomic Clock-Louis Essen, Wikimedia Commons, National Physical Laboratory, UK)

rund 1/1000stel Hertz. Die Entwicklung der Genauigkeit der Uhren illustriert die Abb. 1.26 an den Werten der besten «dienstleistenden» Uhren im US-Amerikanischen Messlabor NIST von den ersten Cäsium-Uhren in den 50er-Jahren bis ins 21. Jahrhundert. Sowohl die

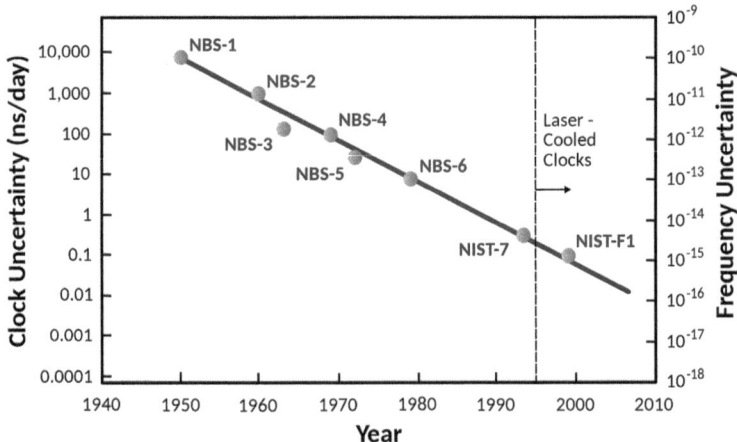

Abb. 1.26 Die Genauigkeit der «diensthabenden» Uhren in USA Abweichungen in Nanosekunden pro Tag und Frequenzvariation. (Bild: Clock accuracy, Wikimedia Commons, donated)

1 Einführung – die Zeit im klassischen Sinn

tägliche mittlere Abweichung der Uhren als auch die relative Unschärfe der verwendeten Frequenz nehmen exponentiell ab.

Eine andere populäre Darstellung der Genauigkeit der modernen atomaren Uhren sind Aussagen wie «Fehler der Uhr in einer Zeitspanne». Solche Aussagen sind in der Tab. 1.2 aufgelistet.

Neben der exponentiellen Verbesserung der Genauigkeit beobachtet man einen zweiten technischen Trend bei Atomuhren: Die laufende Miniaturisierung der Technologie hat von experimentellen Systemen von der Grösse eines ganzen Labors ausgehend zu Mikrochip – Systemen geführt. Beide Trends, die Verbesserung der Funktion und die Miniaturisierung, sind typisch für Produkte, die Information verarbeiten. Die Leichtigkeit der Information macht diese Trends möglich. Information benötigt nur ganz wenig Materie. Die entsprechende Technologieentwicklung beim digitalen Computer ist wohlbekannt und wird seit 1965 als Mooresches «Gesetz» beobachtet.

Diese Uhrentechnologien machen die Frequenz und damit umgekehrt auch die Zeit zur am genauesten bestimmten Grösse der Physik (NIST, 2021). Die Tab. 2 der Uhrgenauigkeiten endet mit 2×10^{-18} relativer Stabilität. Dies bedeutet, dass im Alter des Universums von 13,8 Mrd. Jahren sich erst ein Fehler von einer Sekunde aufbauen würde. Die gegenwärtigen experimentellen Uhrenprojekte nähern sich sogar der Grössenordnung einer Genauigkeit von 10^{-19}! Diese Genauigkeit bedeutet auch entsprechend viele geltende Ziffern der Messwerte. Solche Bereiche von Zehnerpotenzen bedeuten fundamental Neues:

Tab. 1.2 Einige historische Uhr-Genauigkeiten (Grössenordnungen) Die zugehörigen Schwingungsfrequenzen reichen von 5 Hertz bis zu mehreren Hundert TeraHertz

Zeitabweichung von 1 Sekunde pro	Relative Genauigkeit	Kommentar
Monat	4×10^{-7}	Harrison-Uhr um 1750
Jahr	3×10^{-8}	Labor-Quarzuhr um 1935
300 Jahre	1×10^{-10}	Erste Cäsium-Atomuhr 1955
100 Mio. Jahre	3×10^{-16}	Cs-Fontänenuhr NIST-F1 um 2000
15 Mrd. Jahre	2×10^{-18}	optische Gitter-Uhren mit Strontium oder Ytterbium ab 2013

Der Übergang von mechanischen Uhren zu Atomuhren ist in der Physik der Auswirkung vergleichbar dem Übergang von der Astronomie mit blossem Auge zur modernen Astronomie. Es gibt vollkommen Neues. Insbesondere werden die Uhren zu mehr als Zeitmessern. Sie können z.B. indirekt die Raum-Krümmung messen.

Atomuhren können Abläufe präzise messen und können untereinander zu einer gemeinsamen Atomuhrzeit synchronisiert werden.

1.3.3 Eine kosmische Uhr mit Pulsaren

Die Zeit am Stand der Sonne abzulesen ist eine vertraute kosmische Methode, die Zeit zu erfahren. Die fundamentalen Schwingungen in Atomen jedoch sind viele Grössenordnungen präziser, aber abstrakt und verborgen im Mikrokosmos. Nun zeichnet sich eine andere kosmische Messmethode ab, die wieder mit Himmelskörpern arbeitet, jetzt mit Zeitgebern von ausserhalb unseres Sonnensystems. Das erste derartige «Uhrwerk» wurde im Jahr 1967 von der irischen Astrophysikerin Jocelyn Bell entdeckt. Es sind streng periodische geheimnisvolle Radiosignale, die eindeutig von einer Stelle des Sternenhimmels empfangen werden. Ursache sind keine irdischen Störungen und keine Radiosignale von Aliens (wie auch spekuliert wurde), sondern es sind Strahlenbündel, die von äusserst kompakten und schnell rotierenden Neutronensternen ausgesandt werden wie rotierende Lichtbündel von einem Leuchtturm. Jedes Mal, wenn der scharfe Radiostrahl die Erde überstreicht, wird ein Puls empfangen.

Der stabilste und uns nächste Pulsar ist PSR J0437–4715; er sendet etwa 170-mal in der Sekunde einen Puls. Um die Präzision der Signalzeiten zu demonstrieren, geben wir den gemessenen Wert der Periode der Signale in voller Länge an: 0.005757451936712637 s! Allerdings nehmen die Perioden von Pulsaren langsam (jedoch extrapolierbar) zu, weil sie durch die Abstrahlung Energie verlieren und sich die Rotation dadurch verlangsamt. Pulsare können damit sehr genaue kosmische Uhren sein. Noch präziser wird die Zeitmessung durch einen Verbund von Pulsaren, deren Signale im Computer zu einem Zeitmesser

1 Einführung – die Zeit im klassischen Sinn

verknüpft werden. Man kennt zurzeit im Gürtel der Milchstrasse etwa 3000 Pulsare als Kandidaten dafür.

Eine moderne astronomische Uhr, die mehrere Pulsare als Zeitgeber verwendet, wurde als Demonstrationsobjekt in der Kirche St. Katharina in Danzig, Polen, aufgebaut. Sechs Pulsare werden mit insgesamt 20 Radioantennen beobachtet und die Signale im Computer zur «Pulsarzeit» kombiniert. Die Abb 1.27 zeigt eine Zeitangabe auf dem Bildschirm.

Damit stehen zwei hochgenaue und vollkommen verschieden arbeitende Uhrentechnologien und Zeitgeber zur Verfügung:

- Astronomisch durch periodische Signale von rotierenden Sternen aus den Tiefen des Weltraums. Der nächste Pulsar ist 510 Lichtjahre entfernt!
- Atomphysikalisch durch Schwingungen im Innern der Atome.

Die beiden voneinander unabhängigen Verfahren können einander gegenseitig und damit die kosmische Zeit selbst kontrollieren. Durch ihre extreme Genauigkeit messen sie dabei auch andere schwierig zu bestimmende Effekte in ihrem Zusammenhang. So werden die Pulsar-Uhren wahrscheinlich Gravitationswellen feststellen können und die

Abb. 1.27 Pulsar Zeit Bildschirm der Uhr im Turmuhrenmuseum Danzig, Polen. (Bild: Turmuhrenmuseum 2017–08 07, Wikimedia Commons, Hans-Peter Balfanz)

Atomuhren messen bereits lokale Zeitdilation und Schwereeffekte nach der Allgemeinen Relativitätstheorie. Auf jeden Fall gilt: Zeit ist keine Illusion.

1.3.4 Drei Zeiten und neue Definition der Zeiteinheit

Die neuen Uhren sind viele Millionen Mal genauer als die klassischen mechanischen Uhren. Sie machen es offensichtlich, wie schwankend die alte Basis der Zeit ist, der Sonnentag mit per Definition 86 400 s oder die Rotationsdauer der Erde. Die neuere Definition von 1956 als Bruchteil der Länge des Jahres ergibt eine himmelsmechanisch kalkulierbar laufende Zeit, die *Ephemeridenzeit* nach dem jährlichen Lauf der Sonne. Sie ist stabiler und präziser, aber messtechnisch steht eine schwierige astronomische Messung dahinter. Die entstehenden Atomuhren, vor allem die Cäsium-Uhr, sind genau und überall anwendbar und viel besser geeignet, das Zeitnormal zu bilden. Die physikalische Definition der Sekunde lautet bis auf weiteres:

> Die Sekunde ist die Dauer von 9 192 631 770 (exakt) Perioden der Mikrowellenstrahlung beim Hyperfein-Übergang im Grundzustand des Cäsium-133 Atoms.

Der letzte Teil der Definition legt fest, um welche Schwingung es sich genau handeln soll. Man kann die Zeit über viele der Cäsiumuhren austauschen und mitteln. Das Ergebnis ist die *internationale physikalische Zeit*, nahe an der absoluten Zeit von Newton. Newton würde es die «richtige» Zeit nennen – natürlich dachte er noch, dass die Erdrotation diese richtige Zeit abbildete.

Aber die Erdrotation ändert sich, gemessen in der richtigen, der physikalischen Zeit. Im Allgemeinen wird die Rotation langsamer; es gibt dazu einen jahreszeitlichen Rhythmus und viele Einzelereignisse, die die Massenverteilung relativ zur Rotationsachse verändern und damit die Tageslänge. Es sind schmelzende Gletscher oder Erdbeben, Verschiebungen im Erdinnern oder Veränderung des Wassers und der Strahlströmungen in der Atmosphäre, die die Rotationsmechanik der Erde beeinflussen. Für astronomische Beobachtungen (und auch Mittag und Mitternacht sind astronomische Ereignisse) muss man aber genau die Orientierung der Erde im Raum wissen, d. h. die wahre Sonnenzeit oder *Universalzeit* (Universal Time). Leider kann man diese Zeit nur im Nachhinein feststellen durch astronomische Beobachtung und die beiden Zeiten, physikalische und universelle (wahre Sonnenzeit), laufen auseinander.

Dies wird mit einem unschönen Trick näherungsweise korrigiert, vergleichbar der Einführung von künstlichen Schalttagen nach dem Julianschen oder Gregorianischen Kalender. Um den zeitlichen Abstand zwischen der gleichmässigen physikalischen Zeit und der wahren, schwankenden und langsamer werdenden «Zeit» durch die Erdrotation nicht zu gross werden zu lassen, hält man die alltäglichen Uhren bei Bedarf weltweit für eine Sekunde an. Diese eingeschobenen Sekunden sind die *Schaltsekunden*; bis heute wurden 27 solche zusätzlichen Sekunden eingeschoben.

Die Zeit mit diesen korrigierenden Einschüben heisst *Koordinierte Weltzeit* (Universal Time Coordinated) und ist die Weltzeit, auf der die Zeitzonen-Zeiten definiert sind. Eine Stunde addiert gibt z. B. die Mitteleuropäische Zeit MEZ.

Die Abb. 1.28 illustriert die Variabilität der Erdrotation und das Ansammeln von Schaltsekunden am Beispiel zweier Jahrzehnte. Die typische Masseinheit für die Tageslängenänderung ist die Millisekunde. Im Schaubild kennzeichnet jeder rote Punkt eine eingefügte Schaltsekunde.

Diese Sekunden sind unschöne Unterbrechungen des kontinuierlichen Flusses des alltäglichen Zeitmasses. Sie bedeuten technischen Sonderaufwand, stellen ein Risiko für die Infrastruktur der Welt dar und sind deshalb unbeliebt. Die Sekunde des Einschubs um Mitternacht erzeugt nach 23:59:59 zusätzlich die kuriose Zeitangabe 23h 59 min 60 s (Abb. 1.29), erst dann erscheint 0h 0 min 0 s. Das Einschalten von zusätzlicher Zeit wird ab 2035 auf jeden Fall seltener werden: Die Schaltsekunde wird danach durch die gröbere Schaltminute ersetzt werden.

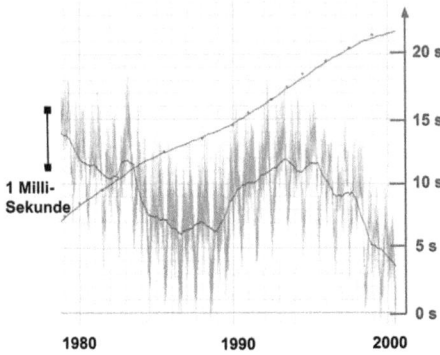

Abb. 1.28 Tageslängen und Schaltsekunden Links die Differenzen der Tageslängen gegen den jeweils gültigen SI-Tag, rechts die aufgelaufenen Schaltsekunden. (Bild: Abweichung der Tageslänge vom SI-Tag, Wikimedia Commons, IERS/ II VII XII (Ausschnitt))

Abb. 1.29 Anzeige einer eingefügten Schaltsekunde. (Bild: Leap second, Wikimedia Commons, Twid/Stannered)

Aber es könnte sein, dass in den nächsten Jahrzehnten keine (positiven) Schaltsekunden gebraucht würden; die letzte Schaltsekunde wurde am 31. Dezember 2016 um 23:59:60 Uhr eingeführt.

Die Erde rotiert wieder schneller! Wahrscheinlicher Grund dafür ist der Klimawandel: Gletscher schmelzen, der Meeresspiegel steigt, die polare Abflachung der Erde nimmt ab – effektiv zieht sich die Erde zusammen. Sie wird sich durch den «Pirouetteneffekt» dadurch einige Jahrzehnte lang um einige Millisekunden pro Jahr schneller drehen.

Will man dann eine Sekunde löschen und nicht hinzufügen, so würde man die Sekunde vor Mitternacht unterdrücken und nach 23h 59 min 58 s gleich den neuen Tag beginnen.

1 Einführung – die Zeit im klassischen Sinn

Damit haben wir drei Zeiten:

- Die wahre Sonnenzeit vor allem für Astronomen, die *Universal Time* UT. Sie wird gegeben durch die Drehung der Erde im Raum um ihre Achse. Man kann sie nur *post mortem* genau feststellen.
- Die natürliche physikalische Zeit, die aus den Tiefen der Atome kommt, die internationale Atomzeit *Temps Atomique International* TAI.
- Die hinreichend gut an die Erdrotation (bzw. Sonne) angepasste, aber künstliche Weltzeit *Universal Time Coordinated* UTC mit dem Sekundentakt der atomaren Zeit.

Die physikalische Atomare Zeit ist die philosophisch Interessanteste. Sie kommt *messbar* der absoluten Zeit Newtons nahe, die «*von sich aus fliesst aus ihrer eigenen Natur heraus*». Ein Referenzatom als Weltzeit-Objekt und eine Meisteruhr, die die Schwingungen dieses Atoms zählt, würde im Prinzip genügen, als Zeitmass zu dienen, aber man wäre den Eigenheiten der Technologie oder gar der individuellen Uhr ausgeliefert. Zur Bestimmung des Grades der Absolutheit (wir erläutern den Begriff gleich) der physikalischen Zeit verwendet man Uhren verschiedener Technologien aus verschiedenen Labors und vor allem verschiedene Atome als Meister. Es gibt Technologien zur atomaren Zeitmessung, die Wolken von vielen Atomen verwenden bis hin zu einzelnen eingefangenen Atomen («Quanten – Uhren»). Es werden Schwingungen gezählt, die verschiedenen Elektronenübergängen in der Hülle von Atomen entsprechen oder künftig auch von Übergängen im Atomkern. Verschiedene Labors mit experimentellen Atomuhren werden von den Messämtern der grossen Industrienationen betrieben wie dem NIST in USA, der PTB in Deutschland oder dem METAS in der Schweiz[14]. Die verwendeten tickenden Atome sind sehr verschieden: angefangen vom leichten Wasserstoff (Ordnungszahl 1) und dem klassischen Cäsium

---

[14] NIST steht für National Institute of Standards and Technology, PTB für Physikalisch-Technische Bundesanstalt und METAS für das Eidgenössische Institut für Metrologie.

(Ordnungszahl 55) zu Strontium, Ytterbium und Quecksilber (Ordnungszahl 80). Die offizielle atomare Zeit TAI wird aus 400 Atomuhren weltweit in 69 Labors gemittelt, deren Anzeigen je nach ihrer Präzision berücksichtigt werden.

Wissenschaftlich ist es bedeutsam, bis zu welcher Genauigkeit eine Konvergenz der verschiedenen Uhren erreicht werden kann. Beschränkt man sich auf Uhren auf der Erde, so ist dies auf die Nanosekunde genau und vielleicht noch präziser durchführbar. Bis etwa zu dieser Genauigkeit befinden sich die Uhren der Erde in einer gemeinsamen «Zeitblase» im Sinne von Newtons Beschreibung *«die Zeit fließt von sich aus und aus ihrer eigenen Natur heraus gleichmäßig»*.

Das Attribut «gleichmässig» ist ein anderes Denkproblem für den Lauf der Zeit. Es ist die Frage der Linearität der Zeit. Das erste Anzeichen für Linearität, die bei Uhren gemessen werden kann, ist die Stabilität einer Uhr *in sich* mit dem Allan-Mass. Dieser Wert nach dem amerikanischen Physiker David Allan (geb. 1936) misst die Gleichmässigkeit eines Flusses von Messwerten. Ist schliesslich die Mittelung über viele Uhren hinweg stabil, so ist es sinnvoll, diese mittlere Uhr als «die lineare Zeit» zu definieren. Damit wird auch die zugehörige fundamentale atomare Schwingung als «linear» definiert.

Die Zeit ist damit, zumindest in der irdischen «Zeitblase», keine Illusion, sondern eine hochpräzise Abstraktion. Mit einem Satz des sehr skeptischen Physikers Ernst Mach (Mach, 1912):

> Die Zeit ist vielmehr eine Abstraktion, zu der wir durch die Veränderung der Dinge gelangen.

Wir verwenden im Sinn dieser Definition (und wohl im Sinne des «klassischen» Newton) das Bild eines Förderbands für die Zeit (Abb. 1.30). Das ziehende Band passt für eine Vorstellung der Welt als laufende Kette von Ereignissen oder Szenarien, die am Beobachter (dem JETZT oder NOW) vorüberziehen. Die Sushi-Teller kommen aus der Zukunft an, der Beobachter registriert und zählt oder nimmt sogar ein Gericht, der veränderte Teller geht weiter in die Vergangenheit. Das Trägerband zieht mit der Geschwindigkeit von 1 Sekunde in der Sekunde weiter. Unsere Sprache verwendet eigentlich ebenfalls diese räumliche Metapher.

1 Einführung – die Zeit im klassischen Sinn   71

Abb. 1.30   Ein Sushi-Förderband als Metapher für die Zeit. (Bild: ConveyorBelt-Sushi, Wikimedia Commons, Chris_73)

Im Deutschen sagen wir «der kommende Freitag» oder «der vergangene Montag», im Englischen «the upcoming Friday» oder «the event behind us». Die Position auf dem Band könnte schon leer sein: Es geschieht nichts. Bei der Raumvorstellung entspricht dieses Nichts dem Vakuum. Dieser Vergleich hilft die Fragen zu klären: Ist der Raum identisch mit dem Ort der Dinge? Ist die Zeit identisch mit der Veränderung? Der Zustand «Raum ohne Dinge» ist wohlbekannt – es ist das Vakuum. Vakuum ist jedoch Raum. Aristoteles glaubte, der Gedanke an ein Vakuum sei Unsinn.

Ähnlich mit der Zeit: Auch ohne Veränderung an Dingen gibt es die Zeit, auch wenn kein Mensch die Welt beobachtet. Diese Gedanken berücksichtigen allerdings keine Quantenphysik, die zeigt, dass das Vakuum zu jeder Zeit von Strahlung (oder esoterisch von «Schwingungen») erfüllt ist.

Unser Zeitbegriff könnte als Aristoteles'sche Zeit bezeichnet werden, denn alles wird auf Zählen zurückgeführt. Aber die Zeit ist nicht die Zahl, etwa die Nummer der Sushi-Platte, sondern das Sushi-Band! Die Einheit der Zeit, die Sekunde, ist eine (An-)Zahl, heute und bis auf weiteres definiert als Zahl vollständiger, wohldefinierter Schwingungen im Cäsium-Atom. Der schottische Physiker James Maxwell (1831–1879) hatte es sich gewünscht und vorausgesehen. Er schreibt in seinem «Lehrbuch für Elektrizität und Magnetismus (*A Treatise on Electricity and Magnetism*) im Jahr 1873 weitsichtig:

> Eine universellere Zeiteinheit könnte gefunden werden, indem man die periodische Schwingungszeit der besonderen Lichtart nimmt, deren Wellenlänge die Längeneinheit ist.

Ähnliches sagt der österreichische Physiker Ernst Mach 1905 voraus, nachdem verschiedene Interferenzexperimente ihre Genauigkeit gezeigt hatten und dies ohne mechanischen Kontakt (Mach, 1905):

> *Es ist sogar wahrscheinlich, daß die Lichtwelle im Vakuum der künftigen Physik durch die Länge das Raummaß, durch die Schwingungsdauer das Zeitmaß liefern wird und daß diese beiden Grundmaße an Zweckmäßigkeit und allgemeiner Vergleichbarkeit alle anderen übertreffen werden.*

Heute ist die «Lichtart» nach Maxwell für die Festsetzung noch die Cäsium-Mikrowelle, aber es wird wohl in der Zukunft ein sichtbares Licht oder gar ultraviolettes Licht sein. Heutige Zeiteinheit und Längeneinheit sind im Sinn von Maxwell mit der Längeneinheit über die Lichtgeschwindigkeit c eng verbunden. Da die Lichtgeschwindigkeit nach bestem Wissen eine Universalkonstante im Universum (d. h. im gesamten Weltall) und in der Physik (d. h. in verschiedenen Physikbereichen mit Elektromagnetismus und Gravitation) ist, stellt sie einen natürlichen Fixpunkt dar. Das Zeichen c für die Lichtgeschwindigkeit ist allgemein üblich; Einstein hat den Buchstaben c ebenfalls seit 1907 verwendet. Im Jahr 1983 wurde die Lichtgeschwindigkeit im Internationalen Einheiten System von einer abgeleiteten und gemessenen Grösse und Einheit zur exakten Definition, natürlich so nah wie möglich an dem vorgegebenen alten Messwert:

Die Lichtgeschwindigkeit ist definiert zu 299 792 458 m/s (exakt).

Da die Sekunde schon festgelegt ist, definiert die Lichtgeschwindigkeit damit auch die Längeneinheit, das Meter. Das Meter ist die Entfernung, die das Licht in 1/299.792.458.stel einer Sekunde zurücklegt. Damit ist es losgelöst vom ursprünglichen Mass durch einen bestimmten physikalischen Körper, das Urmeter in Paris.

1 Einführung – die Zeit im klassischen Sinn

Die neuesten Definitionen der Grundeinheiten der Physik legen alle 7 fundamentalen Einheiten des internationalen Masseinheiten-Systems über Naturkonstanten fest, ausgehend von der Sekunden-Definition über die Cäsiumstrahlung. Ein weiteres Beispiel ist die Einheit der Masse. Sie ist durch diese Kette von Schlüssen von der Zeitmessung zur Masse definiert:

- Ausgangspunkt sind die Photonen der Cäsium-Mikrowellenstrahlung,
- die Lichtteilchen (Photonen) haben eine Energie, die durch einen Umrechnungsfaktor bestimmt wird,
- diese Energie entspricht einer Masse nach der wohl berühmtesten physikalischen Beziehung $E = m \times c^2$.

Die Umrechnung wird durch den Faktor (er heisst Plancksche Konstante h) festgelegt. Die Abb. 1.31 zeigt die Zusammenhänge der 7 Grundeinheiten der Physik mit der Zeitmessung und der Sekunde an der Spitze (im Oval). Die weiteren Grössen sind (im Uhrzeigersinn) das Mol (die Anzahl von Teilchen), das Candela (die empfundene

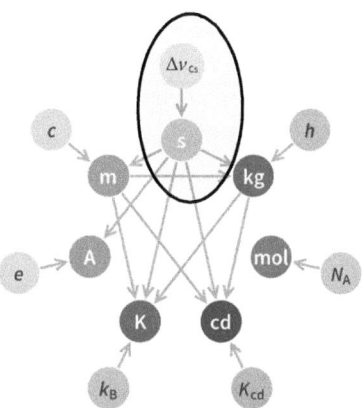

Abb. 1.31 Die sieben Grundeinheiten der Physik mit den zugehörigen Naturkonstanten. Die Zeit bzw. die Frequenz steht an der Spitze. Die Definition der Sekunde s und die Cäsium-Frequenz $\Delta \nu$ gehen in 6 der 7 Masseinheiten ein. (Bild: File:Unit relations in the new SI, Wikimedia Commons, Emilio Pisanty)

Lichtstärke), die Temperatur in Kelvin und die Stromstärke in Ampere. Das Meter als Einheit des Raums ergibt sich direkt als Weg des Lichts in einer Sekunde. Die Masse liesse sich auch ganz anders fundamental definieren, nämlich über die Gravitationsanziehung von Massen. Aber die Messung der Gravitation ist zu ungenau für Eichzwecke, nur etwa fünf Ziffern genau. Zur Erinnerung, die genauesten Cäsium-Uhren messen mit bis zu 15 geltenden Ziffern.

Zeitforschung in den Fundamenten der Welt
Die bisherigen etablierten genauen atomaren Cäsium-Uhren haben zur genauen Erdvermessung geführt und unerwartet zum GPS, dem Global Positioning System, über die Messung von mehreren Zeitsignalen.

Die ultragenauen Zeitmessungen mit 12 oder 15 geltenden Ziffern oder gar noch genauer lassen sich nicht ohne weiteres *global* zu einer gemeinsam laufenden Zeit vereinen. Hier kommen fundamentale Aspekte der Physik und des Universums zum Vorschein. In diesen Genauigkeits-Bereichen ist die Uhr nicht mehr nur ein Zeitmesser, sondern wird zum Forschungswerkzeug für Neues. Diese Genauigkeiten bringen Effekte, die sonst nur im Weltall auftreten, in unsere alltägliche Welt.

Ein Übergang von einer ebenen linearen Welt zu einer gekrümmten nichtlinearen Welt ist uns wohlbekannt in irdischem Massstab. In erster Näherung ist die Erdoberfläche um uns herum flach. Die Tangentialebene in der Abb. 1.32 an den eingezeichneten Punkt ist diese Näherung – gut für den Alltag und in Laufentfernung.

Die Flachheit der Näherung bestimmt unsere Vorstellung und unser Denken bis zur intellektuellen Aufklärung, spätestens bis zur Erfahrung der Raumfahrt und der grossen Sicht auf die Erde aus dem All. Bestimmend für den Gültigkeitsbereich der Näherung ist die Entfernung vom Zentralpunkt. In 1 km Entfernung Ebene zu Kugel ist die Abweichung nur 8 cm gross, in 10 km Entfernung etwa 8 m, in 100 km schon 1,57 km. Noch weiter weg nimmt der Abstand zur Realität rasch zu und schliesslich wird die lineare, flache Näherung unsinnig.

Die flache Erde ist die Vorstellung, die Zwerge von der Erdkugel haben. Die absolute Zeit ist das Konzept von der Zeit, wenn man sich nicht zu schnell bewegt und wenn das Schwerefeld nicht zu stark ist.

1 Einführung – die Zeit im klassischen Sinn

Abb. 1.32 Die Flache Erde-Näherung an die Erdkugel Eine Tangentialebene ist die nahe Welt. (Bild: Eigen unter Verwendung von Sphere wireframe 10deg 6r, Wikimedia Commons, Geek3)

Numerisch ist der grosse Wert der Lichtgeschwindigkeit dafür verantwortlich, weit entfernt von unseren üblichen materiellen Geschwindigkeiten.

Unser Alltagsverstehen ist nur die Sicht von Zwergen. Es gibt viele «flache Erden» in unserer Denkwelt. Während in der Erdgeometrie und für die Näherung der flachen Erde die Relation der Grösse der Umgebung zum grossen Erdradius entscheidend ist, wird ist es für die Zeitmessung die (grosse) Lichtgeschwindigkeit. Unsere Vorstellungen sind evolutionär entstanden, um in unserer Welt erfolgreich Tiere jagen und Beeren sammeln zu können. Die Welt im ganz Grossen oder im ganz Kleinen muss nicht – und kann zum Teil nicht – den alltäglichen Gesetzen folgen.

Es ist kurios, aber die neuen Gesetze in Relativitätstheorie und Quantentheorie sind entdeckt worden, um Widersprüche aufzulösen – und erzeugen scheinbare Widersprüche für unseren Alltagsverstand. Auch für unsere Auffassung von der Zeit.

2

Die nicht alltägliche Zeit, nach Einstein

Inhaltsverzeichnis

2.1	Das Problem mit den Geschwindigkeiten.	80
	2.1.1 Licht hat immer die gleiche Geschwindigkeit.	81
	2.1.2 Der Lorentz-Faktor und die Zeitdehnung	84
	2.1.3 Das Zwillings-Paradox	88
	2.1.4 Gleichzeitigkeit	93
	2.1.5 Die Zeit und der Anblick der Welt.	96
2.2	Die Gravitation und die Zeit	102
2.3	Die kosmische Zeit.	114
	2.3.1 Die Raumzeit.	115
	2.3.2 Die Geschichte des Kosmos	120
	2.3.3 Die Zeit ist kein Pfeil	133
	2.3.4 Zeit zwischen Physik und Information: Entropie und Evolution	144
	2.3.5 Die Zeit ist mehr als die vierte Koordinate und mehr als Raum	148

© Der/die Autor(en), exklusiv lizenziert an Springer Fachmedien Wiesbaden GmbH, ein Teil von Springer Nature 2024
W. Hehl, *Die Zeit in Physik, Philosophie und im Menschlichen*,
https://doi.org/10.1007/978-3-658-44836-3_2

«Denn wenn man nicht zunächst über [die Quantentheorie] entsetzt ist, kann man sie doch unmöglich verstanden haben.» Niels Bohr, mitgeteilt von Werner Heisenberg, 1969.

Dieser berühmte Satz des dänischen Physikers gilt auch für die Relativitätstheorie Einsteins, wenigstens für die meisten Aussagen[1], sicher für Zeit und Raum. Es beginnt schon mit dem Begriff der Geschwindigkeiten und insbesondere mit der Geschwindigkeit des Lichts.

Hat Licht überhaupt eine Geschwindigkeit?
Schon die Existenz einer Lichtgeschwindigkeit ist schockierend, denn eine Geschwindigkeit für die Ausbreitung des Lichts ist im täglichen Leben nicht sichtbar. Historisch ist die Frage nach einer Lichtgeschwindigkeit mit der Frage nach der Natur von Licht verknüpft. Wenn Licht nichts Materielles ist (oder wäre), dann hat (oder hätte) der Begriff «Geschwindigkeit» im antiken Verständnis für Licht keinen Sinn. Der antike Philosoph und Wissenschaftler Aristoteles argumentierte genau so. Die Geschwindigkeit müsse andernfalls so enorm groß sein, dass sie jenseits der menschlichen Vorstellungskraft läge. Und genau dies tut sie auch!

Zwei Kuriositäten aus der Geschichte der Bestimmung der Lichtgeschwindigkeit:

Es gab in der Antike die heute absurd erscheinende Vorstellung, dass das Sehen über «Sehstrahlen» vom Auge *ausgehe*. Damit war eine scheinbar unendlich grosse Lichtgeschwindigkeit verbunden, denn man sah ja etwa einen Stern sofort nach dem Öffnen der Augen! Hier wurde unsere menschliche Empfangsseite, insbesondere die Aktion des Sehens, also des Richtens des Blicks auf ein Objekt, in typisch menschlicher Hybris über die Natur gestellt. Der irakische islamische Astronom Alhazen hat in seinem «Buch der Optik» (zwischen 1011 und 1021) die richtige Reihenfolge *Objekt sendet Licht aus – Auge empfängt – Gehirn verarbeitet* beschrieben.

---

[1] Es gibt auch lineare Effekte aus der Relativitätstheorie, die schon klassisch verstanden werden können. Dazu gehören etwa der Doppler-Effekt und die sphärische Aberration.

Descartes dachte im Jahr 1634, die unendlich grosse Geschwindigkeit von Licht bewiesen zu haben. Er argumentierte, dass die Beobachtung der deutlichen Sonnenfinsternisse nur mit unendlich schneller Lichtausbreitung möglich sei. Er hatte einen Denkfehler gemacht, denn die Finsternis tritt trotz endlicher Lichtgeschwindigkeit ein, allerdings tatsächlich um eine für Descartes unmessbare Sekunde verzögert – das ist die Zeit, die das Licht ungefähr vom Mond zur Erde benötigt. Den gleichen Effekt, den Einfluss der Lichtgeschwindigkeit auf die Zeiten von Mondfinsternissen, wird 1676 der dänische Astronom Ole Rømer zur Bestimmung der Lichtgeschwindigkeit verwenden – allerdings für die Monde des Jupiters.

Das 17. Jahrhundert ist auch die Zeit der ersten Versuche, die Lichtgeschwindigkeit zu messen. Der niederländische Naturphilosoph Isaac Beeckman liess 1629 Schiesspulver explodieren und den Explosionsblitz direkt und mit Spiegeln in verschiedener Entfernung beobachten. Das Ergebnis war «nicht eindeutig». Galilei schreibt 1638, er habe einen Assistenten in einiger Entfernung mit einer Laterne positioniert. Er gab ihm mit seiner Laterne ein Lichtsignal, der dann sofort antworten sollte mit dem Öffnen seiner Laterne. Aber die Entfernung sei zu gering gewesen, um eine Zeitdifferenz zu beobachten. Der Assistent war weniger als eine Meile entfernt. Es sei ein «schönes, sinnvolles Experiment» gewesen, aber ohne Resultat. Heute wissen wir, dass die Entfernung bei Beeckman wie bei Galilei 10.000-mal grösser hätte sein müssen, um derart primitiv messbar zu sein.

Der erste Beweis der Endlichkeit und die ungefähre Messung der Lichtgeschwindigkeit gelingt astronomisch mithilfe der «Uhr» der Jupitermonde, die wie ein Uhrwerk um den Jupiter kreisen. Sie treten zu gut berechenbaren und beobachtbaren Zeiten in den Schatten Jupiters, werden damit unsichtbar und erscheinen schliesslich wieder. Der Jupitermond Io kreist gleichmässig um den Jupiter – aber die Beobachtungszeiten von der Erde variieren. Grund ist die endliche Lichtgeschwindigkeit und die verschieden langen Lichtwege vom Jupitermond zur Erde je nach der Position der Erde in ihrer Bahn. Die Abb. 2.1 verwendet zur Illustration das Originalbild von Ole Rømer. Der kürzeste Lichtweg ist von C oder D nach H, der längste zum fernen Punkt E. Rømer bestimmte mithilfe der beobachteten Zeiten von Verfinsterun-

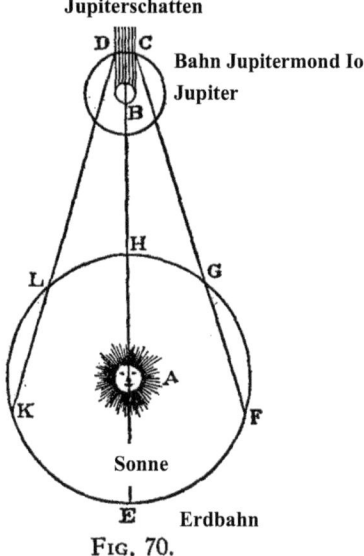

Abb. 2.1 Beweis der endlichen Lichtgeschwindigkeit Grafik der Lichtwege nach dem Original von Ole Rømer, 1676. (Bild: Illustration from 1676 article on Ole Rømer's measurement of the speed of light, Wikimedia Commons, Rømer)

gen des Mondes Io die Zeit, die das Licht für den Erdbahndurchmesser HE braucht, zu 22 min. Die wirkliche Zeit sind 17 min.

2.1 Das Problem mit den Geschwindigkeiten

> In der Tat, wenn ein Schiff über ein ruhiges Meer treibt, scheinen sich alle Dinge außerhalb des Schiffes in einer Bewegung zu bewegen, die das Abbild ihrer eigenen ist, und sie denken im Gegenteil, dass sie selbst und alle Dinge mit ihnen in Ruhe sind.
> Nikolaus Kopernikus in *Commentariolus*, 1514.

Dieser Satz ist eine wenig bekannte frühe Formulierung eines Gedankens, der unberechtigterweise als *Galileisches* Relativitätsprinzip bekannt ist. Galilei hatte nur ein sehr beschränktes Verständnis der

Grundbegriffe Trägheit, Geschwindigkeit und ähnlichem, kaum mehr als Kopernikus und seine Zeitgenossen (Hehl, 2017).

Wenn auf dem Schiff sich etwas in oder gegen Fahrtrichtung bewegt, so ist es klassisch offensichtlich, dass sich, vom Ufer aus gesehen, die Geschwindigkeiten addieren oder subtrahieren. Dies ist vornehm genannt das klassische Additionstheorem der Geschwindigkeiten. Allgemeiner addieren sich zwei Geschwindigkeiten als Vektoren, als gerichtete Grössen. Aber um die Jahrhundertwende zeichnet sich ein Problem ab, das der irische Physiker William Thomson, genannt Lord Kelvin, im Jahr 1900 als «grosse dunkle Wolke» über der Physik bezeichnet hat. Für das Licht und bewegte Lichtquellen scheint diese Addition oder Subtraktion der Geschwindigkeiten einfach nicht zu gelten. Dies ist klassisch unverständlich.

2.1.1 Licht hat immer die gleiche Geschwindigkeit

Raum und Zeit haben gemeinsam, dass wir denken, sie zu kennen und zu verstehen, aber sie sind nicht fassbar. Bei Begriff der Zeit spiegelt sich dieses Gefühl im poetischen Spruch «Zeit ist eine Illusion» wider. Aber was wie die Zeit auf 12 bis 18 Stellen genau messbar ist, ist wohl reale Physik und nicht fiktiv!

Beim Begriff Raum gab es den Versuch, den Raum direkt als Stoff zu verstehen. Danach wäre das Weltall mit dem «feinstofflichen» Äther gefüllt, durch den sich die Erde widerstandslos bewegen sollte. Der Grund war das Licht oder allgemeiner die Ausbreitung der elektromagnetischen Strahlung als Welle im Vakuum des Weltalls. Wellen sind Auslenkungen aus dem Gleichgewicht, etwa die Wasserwellen. Aber was wird im Vakuum ausgelenkt? Es sollte der Äther sein. Bei Aristoteles war der Äther die masselose, ewige Substanz jenseits der Sphäre des Mondes.

> Es kann keinen Zweifel geben, dass der interplanetarische und interstellare Raum nicht leer ist, sondern dass beide von einer materiellen Substanz erfüllt sind, die gewiss die umfangreichste und vermutlich einheitlichste Materie ist, von der wir wissen."
> James Maxwell in Encyclopædia Britannica Ninth Edition, 1875.

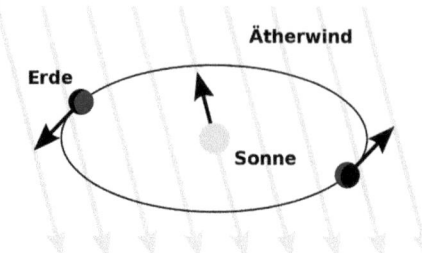

Abb. 2.2 **Der fiktive Ätherwind** Bewegung der Erde im Wind. (Bild: Ätherwind, Wikimedia Commons, Wolfgang Bauer/wdwd)

Die Abb. 2.2 illustriert die Vorstellung, wie sich die Erde im Laufe eines Jahres durch den vermuteten ständig wehenden «Wind» bewegt:

mit dem Lauf um die Sonne mit ± 30 km/s,

mit dem Lauf um das Zentrum der Milchstrasse mit ± 220 km/s,

gegen das Ruhesystem der kosmischen Hintergrundstrahlung von ± 377 km/s.

Wenn der Äther ruhen würde, dann würde die Erde wie durch eine Flüssigkeit pflügen. Der deutsch-amerikanische Physiker Abraham Michelson machte 1881 den Versuch eines Nachweises des Äthers im Labor in Potsdam, sechs Jahre später mit dem Chemiker Edward Morley zusammen in einer verbesserten Version. Das Licht sollte gegen die Strömung langsamer werden, mit der Strömung schneller. Es wurde keine Änderung der Lichtgeschwindigkeit gefunden.

> Die Lichtgeschwindigkeit ist im Vakuum in alle Richtungen gleich und bleibt auch bei Bewegung der Lichtquelle gleich, nämlich c = 299792458 m/s.

Die Genauigkeit dieser Aussage ist heute mit einer relativen Genauigkeit von 10^{-17} bewiesen. Das Ergebnis ist klassisch unverständlich und hat die zeitgenössischen Physiker entsetzt.

Es gibt dazu einen einfachen Beweis: Wäre die Geschwindigkeit des Lichts abhängig von der Geschwindigkeit der Lichtquelle, so würde das

2 Die nicht alltägliche Zeit, nach Einstein

Bild von Doppelsternen oder pulsierenden Sternen sehr kompliziert werden und recht unregelmässig. Auch geringste Unterschiede in der Laufgeschwindigkeit des Lichts würden sich über den langen Weg von vielen Lichtjahren hinweg bemerkbar machen. Schwieriger zu beobachten, aber noch schlagender sind Gammastrahlen-Ausbrüche, die auch sehr kurz sein können, nur wenige Millisekunden. Ihre Quellen sind Milliarden Lichtjahre entfernt und sie hätten Milliarden Jahre Zeit gehabt, auseinder zu laufen.

Die Lichtgeschwindigkeit im Vakuum c ist eine nicht überschreitbare Grenze der Geschwindigkeit für Körper und für Informationsübertragung; die Abb. 2.3 soll dies symbolisieren. Die Lichtgeschwindigkeit als harte Grenze jeglicher Geschwindigkeit bedeutet auch, dass sich zwei Geschwindigkeiten nicht einfach addieren können. Die Addition muss physikalisch so erfolgen, dass das Ergebnis nie grösser als c werden darf. Die physikalische Addition von zwei Geschwindigkeitn muss immer kleiner sein als die arithmetische Summe. Addiert man eine Geschwindigkeit zur Lichtgeschwindigkeit, so bleibt es die Lixhtgeschwindigkeit. Die Formeln der speziellen Relativitätstheorie leisten genau dies. Nur in unserer «flachen Erde»-Näherung der Welt addieren sich die Geschwindigkeiten einfach. In unserem Alltag ist der Fehler unmerklich klein, aber bei Annäherung an die Lichtgeschwindigkeit wird er bestimmend und die Welt sieht ganz anders aus. Ein besonders eklatantes Beispiel ist das bekannte Zwillingsparadoxon.

Abb. 2.3   Kosmische Höchstgeschwindigkeit. (Bild: Eigen mit Verwendung von Speed Limit blank sign, Wikimedia Common, Federal Highway Administration)

2.1.2 Der Lorentz-Faktor und die Zeitdehnung

> Nach all dem scheint es einigermassen sicher zu sein, dass eine etwaige Relativbewegung zwischen der Erde und dem Lichtäther sehr klein sein muss.
> Albert Michelson, amerikanischer Physiker, 1887.

Wie kann es sein, dass die Lichtgeschwindigkeit den gleichen Wert hat, egal ob der Lichtstrahl «nach vorne, nach hinten oder seitwärts» zu einer Bewegung läuft? Nach einer Idee des irischen Physikers George FitzGerald erfand der niederländische Physiker Hendrik Lorentz 1892 eine Formel für eine scheinbare Verkürzung der Längen in Richtung der Bewegung auf der Erde und später auch für ein langsameres Laufen der Zeit auf der bewegten Erde gegenüber dem Äther. Mit diesen *ad hoc* erfundenen Hypothesen konnten rechnerisch die Messungen «erklärt» werden und der Glaube an den Äther aufrecht gehalten. Albert Einstein hat 1905 diese Formeln ohne die Annahme eines Äthers *hergeleitet* (Einstein, 1905), nur mit

> dem *Relativitätsprinzip*: Die Naturgesetze haben für alle Beobachter dieselbe Form.
> und
> der *Konstanz der Lichtgeschwindigkeit c* im Vakuum.

Es gibt keinen feinstofflichen Äther. Es ist die spezielle Relativitätstheorie mit verschiedenen paradox erscheinenden Effekten um Raum und Zeit. Längen verkürzen sich und Zeiten verlängern sich genau so, wie vorher erfunden. In der Relativitätstheorie tritt immer wieder ein geometrischer Faktor auf, der zu Ehren von Lorentz der Lorentz-Faktor γ heisst und durch die Geschwindigkeit v des bewegten Körpers oder Systems und durch die Lichtgeschwindigkeit c bestimmt wird:

$$\gamma = \frac{1}{\sqrt{1 - \frac{v^2}{c^2}}}$$

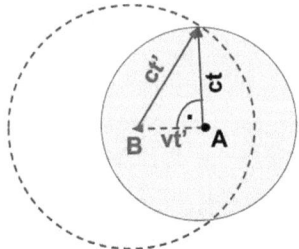

Abb. 2.4 Lorentz-Faktor und Satz des Pythagoras Dreieck mit den Lichtwegen A ist eine Lichtquelle, die mit v nach B bewegt wird. Die Lichtgeschwindigkeit c ist gleich im ruhenden und im bewegten System. Die Grafik enthält den Lorentz-Faktor γ implizit.

Im Lorentz-Faktor steckt der bekannte Satz des Pythagoras. Dies zeigt die Skizze der Abb. 2.4. Die Lichtwege zum ruhenden Punkt A und bewegten Punkt B bilden ein rechtwinkliges Dreieck.

Die Zeit (die Uhr) im ruhenden System ist t, die Zeit im bewegten System t'. Die Lichtquelle habe sich vom Punkt A nach B bewegt. Das Licht läuft im ruhenden wie im bewegten System mit c, der bekannten Lichtgeschwindigkeit im Vakuum. Es ist einfache Schulmathematik, daraus t' zu finden:

Die (bewegte) Zeit t' läuft um den Lorentz-Faktor γ langsamer als die Zeit t, also $t' = \gamma t$. Dabei werden Längen l um den Faktor γ verkürzt, also auf $l' = l/\gamma$.

Die Zeit t' wird aus dem ruhenden System heraus gemessen, die Länge l' im bewegten.

Dies ist die Dehnung der Zeit, die *Zeitdilatation*[2], durch Bewegung. Der Lorentz-Faktor γ ist das Verhältnis der Eigenzeit des bewegten Beobachters zur Eigenzeit des ruhenden Beobachters. γ gibt damit die Verlängerung einer Beobachtungszeit t' im bewegten System an gegenüber der Zeit t im Ruhesystem durch die Relativgeschwindigkeit v. Gleichzei-

---

[2] Im Englischen wird meist time *dilation* verwendet.

tig misst der bewegte Beobachter in seiner Welt alle Längen in Flugrichtung um γ verkürzt.

Man könnte vermuten, das Ruhesystem sei etwas Besonderes. Dies ist nicht der Fall. Vertauscht man die Systeme, so wird aus dem «bewegten» System heraus auch die Zeit im Ruhesystem gedehnt. Der Lorentz-Faktor ist der gleiche für +v wie für -v.

Die Werte der Tab. 2.1 demonstrieren, wie langsam die Zeitdilatation mit der Geschwindigkeit steigt. Die Tabelle beginnt bei 15 000 km/s (der 45.000-fachen Schallgeschwindigkeit) und zeigt erst 1 ‰ Dehnung der Zeit.

Zum Vergleich: Das schnellste von Menschen erzeugte «richtige» Objekt ist bisher die Parker Solar Probe, die Sonnensonde der NASA. Sie erreichte 692 000 km/h oder 192 km/s, das sind immerhin 0,06% der Lichtgeschwindigkeit c. Der Lorentz-Faktor ist erst 1,000 000 2!

So langsam die Zeitdehnung bei alltäglichen Geschwindigkeiten beginnt, so schnell steigt sie an, wenn sich die Geschwindigkeit der des

Tab. 2.1 **Lorentz-Faktoren als Funktion der Geschwindigkeit (Relativistische Zeitdehnung)** Die Geschwindigkeit in Bruchteilen der Lichtgeschwindigkeit. Tabelle nach dem Wikipediaartikel (englisch) *Lorentz factor*

Geschwindigk v/c	Lorentz-Faktor γ	Inverser Faktor $1/\gamma$
0	1	1
0.050	1.001	0.999
0.100	1.005	0.995
0.200	1.021	0.980
0.300	1.048	0.954
0.400	1.091	0.917
0.500	1.155	0.866
0.600	1.250	0.8
0.700	1.400	0.714
0.800	1.667	0.6
0.866	2	0.5
0.900	2.294	0.436
0.990	7.089	0.141
0.999	22.366	0.045
0,99995	100	0,010

Lichts nähert. Die kühle Tatsache der relativistischen Zeitdehnung ist so fantastisch, dass sie die Fantasie anregt. So schlägt der englische Autor Calder Nigel vor, man solle eine Rakete beständig mit 1 g, der gewohnten Erdbeschleunigung, beschleunigen (Nigel, 2003). Das würde einen bequemen Aufenthalt erlauben. Und man könne in einem Menschenleben schliesslich das ganze Universum durchqueren ...

Die Realität der heutigen Raumfahrt ist im Vergleich dazu deprimierend. Die Astronauten (oder Kosmonauten) wie Gennady Pedalka, die über 800 Tage im All waren und damit auf der Satellitengeschwindigkeit von 7 km/s, erfuhren eine Zeitdehnung um etwa 20 Millisekunden im Vergleich zum Aufenthalt auf der Erde. Aber es ist korrekt, dass die Zeitdilatation die Raumfahrer im Prinzip in die Zukunft führt relativ zu den Menschen auf der Erde.

Der Effekt der Zeitdehnung mit der Geschwindigkeit, die Dilatation, ist vielfach experimentell bewiesen. Die verwendeten schnellen «Uhren» sind Elementarteilchen, die mit hoher Geschwindigkeit aus dem All kommen oder in Teilchenbeschleunigern kontrolliert hohe Geschwindigkeiten erhalten, sog. relativistische Geschwindigkeiten über 0,95 c. Diese instabilen Teilchen sind Uhren, die nur einmal ticken – bei ihrem Zerfall. Es sind Teilchen wie Pionen oder Myonen, die nach ihrer eigenen inneren Uhr zerfallen, nach ihrer *Eigenzeit*.

Die atmosphärischen Myonen entstehen in der oberen Atmosphäre etwa in 10 km Höhe über dem Boden und zerfallen nach einer typischen Halbwertszeit von 2.2 μsec, gemessen im Labor am Boden. In 2.2 μsec fliegen Myonen selbst mit nahezu Lichtgeschwindigkeit nur 600 m. Myonen sollten klassisch gerechnet den Erdboden nicht erreichen können – aber sie tun es! Die Zeitdilatation um den Lorentz-Faktor durch die hohe Geschwindigkeit macht es möglich. Teilchenbeschleuniger erlauben den direkten Test der Zeitdilatation und Präzisionsmessungen. Das CERN in Genf mass z. B. in seinem Myonen-Speicherring die Lebensdauer von Myonen zu 64 μsec mit einem Lorentz-Faktor von 29. Das entspricht einer Bestätigung der Formel der speziellen Relativitätstheorie auf 1 ‰ genau.

Extrem wird die Zeitdehnung für Lichtteilchen, die Photonen. Für Photonen mit der Geschwindigkeit v = c existiert keine Zeit. Von uns aus gesehen, fliegt ein Photon in 8 min von der Sonne zur Erde. Aber für das

Photon vergeht keine Zeit, selbst wenn es durch das ganze Universum fliegt. Raum und Zeit gibt es für Licht nicht, jedenfalls nicht im Sinn der Relativitätstheorie. Körper haben eine Eigenzeit, Photonen nicht.

2.1.3 Das Zwillings-Paradox

Die Herkunft des Begriffs «Paradox» nach Wikipedia:

> Paradoxon (sächlich; Plural Paradoxa; auch das Paradox oder die Paradoxie, Plural Paradoxe bzw. Paradoxien; vom altgriechischen Adjektiv παράδοξος parádoxos „wider Erwarten, wider die gewöhnliche Meinung, unerwartet, unglaublich."

Die beiden bekanntesten Paradoxa der Physik sind wohl die Schrödinger-Katze in der Quantenmechanik und das Zwillings-Paradox der Relativitätstheorie. Das Zwillings-Paradox ist ein Lehrstück über die Zeit. Der Wikipedia-Artikel fährt fort:

> Ein Paradoxon kann zu einem tieferen Verständnis der Situation führen – also hier der Zeit.

Der physikalische Grundgedanke ist bereits in der ersten Arbeit Einsteins zur Relativitätstheorie ausgesprochen, hier ein etwas gekürzter Auszug (Einstein, 1905):

> Hieraus ergibt sich folgende eigentümliche Konsequenz. Sind in den Punkten A und B ruhende, im ruhenden System betrachtet, synchron gehende Uhren vorhanden, und bewegt man die Uhr in A mit der Geschwindigkeit v nach B, so gehen nach Ankunft dieser Uhr in B nicht mehr synchron, sondern die von A nach B bewegte Uhr geht gegenüber der von Anfang an in B befindlichen Uhr … nach. … zwar auch dann, wenn die Punkte A und B zusammenfallen.

Eine bewegte Uhr läuft langsamer als eine ruhende Uhr. Kehrt die bewegte Uhr zum ruhenden Ausgangspunkt zurück, so geht sie gegenüber einer am Ort verbliebenen Uhr nach.

Dies ist eine nüchterne Formulierung des Paradoxons. Der französische Physiker Paul Langevin hat die Denkaufgabe poetischer verpackt frei nach Jules Verne mit der «Kugel von Jules Verne-Langevin» (*le boulet de Jules Verne*). Vor allem ersetzt Langevin die mechanische Uhr durch einen Menschen, dessen Lebensvorgänge die Uhr bilden. Es ist ein Philosophenkongress im Jahr 1911, auf dem der Physiker Langevin im Anklang an Jules Vernes *Reisen zum Mond* einen Reisenden in einer Kanonenkugel erfindet, der mit annähernder Lichtgeschwindigkeit durchs All reist (Abb. 2.5). Er fliegt zunächst ein Jahr fort und kehrt danach im Laufe eines weiteren Jahres zurück. Der Rückkehrer stellt fest, dass er in den zwei Jahren Reise ganze 200 Jahre unterwegs war! Einstein findet es 1911 in einem Vortrag «am drolligsten», ein Tier in einen Käfig auf die Reise zu schicken.

Um die Problematik des Paradoxon klarer zu machen, verwenden spätere Fassungen des «Problems» sozusagen Duplikate des Reisenden, nämlich Zwillinge. Der deutsche Mathematiker Hermann Weyl führt 1918 die «zwei Zwillingsbrüder» in die Geschichte ein und vervollständigt das Bild (During, 2014): Ein Zwilling reist, der andere bleibt auf der Erde. Das Zwillingsparadoxon wird für die Relativitätstheorie Einsteins weltweite Werbung machen. Das Paradoxon erscheint in der Metapher auf zwei Ebenen:

1. Wie kann sich der Fluss der Zeit ändern? Das ist unerhört und unglaublich.
2. Wenn sich die jeweilige Zeit der Zwillinge schon ändert, wie kann die geänderte Zeit bei der Ankunft fest werden und der Unterschied entstehen? Ist es nicht willkürlich zu sagen, welcher Zwilling verreist und welcher da geblieben ist? Wo wird diese Symmetrie gebrochen?

Das schwache Paradoxon 1) war von Anfang an kaum bestritten. Die Uhren des reisenden Zwillings laufen anders, langsamer als beim Zwilling zu Hause. Den Effekt der Zeitdilatation haben wir ja ausführlich beschrieben. Das eigentliche Paradoxon der Zwillinge ist die Frage: Was unterscheidet den ruhenden vom reisenden Zwilling?

Der Ablauf des Gedankenexperiments «Ein Zwilling reist, ein Zwilling bleibt da» ist dabei in der Rechnung klar und einfach, wenn auch

Abb. 2.5 Zum Beginn des Zwillings-Paradoxons Die Metapher von Paul Langevin nach Jules Verne. (Bild: Thadewald Wolfgang Sammlung Von der Erde zum Mond Hartleben 1876, de.Wikipedia, Brunswyck)

leicht verwirrend. Wir sind nicht gewohnt, in veränderlichen Zeiten und Abständen zu denken! Aber relativistisch sind die Zeiten bewegt gedehnt (Zeitdilatation) und die Entfernungen gekürzt (Längenkontraktion). Für alles, was sich bewegt, geht die Zeit langsamer.

Wir wählen ein Zahlenbeispiel für eine solche Reise mit glatten Werten (z. B. Lasky, 2006). Es soll zeigen, wie alles so absurd Erscheinende doch logisch zusammen passt.

2 Die nicht alltägliche Zeit, nach Einstein 91

Die Geschwindigkeit sei v= 0,6c (60% der Lichtgeschwindigkeit) macht dies möglich:
Der Lorentz-Faktor γ ist dann 5/4 oder umgekehrt 1/γ gerade 0,8.
Die Zwillinge seien Konstantin (der Raumfeste, in Ruhe bleibende) und Motus (der Bewegte, Reisende). Das Reiseziel sei in 6 Lichtjahren Entfernung – für Konstantin. Konstantin würde 10 Jahre benötigen (6/0.6). Für Motus ist als Folge der Längenkontraktion der Zielstern näher, nur 4,8 Lichtjahre (0,8 x 6) entfernt.
Motus erreicht damit in 8 Jahren den Zielstern (4,8/0,6) und benötigt weitere 8 Jahre zur Rückkehr. Motus kehrt damit nach 16 Jahren zurück, für Konstantin sind 2 mal 10 Jahre vergangen. Motus ist jetzt 4 Jahre jünger als Konstantin.

Benützen wir wieder den Begriff der Eigenzeit eines Körpers, so sind durch das Experiment die Eigenzeiten von Konstatin und Motus auseinandergelaufen. Die Wartezeit von 20 Jahren für Konstantin ist um den Faktor γ gegenüber der Flugzeit 16 Jahre von Motus verlängert; die Uhr von Motus ist nur mit 80 % der Geschwindigkeit gelaufen – seine Zeiteinheit wurde verlängert.

Menschen, Tiere, mechanische Uhren oder Atomuhren – alle diese Prozesse unterliegen der gleichen Zeit. Die Annahme, dass Leben eine andere Zeit habe oder gar die Zeit definiere, ist eine Art von letztem Vitalismus. Es ist der letzte Rest von Glauben, dass die Physik und die Chemie von Lebendigem etwas Übernatürliches enthielte. Für diese vitalistische Hypothese gibt es keinen Grund.

Das Zwillingsparadox lässt sich experimentell recht ähnlich vollziehen mit «Zwillingen» von Atomuhren. Das erste reale Experiment zum Zwillings-Paradox wurde 1971 durchgeführt, als die Uhren genau genug geworden waren. Der Physiker Joseph Hafele und der Astronom Richard Keating bildeten 3 Gruppen von geklonten Uhren («Mehrlinge»). Eine Gruppe von Uhren flog in einem Flugzeug ostwärts um die Erde mit der Erddrehung, eine Gruppe westwärts gegen die Erddrehung und die Referenzgruppe blieb auf der Sternwarte. Die Reiseroute ist durch die Kreisbahn um die Erde komplizierter zu behandeln als der gestreckte Weg im obigen fiktiven Beispiel. Ostwärts oder westwärts macht einen Unterschied, dazu gibt es noch die weitere (entgegengesetzte) relativistische Störung durch die schwächere Schwerkraft in der Höhe (s. u.). Als die Uhren wieder zusammengeführt wurden, stellte sich heraus, dass die drei Uhrensätze wie erwartet nicht miteinander übereinstimmten. Aber die Messwerte waren in Übereinstimmung mit der Theorie: 59 nsec langsamer westwärts, 273 nsec schneller ostwärts. Heute ist die Zeitdehnung durch Geschwindigkeit zwischen zwei Uhren mit einer Genauigkeit von 10^{-16} bestätigt.

> Die Verlängerung der Zeit relativ zum bewegten System ist keine Illusion, sie ist «echt».
> Es ist eine relative Erhöhung der Geschwindigkeit der Zeit selbst.
> Aus 1 Sekunde werden γ Sekunden.

Die Asymmetrie zwischem dem reisenden Motus und dem ruhenden Konstantin rührt daher, dass der Reisende das Referenzsystem Erde verlässt und sogar für die Rückkehr nochmals wechselt, um wieder in das ruhende System zurückzukehren. Die Rückkehr zum gemeinsamen Punkt ist das Wesentliche. Alle Rechnungen sind für Konstantin wie für Motus korrekt.

Die Formeln der speziellen Relativitätstheorie bilden mit Zeitdehnung, Längenkontraktion und Frequenzverschiebung (relativistischem Doppler-Effekt) ein widerspruchsfreies Bild der Welt ab in der Nähe der Lichtgeschwindigkeit. Es ist Unsinn zu sagen, die Ergebnisse der Relativitätstheorie widersprächen der Logik.

Beide relativistischen Effekte, die relativistische Zeit und der relativistische Raum, treten während des Raumflugs auf, aber sie hinterlassen dann Wirkungen im Ruhesystem:

Die Zeit in der bewegten Rakete läuft schneller, beim Flug summieren sich Unterschiede auf. Wenn die Rakete wieder steht, läuft die Uhr bei diesem Uhrenstand weiter. Dann wieder in normaler Geschwindigkeit wie jede andere ruhende Uhr. Der Effekt der Zeitdilatation durch den Flug bleibt in der Eigenzeit bestehen.

Die Verkürzung von Längen tritt nur beim Flug auf und betrifft das Nicht- Mitfliegende, etwa die ruhende Welt. Bei der Ankunft werden alle Längen wieder «normal» und haben die Eigenmaße. Allerdings ist die Rakete während des Flugs durch die Raumverkürzung weiter geflogen als ohne Verkürzung. Diese vorgerückte Position bleibt bestehen.

Viele Aussagen der speziellen Relativitätstheorie sind ungewohnt. Wahrscheinlich haben schon Tausende von Physikern (und Laien) nach Fehlern gesucht oder gar gedacht, einen Widerspruch gefunden zu haben, aber Einstein hat bei grundsätzlichen Aussagen immer recht behalten.

Die Lehre daraus ist, dass wir mit unseren alltäglichen Begriffen von Raum und Zeit vorsichtig umgehen müssen. Vieles ändert sich oder besser, muss genauer definiert werden, wenn man in die Nähe der Lichtgeschwindigkeit kommt, insbesondere die Frage nach der Gleichzeitigkeit.

2.1.4 Gleichzeitigkeit

Wenn sie [die Physiker] glauben, eine direkte Intuition der Gleichzeitigkeit und Gleichheit zweier Zeitspannen zu haben, machen sie sich etwas vor.
Henri Poincaré, La Valeur de la Science, Flammarion, 1913.

In der klassischen Mechanik (d. h. im Alltag) ist Gleichzeitigkeit kein prinzipielles Problem. Zwei Blitze schlagen zum gleichen Zeitpunkt ein, wenn wir sie gleichzeitig sehen oder zwei synchronisierte Uhren die gleiche Zeit anzeigen. Die beiden Uhren können nebeneinander stehen, entfernt sein oder sich bewegen. Direkt oder indirekt ist dabei die Lichtgeschwindigkeit als Signalgeschwindigkeit unendlich gross angenommen.

Die physikalische Realität ist anders. Die Signalgeschwindigkeit ist endlich. Die grösstmögliche Geschwindigkeit ist die Lichtgeschwindigkeit, die von Information und von Materie nicht überschreitbar ist. Allein die Endlichkeit der Lichtgeschwindigkeit reicht aus, um neue Effekte um die Zeit herum zu erzeugen, etwa den linearen Doppler-Effekt (die Farbänderung des Lichts mit der Bewegung, entdeckt 1842) und die Aberration des Sternenlichts (eine Winkelverschiebung durch die Geschwindigkeit der Erde, entdeckt 1842).

Zentral für die spezielle Relativitätstheorie ist der Begriff der Gleichzeitigkeit. Allgemein sind alle Zeitangaben eigentlich Ereignisse der Gleichzeitigkeit; Einstein beschreibt es in der Pionierarbeit von 1905 so:

Wenn ich z.B. sage «Jener Zug kommt hier um 7 Uhr an», so heisst dies etwa «Das Zeigen des kleinen Zeigers meiner Uhr auf 7 und das Ankommen des Zuges sind gleichzeitige Ereignisse».

Gleichzeitigkeit bedeutet, ein Jetzt mit einem anderen Jetzt zu verbinden. Auch jede Zeitmessung ist ein Vergleich in gleicher Zeit, der Zeit einer Uhr mit der Zeit des Messobjekts oder der Zeit einer Uhr mit einer anderen Uhr. Das letztere nennen wir Synchronisation. In der Realität sind Gleichzeitigkeit und Synchronisation nicht trivial. Wir kommen im Abschnitt *Computer und Zeit* auf die technische Frage zurück.

Albert Einstein schildert in der populären Darstellung seiner beiden Theorien, *Über die spezielle und die allgemeine Relativitätstheorie (Gemeinverständlich)* von 1916 das Problem der Gleichzeitigkeit, wenn man *aus der Ruhe* heraus ein *bewegtes* Ereignis beurteilen will. Das Vorgehen von Einstein *ist operativ*, es ist eine Definition durch Tun. Es ist ein populärer, aber auch moderner Stil, ganz anders als seine Vorgänger Lorentz und Poincaré, die über seine Formeln beinahe auch schon verfügten. In der klassischen Physik (und vielleicht auch in der Philosophie) stünde an dieser Stelle das berühmte «Wie der Leser unmittelbar einsieht» oder einfach nichts.

Die Abb. 2.6 ist die Neuzeichnung einer Skizze von Einstein aus dem Jahr 1916. Es sollen in A und B im Bahndamm «gleichzeitig» zwei

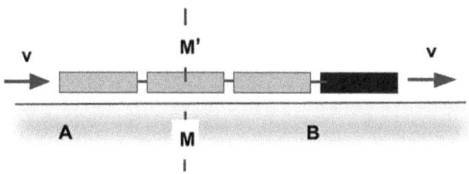

Abb. 2.6 Das Zug-auf-Bahndamm-Analogon von Einstein. (Bild: eigen nach der Fig. 1 in: *A. Einstein, Über die spezielle und die allgemeine Relativitätstheorie*, Vieweg, 1916)

Blitze einschlagen, gesehen von der Stelle M auf dem Bahndamm. Einstein stellt die Frage: Sind die beiden Blitze auch für jemanden im fahrenden Zug gleichzeitig? Er verneint. Der Punkt M', die Mitte zwischen den Blitzen in A und B, sei zwar identisch mit der Stelle M, aber ein mitfahrender Beobachter dort in M' würde mit dem Zug dem Blitz B entgegen eilen und sich vom Blitz A entfernen. Damit sieht er den Blitz B eher, den Blitz A später. Was in Bezug auf den Bahndamm gleichzeitig war, ist in Bezug auf den fahrenden Zug nicht gleichzeitig und umgekehrt. *Gleichzeitigkeit ist relativ.* Einstein schreibt:

> Jeder Bezugskörper (Koordinatensystem) hat seine besondere Zeit; eine Zeitangabe hat nur dann einen Sinn, wenn der Bezugskörper angegeben ist, auf den sich die Zeitangabe bezieht.

Dieses Prinzip der Relativität der Zeit hat weitreichende Konsequenzen, nicht nur für die Zeit selbst. Zwei weitere Bereiche, die (in unserer Alltagswelt) stillschweigend annehmen, dass es Gleichzeitigkeit «einfach so» gibt oder entsprechend, dass die Lichtgeschwindigkeit unendlich gross ist, und die sich überraschend kompliziert haben, sind

- die Messung von Längen von bewegten Körpern,
- der Anblick von bewegten Körpern.

Die Länge eines Körpers, etwa eines Stabs, wird durch zwei Positionsbestimmungen ermittelt: den Anfang und das Ende. Nach der obigen Warnung ist dies nur einfach (weil trivial gleichzeitig), wenn der Messende und das Gemessene im gleichen Koordinatensystem sind. Andernfalls kommt die zweite Messung durch die Bewegung früher und der nichtbewegte Beobachter stellt die schon mehrfach erwähnte Längenkontraktion fest zu $L' = L/\gamma$ mit dem Lorentz-Faktor γ. Auch diese Längenkontraktion ist im bewegten System real und keine Illusion. Die Schwierigkeit ist, dass der Effekt der Längenänderung sehr genau gemessen werden muss oder sich das ganze System nahe an der Lichtgeschwindigkeit bewegen muss.

Eine erste (negative) Messung einer Längenkontraktion haben wir schon verwendet für die Konstruktion der speziellen Relativitätstheorie:

das Michelson-Morley-Experiment. Es hat indirekt bewiesen, dass sich Zeiten so verlängern und gleichzeitig die Längen gerade so kontrahieren, dass die Erdbewegung nicht mehr feststellbar ist. Die verwendete Methode, die Interferenz von Licht, ist sehr genau im Messen von kleinen Änderungen.

Das Ankommen von Myonen auf der Erdoberfläche haben wir schon als Verlängerung ihres kurzen «Lebens» durch die Zeitdilatation aus Sicht des Beobachters auf der Erde interpretiert. Aus Sicht des bewegten Myons ist seine (kurze) Zerfallszeit durch die Eigenzeit gegeben; es erreicht den Boden, weil die Längenkontraktion den Weg bis zum Boden auf $L' = L/\gamma$ verkürzt hat!

2.1.5 Die Zeit und der Anblick der Welt

Wenn die Lichtgeschwindigkeit unendlich gross wäre oder das Licht, wie vor dem 17. Jahrhundert auch angenommen wurde, keine Geschwindigkeit hätte, dann wäre unser Anblick von der Welt einfach nur Geometrie wie in einem alten physikalischen Architekturmodell. Es wäre alles gleichzeitig. Aber die Physik der Welt ist komplexer, selbst schon die Beobachtung von Körpern hat eine Vielzahl von Besonderheiten, von unbewegten und besonders von bewegten Körpern. Der Ablauf der Zeit verzerrt das Bild der Welt.

Klassische Lichtphänomene: Vergangenheit und Verschiebung

Wissenschaftler behaupten, dass ein Außerirdischer, der 65 Millionen Lichtjahre von der Erde entfernt ist, durch ein leistungsstarkes Teleskop „Dinosaurier" sehen kann. Wie kann das möglich sein?
Corey S. Powell, amerikanischer Autor, geb. 1966.

Wenn wir den nächtliche Sternenhimmel ansehen, dann sehen wir schon mit blossem Auge in verschiedene Ebenen der Vergangenheit:

- den Mond vor 1 Sekunde (mit Licht, das etwa 8 min früher die Sonne verlassen hat, vielleicht Millionen Jahre früher im Innern der Sonne entstanden ist),
- den Jupiter vor einer halben oder ¾ Stunde, je nach Stellung,
- den nächsten Stern α Centauri oder Toliman vor 4,4 Jahren,
- die Galaxis Andromedanebel oder Messier 31 vor 2,5 Mio. Jahren.

Dieses Licht wird beim Anblick zu unserer Gegenwart, aber es ist Licht aus der Vergangenheit und gibt uns Blicke in die Vergangenheit. Ein besonderer Tag war der 24. Februar 1987. Eine relativ nahe Supernova erschien am Himmel, die Supernova SN 1987 A. Nach etwa 20 Mio. Jahren «Lebens» und Leuchtens war ein Stern in der Grossen Magellanschen Wolke in 168 000 Lichtjahren Entfernung explodiert. Das Licht hat diese Zeit zu uns gebraucht. Die Abb. 2.7 zeigt das Bild des ausgedehnten Explosionsrings im Jahr 2010 im Hubble-Weltraumteleskop. Die Explosionswolke hat sich schon auf 0,1 Lichtjahre Durchmesser ausgedehnt.

Abb. 2.7 Die Überreste der Supernova 1987 A Die Explosion ist vor etwa 168 000 Jahren geschehen und wurde ab dem 24. Februar 1987 auf der Erde beobachtet. (Bild: NASA/ESA Hubble Space Telescope auf Wikimedia Commons)

Im Sinn der endlichen Lichtgeschwindigkeit ist unser Bild von der Welt eine Art von Illusion, jedenfalls wenn wir das Bild des ankommenden Lichts als Gegenwart interpretieren würden. Es ist ja immer eine Vergangenheit. In der Zeit des Anflugs des Lichts viel geschehen. Im irdischen Alltag merken wir es nicht, da es sich beim Unterschied zwishen Sendung und Empfang nur um unmerkliche Flugzeiten wie Mikrosekunden oder gar nur Nanosekunden handelt.

Es gibt klassisch, d. h. schon ohne Relativitätstheorie, einen weiteren Illusionseffekt, einen Effekt, der die Winkel im Abbild der Welt verändert und das Bild verzerrt. Der Effekt wurde 1725 vom englischen Astronomen James Bradley als *astronomische Aberration* entdeckt und war damals eine Überraschung. Man hatte ihn nicht vorhergesehen. Dabei ist das Verständnis des Effekts trivial, wenn man Licht als einen Strom von Teilchen ansieht. Bei Galilei findet sich 1632 bereits ein zum Effekt passender Stich in seinem *Dialog über die beiden hauptsächlichen Weltsysteme*. Anstelle von Lichtteilchen sind es fliegende Kanonenkugeln. Galilei will mit einer Kanone senkrecht nach oben schiessen. Er addiert dazu die Geschwindigkeit des Feuers (der Kanonenkugel) und die Geschwindigkeit der Erde quer dazu (durch die Erddrehung), und folgert korrekt: Man muss auf der Erde den Lauf der Kanone neigen, um genau nach oben zu schiessen. Entsprechend muss man auch ein bewegtes Fernrohr kippen. Das Licht von Sternen kann sich im Lauf eines Jahres um bis 20.2 Bogensekunden durch diese Aberration verschieben. Heute spricht man von einer Vektoraddition; die Geschwindigkeit des Geschosses und der Kanone addieren sich in Betrag und Richtung. Das Resultat bestimmt das Ziel der Kanone oder den scheinbaren Ort des Sterns am Himmel. Vor der Erfindung des Fernrohrs war die Verschiebung unmessbar klein. Isaac Newton- hat die zugehörige Parallelogramm-Konstruktion 1687 im Anhang seines Werks Principia gezeigt. Er dachte dabei allerdings nicht an Licht, obwohl das Licht für ihn ein Strom von Teilchen war. Er hätte das Phänomen mit seinem Wissen vorhersagen können (Abb. 2.8).

Das Verhältnis der Erdgeschwindigkeit auf der Bahn um die Sonne zur Lichtgeschwindigkeit ist klein, nur 10^{-4}. Werden die Relativgeschwindigkeiten der beiden Körper, dem Licht abstrahlenden Körper und dem Licht empfangenden, sehr gross und kommen in die Nähe

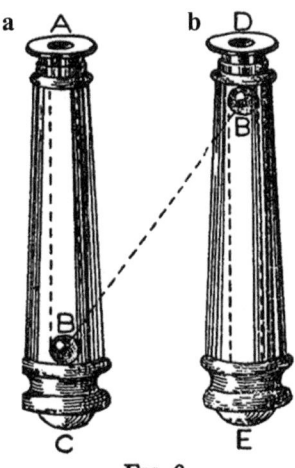

FIG. 9

Abb. 2.8 Der senkrechte Schuss durch Neigung. Die Kanone bewege sich im Abschuss nach rechts. Die Querbewegung verschiebt die Richtung des Schusses um einen Winkel (sog. Aberration). (Bild: Fig. 9 im *Dialog über die zwei hauptsächlichen Weltsysteme* von Galilei, 1632)

der Lichtgeschwindigkeit, so treten grosse Verzerrungen auf. Aber dann kann man nicht mehr mit der Alltagsphysik arbeiten (man sagt «nach Galilei»), sondern man benötigt die Realtivitätstheorie nach Einstein.

Das falsche Bild der bewegten Welt

> Ein starrer Körper, welcher in ruhendem Zustande ausgemessen die Gestalt einer Kugel hat, hat also in bewegtem Zustande – vom ruhenden System aus betrachtet – die Gestalt eines Rotationsellipsoides mit den drei Achsen R/γ, R, R.
> ... alle bewegten Objekte [schrumpfen] – vom "ruhenden" System aus betrachtet – in flächenhafte Gebilde zusammen.
> Albert Einstein, in der Originalarbeit zur speziellen Relativitätstheorie von 1905.

Die Kugel wird zum Rotationsellipsoid transformiert, da nur die Achse in Richtung der Bewegung gestaucht wird mit dem Lorentz-Faktor γ

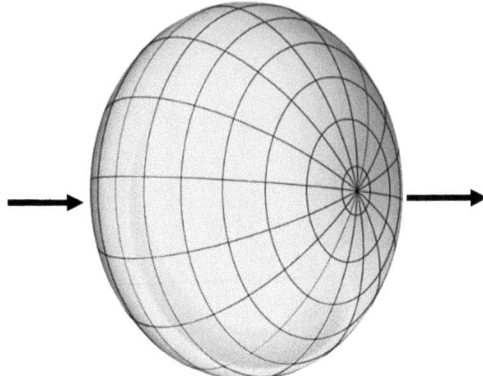

Abb. 2.9 Lorentz-Transformation einer bewegten Kugel nach Einstein Die Kugel wird zu einem abgeplatteten Rotationsellipsoid. (Bild: Unter Verwendung von Wikiwand OblateSpheroid, CC BY-SA 3.0)

(Abb. 2.9). Aber dies bedeutet nicht, dass ein neben der Flugbahn stehender Betrachter die Kugel so sehen würde. Das wäre nur der Fall, wenn das Licht von der Oberfläche des Ellipsoids spontan, mit unendlich grosser Geschwindigkeit, zum Auge des Betrachters käme. Das ist Unsinn, denn das Licht braucht Zeit und während der Flugzeit geht die Bewegung der Körper weiter.

Das grossartige populäre Buch des russisch-amerikanischen Physikers George Gamow aus dem Jahr 1940 bemerkt den Denkfehler noch nicht. Gamow setzt in der fiktiven Welt die Lichtgeschwindigkeit auf 10 mph herab, etwa 15 km/h. Mit dieser Physik versucht der Radfahrer Mr. Tompkins verzweifelt so schnell zu werden. Aber die Relativitätstheorie gewinnt, es geht nicht, je schneller er wird, umso schwerer wird es, noch schneller zu werden. Seine Gestalt wird immer flacher, und umgekehrt werden für ihn alle Häuser und Menschen der ruhenden Umgebung flacher. Die Illustrationen im Buch wie die Abb. 2.10 sind wunderbar, aber vollkommen falsch, obwohl die Lorentz-Transformation natürlich richtig ist. Trotzdem ist Mr. Tompkins in der Welt der Physik berühmt; ganze Generationen von Physikern haben durch ihn den Schock der Relativitätstheorie erfahren, einschliesslich des Autors. Sogar ein Asteroid wurde nach dieser Figur Mr. Tompkins genannt (Asteroid No. 12448).

2 Die nicht alltägliche Zeit, nach Einstein

Abb. 2.10 Der (falsche) flache Mr. Tompkins im Wunderland Aus dem Buch von George Gamow 1940. (Bild: Aus dem Buch (William Ashworth, Linda Hall Library, Kansas City))

Der wirkliche, fiktive Anblick (wirklich heisst hier realistisch durchgerechnet, fiktiv weil immer nur theoretisch im Computer) eines bewegten Körpers ist viel komplexer und mit einer grossen Überraschung. Der Grund ist die Laufzeit des Lichts vom Objekt ins Auge des Betrachters. Der fiktive Anblick ist das inverse Problem der Gleichzeitigkeit: Das Bild entsteht aus den Punkten, die aus verschiedenen Stellen des Objekts zur gleichen Zeit ankommen. Die Laufzeiten verzerren das Bild und verdrehen es sogar so weit, dass man die Rückseite eines vorbeifliegenden Objekts sehen kann. Die Abb. 2.11 demonstriert den räumlichen Effekt eines mit 90 % der Lichtgeschwindigkeit vorbeifliegenden Würfels[3]. Die Würfel sollen aus dem Hintergrund heran- und vorbeifliegen. Die untere Würfelreihe zeigt das Heranfliegen der Würfel klassisch und wie gewohnt. Die obere Reihe ist relativistisch gerechnet; die Würfel drehen sich beim Vorbeiflug scheinbar dabei, die rückwärtige Seite des Würfels mit 4 Punkten wird sichtbar.

Der relativistische Anblick der Kugel ist speziell. Die relativistische Abplattung wird durch die Verzerrung durch den Lichtweg gerade

---

[3] Das Bild ist aus dem Video https://www.tempolimit-lichtgeschwindigkeit.de/filme/wuerfelketten/wuerfelketten-xd-640x480.mp4.

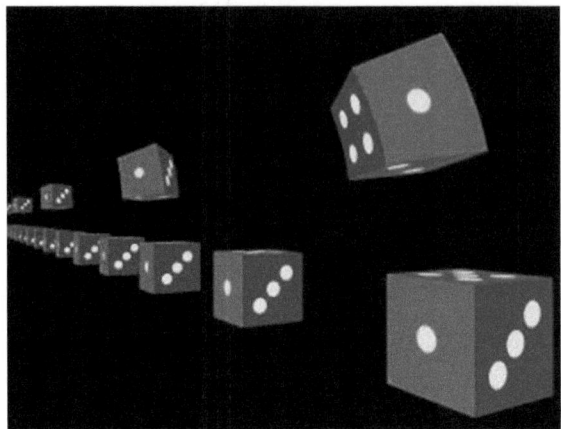

Abb. 2.11 Relativistische fliegende Würfel (v = 0.9c) Würfel verdrehen sich scheinbar im Vorbeiflug (obere Serie). (Bild: Ute Kraus et al., 2002 B. Aus einem Video)

aufgehoben – die Form ist wieder die Kugel. Die Kugel ist allerdings verdreht. Der Radfahrer Mr. Tompkins würde im «realistischen» Bild verzerrt aussehen, aber vor allem verdreht. Man würde entgegen der Alltagserfahrung seinen Rücken sehen (Kraus et al., 2002 A).

2.2 Die Gravitation und die Zeit

Albert Einstein hat es bereits 1907 geahnt, lange bevor er die Allgemeine Relativitätstheorie aufgestellt hatte:

> Wir hätten auch [Grund] anzunehmen, dass in einem Hohlraum eingeschlossene Strahlung [also auch Licht] nicht nur Trägheit, sondern auch schwere Masse besitze.
> Jahrbuch der Radioaktivität und Elektronik, 1907.

Strahlung, insbesondere Licht, unterliegt in der Tat der Schwerkraft. Dies ist erstaunlich, denn Licht hat keine Ruhemasse – es hat ja die universelle Geschwindigkeit c. Es ist reine Energie, aber nach der

Einstein-Formal $E = m \times c^2$ entspricht dies einer Masse. Bei alltäglichen Energien, etwa dem Licht von Scheinwerfern, ist die Masse winzig. Die Masse $m = E / c^2$ ist auch für grosse übliche Energiemengen zahlenmässig klein, denn die Lichtgeschwindigkeit c hat einen grossen numerischen Wert.

Die gesamte Lichtmenge, die die Erde von der Sonne erhält, sind 1,9 kg Licht in der Sekunde.

Dies ist physikalisch korrekt, allerdings ein ungewohntes Mass für Licht[4]. Licht kann sogar einen Druck ausüben, ebenfalls ein recht kleiner Druck für irdische Lichtstärken. Die Kraft des Sonnenlichts auf die gesamte Erde ist etwa 60 000 t – eine verschwindend kleine Kraft für die Erde. Es ist weniger als ein MilliNewton pro Quadratmeter Erdfläche. Die Tatsache, dass Licht oder Energie auch Masse und Impuls bedeutet, ist zentral für die Allgemeine Relativitätstheorie, war aber schon vorher absehbar aus einer Kombination von klassischer Mechanik und der Vorstellung von Licht als Teilchen.

Die Masse, die das Licht in sich enthält, bringt ein Problem mit sich, das wir Menschen mit unserer Schwere kennen, wenn wir Raumfahrt betreiben wollen. Es gehört Energie dazu, um einen Himmelskörper zu verlassen oder hinreichende Geschwindigkeit zum Entkommen. Dies gilt damit auch für Licht. Sonnenlicht kann die Sonne leicht verlassen, denn die Lichtgeschwindigkeit ist 500-mal grösser als die Fluchtgeschwindigkeit auf der Sonnenoberfläche von etwa 600 km/s. Und diese Fluchtgeschwindigkeit ist für alle Körper gleich, also auch für die Lichtteilchen oder Photonen. Aber das Entfliehen braucht Energie, d. h. die Teilchen verlieren beim Aufstieg von der Oberfläche gegen die Schwerkraft Energie. Die Lichtgeschwindigkeit ist fest – also wird die Energie der Schwingung entnommen, das Licht wird röter. Einstein gibt schon 1911 den Wert der Energieänderung für ein Photon von der Sonne an:

---

[4] Auf die Erde fällt Licht mit etwa 1,7 PetaWatt Energie auf. Dies dividiert durch c^2 gibt direkt die Masse pro Sekunde. Ein grosser Teil dieser Energie wird reflektiert oder wieder abgestrahlt, um das Klimagleichgewicht zu erhalten.

Die Energie reduziert sich um zwei Millionstel und auch die Frequenz; die Wellenlänge wird um zwei Millionstel länger. Das macht im Jahr etwas mehr als 1 min aus, im Jahrhundert nahezu eine Stunde. Einstein sieht das Verständnisproblem und schreibt (Einstein, 1911):

> Bei oberflächlicher Betrachtung scheint dies eine Absurdität auszusagen: Wie kann bei ständiger Übertragung auf der Erde eine andere Anzahl von Perioden pro Sekunde ankommen als von der Sonne ausgehen? Die Antwort ist einfach.

Die Antwort ist kurz und einfach, aber bedeutungsschwer: Die Uhr (d. h. die Zeit) läuft auf der Erde um 2 Millionstel schneller als auf der Oberfläche der Sonne.

> Im Gravitationsfeld verläuft die Zeit langsamer. Je stärker die Schwerkraft, umso langsamer läuft die Zeit. Frequenzverschiebung und Uhrverstellen gehen Hand in Hand.

Die Messung dieser Rotverschiebung von Sonnenlicht ist nicht einfach, dazu ist die Sonnenoberfläche recht bewegt. Die erste Messung erfolgte 1972, die moderne Messung von 2020 ergab (González Hernández, 2020) einen Beschleunigungsfaktor für die irdische Uhr von 2,123 Millionstel gegenüber der «Sonnenuhr» in guter Übereinstimmung mit dem ersten Wert Einsteins. Weit draussen im All und entwichen vom grössten Teil der Gravitation von Sonne und Erde werden Uhren noch ein wenig schneller laufen, etwa um den Faktor $1 + 7 \cdot 10^{-10} = 1{,}0000000007$.

Massen wie die Sonne oder die Erde bilden im All Bereiche starker Anziehung und damit langsamer laufender Zeit.
Die langsamer laufende Zeit ist direkt verbunden mit der Gravitation.
Anschaulich ist das Bild von mehr oder weniger tiefen Brunnen. In der mathematischen Sprache, die Raum und Zeit zu einer vierdimensionalen Welt zusammenfasst, sind es Bereiche starker Raum-Zeit-Krümmung.

Die Abb. 2.12 illustriert die Stärke der Gravitation verschiedener Himmelskörper durch «Brunnen» verschiedener Tiefe; die Grafik ist nicht

2 Die nicht alltägliche Zeit, nach Einstein 105

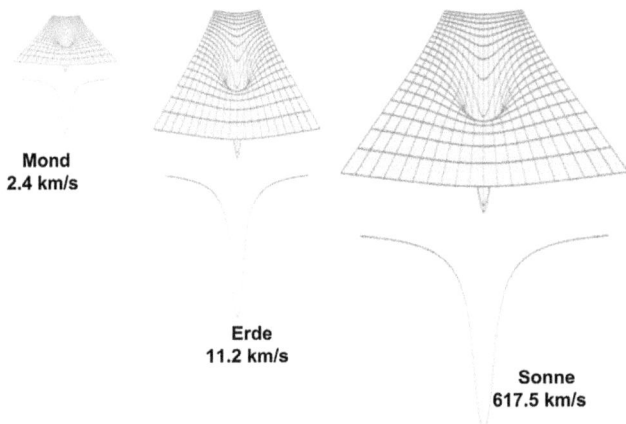

Mond
2.4 km/s

Erde
11.2 km/s

Sonne
617.5 km/s

Abb. 2.12 Klassische Potentialtöpfe Je höher die benötige Fluchtgeschwindigkeit, umso langsamer die Zeit. Nicht massstäblich. (Bild unter Verwendung von gravitywellplot, Wikimedia Commons, BenRGd)

massstäblich. Ein direktes Mass für die Tiefe der Gravitationsbrunnen ist dagegen die Fluchtgeschwindigkeit: Die Geschwindigkeit, die ein Objekt auf der Oberfläche benötigt, um aus dem Brunnen zu entkommen. Je tiefer der Brunnen, umso langsamer fliesst dort einerseits die Zeit und um so mehr wird andrerseits die Frequenz des Lichts beim Verlassen des Brunnens gerötet. Diese Rotverschiebung lässt sich astronomisch messen. Bei der Erde, dem Mond oder auch der Sonne sind Rotverschiebung und Verlangsamung der Zeit minimal. Bei anderen astronomischen Objekten wird der Effekt deutlicher. Gut geeignete Objekte zur Messung der Rotverschiebung und damit indirekt des Zeitverlangsamung sind weisse Zwergsterne. Durch ihren kleinen Radius ist die Schwerkraft auf ihrer Oberfläche besonders stark und man kann umgekehrt über die Rotverschiebung sogar den Radius des Sterns bestimmen.

Die extremsten Objekte für die Verlangsamung der Zeit sind *Schwarze Löcher*. Der Potentialtopf (oder Brunnen) der Schwerkraft ist bei diesen Sternen so tief, dass die Fluchtgeschwindigkeit weg von diesem Objekt gleich der Lichtgeschwindigkeit ist und die lokale Zeit stehen bleibt. Keine elektromagnetische Strahlung und damit auch nicht

Licht kann dem Objekt entkommen. Kurioserweise entstand die Idee solcher Objekte schon im 18. Jahrhundert auf der Grundlage der Vorstellung, dass das Licht aus Teilchen bestehe. Der englische Astronom John Michell und der französische Astronom Simon Laplace nahmen im 18. Jahrhundert an, dass die grössten Objekte im Universum unsichtbar wären «weil das Licht zu ihnen zurückkehren würde». Als Licht eher als Welle und nicht als Körper verstanden wurde, wurden diese Ideen unpassend und verschwanden.

Die Abb. 2.13 verdeutlicht ein Schwarzes Loch künstlerisch mit einem scheinbaren schwarzen, sternlosen Bereich in der Sternwolke. Das Bild simuliert astronomisch-realistisch den Anblick eines kilometergrossen schwarzen Lochs aus einigen Dutzend Kilometern Entfernung. Dazu gehört neben den Bildverzerrungen auch die Bildung ringförmiger Abbildungen von Lichtquellen durch die starke Gravitation hinter dem Objekt, sog. Einstein-Ringe.

Jedes Objekt, das in ein schwarzes Loch fällt, wird zerrissen. Die Gezeitenkräfte im Körper werden so gross, dass kein Festkörper dies aushalten kann: Der Teil des Objekts, der näher am Schwarzen Loch

Abb. 2.13 Schwarzes Loch-Objekt Simulation eines möglichen Anblicks aus einigen Dutzend Kilometern Entfernung. (Bild: BH LMC, Wikimedia Commons, Alain r)

ist, wird viel stärker angezogen als der fernere, die Seiten des Objekts werden zur Mitte gezogen. Das Ergebnis hat der Physiker Stephen Hawking 1988 eine «Spaghettisierung» genannt, der alle Objekte unterliegen, die nahe an ein Schwarzes Loch kommen. Dabei würden bei der Annäherung an das Schwarze Loch Rotverschiebung und Zeitdehnung wirken. Ein Beobachter aus der Ferne sieht einen einfallenden Körper immer röter und lichtschwächer werden, bis er unsichtbar wird. Parallel dazu würde die ins Loch fallende Uhr von aussen gesehen immer langsamer werden, bis die Zeit stehen bleibt.

Um Schwarze Löcher ranken sich viele theoretische und mathematische Ideen über die Zeit. Wird die Raumzeit-Krümmung so gross, dass die Raumzeit in sich selbst krümmt, so entstünde ein Wurmloch, durch das man in andere Bereiche des Universums gelangen könnte, die ganze Geschichte des Universums sehen und mehr. Manches ist mathematisch korrekt, aber nicht im Geringsten praktikabel. Es ist der Stoff, aus dem (fragliche und fantasievolle) Science-Fiction gemacht wird.

Konkret ist das supergrosse Schwarze Loch im Zentrum unserer Milchstrasse, etwa 26 000 Lichtjahre entfernt mit 4 Mio. Sonnenmassen und einem Durchmesser von 44 Mio. km. Die Beobachtung eines Sterns auf seiner Bahn um dieses Schwarze Loch hat die Vorhersagen der Allgemeinen Relativitätstheorie voll bestätigt (ESO, 2018). Die Astrophysikerin Emma Osborne berichtet im New Scientist-Vortrag (Martin, 2019):

> Wenn man sich direkt vor den Ereignishorizont von Sagittarius A* [dem Schwarzen Loch im Zentrum unserer Milchstrasse] stellen würde und eine Minute dort stehen würde, würden 700 Jahre vergehen, weil die Zeit im dortigen Gravitationsfeld viel langsamer vergeht als auf der Erde.

Sterne, die dieses Loch näher umkreisen, erfahren eine merkliche Verlangsamung der Zeit, messbar als Rotverschiebung. Auf der Erde lässt sich die Zeitdilatation durch Schwerkraft direkt durch präzise Uhren nachweisen.

Die Verlängerung der Zeit gegenüber der Zeit am Erdboden ist allerdings minimal:

Im Gravitationsfeld der Erde:

Bei 1 Meter Erhöhung ist die Verlängerung $+1{,}1 \times 10^{-16}$
bei 300 km (Satelliten Flughöhe) $+3{,}7 \times 10^{-11}$
im Gravitationsfeld des Mondes: $+6{,}6 \times 10^{-10}$

Beim Turm von Abraj-el-Bait in Mekka in der Abb. 2.14 mit der grössten und höchsten Turmuhr der Welt in ca. 430 m Höhe über dem

Abb. 2.14 **Abraj-al-Bait-Turmuhr** in Mekka, Saudi-Arabien. Die Ansicht eines der vier Zifferblätter. Zum Zeitunterschied durch Gravitation. (Bild: Abraj-al-Bait-Towers, english Wikipedia, King-Eliot)

Boden[5] verlängert sich die Erdboden-Sekunde durch die Verringerung der Schwerkraft in der Höhe um $+4{,}9 \times 10^{-14}$ s. Die Eigenzeit am Ort der Turmuhr läuft damit im Jahr um 1,3 Mikrosekunden schneller als am Erdboden.

Erst über wahrhaft astronomische Zeiten ergeben sich merkliche Differenzzeiten. Zum Vergleich beträgt das Alter des Universums 13,8 Mrd. Jahre oder $4{,}3 \times 10^{17}$ s. Der Mond ist vor etwa 4,53 Mrd. Jahren entstanden. Damit ist seine Oberfläche um 2,5 Jahre weiter in der Zeit als die Erdoberfläche. Ein anderer kurioser Vergleich stammt vom Physiker Richard Feynman. Die gravitative Zeitdilatation führt ebenfalls dazu, dass der Kern eines Himmelskörpers jünger ist als seine Oberfläche. Für die Erde wurde dieser Zeitunterschied durch den Ausspruch von Feynman populär, der in einer Vorlesung 1962/1963 sagte:

»Das Zentrum der Erde ist um ein oder zwei Tage jünger als die Erdoberfläche».

Allerdings hat sich Feynman um mehrere Grössenordnungen getäuscht. Eine etwas sorgfältigere Rechnung zu diesem Gedankenexperiment ergibt, dass die Region um den Erdmittelpunkt etwa 2,5 Jahre jünger ist als die Oberfläche (Uggerhøj, 2016). Eine Uhr auf der Oberfläche der Erde, ausgesetzt vor den 4,5 Mrd. Jahren bei der Erdentstehung, wäre um 2,5 Jahre weitergelaufen als die noch hypothetischere entsprechende Uhr im Erdmittelpunkt.

In den Abschn. 2.1 und 2.2 haben wir zwei einfache Grundfolgerungen der Einsteinschen Relativitätstheorien für die physikalische Zeit betrachtet: die Zeiteffekte der Geschwindigkeit und der Gravitation. Es geht dabei zwar um Physik und um die Anzeigen von Uhren, aber auch um uns. Die Uhren zeigen an ihrem Ort unsere Eigenzeit an, in der auch unsere Lebensprozesse ablaufen.

In beiden Fällen, der Geschwindigkeit und der Verringerung der Schwerkraft, werden zwei Uhren oder Zeitläufe miteinander verglichen

---

[5] Dies ist die Höhe der Zeigerachse (in der Mitte der Zifferblätter) über dem Boden.

– aber es gibt in den gegenseitig beobachteten Zeiten einen bemerkenswerten Unterschied:

Sieht jemand von «unten» auf die Uhr «oben», so ist diese schneller als seine.

Schaut jemand von «oben» auf die «untere» Uhr, so läuft diese umgekehrt langsamer.

Die Ablesungen sind *asymmetrisch*. Anders bei der Geschwindigkeit:

Sieht der Ruhende auf die «bewegte» Uhr, so erkennt er dort langsamere Zeit.

Umgekehrt schaut der Bewegte auf die Uhr des (eigentlich) «Ruhenden», so sieht er

ebenfalls langsamere Zeit – jeder bewegt sich ja relativ zum andern.

Die Beziehung ist *symmetrisch*. Dies ist für manche Studenten gegen die Intuition. Wir erinnern uns: Der Lorentz-Faktor ist der gleiche für + v wie für -v.

Beim Zwillingsparadox bricht dann die Umkehr der Rakete am weitesten Punkt diese Symmetrie und der letztlich gültige Uhrenvergleich findet nach der Rückkehr an ein und demselben Ort statt.

Eine ungefähr vergleichbare alltägliche Situation liegt bei zwei Personen vor, die sich voneinander entfernen: Jeder sieht den anderen kleiner werden. Perspektive ist symmetrisch.

Eine offensichtliche Komplikation entsteht durch die Rotation von Körpern. Verschiedene Regionen eines Körpers bewegen sich mit verschiedener Geschwindigkeit und diese Geschwindigkeiten erzeugen Zeitdilatation und Längenkontraktion. Diese Phänomene sind unverträglich mit starren Körpern (Ehrenfestsches Paradoxon). Eine rotierende Scheibe kann damit nicht starr sein – aber starre Körper sind sowieso unzulässige Gedankenkonstrukte. Ein starrer Körper würde eine unendlich hohe Schallgeschwindigkeit in sich haben. Damit würden sich Signale spontan verbreiten im Widerspruch zur höchsten Geschwindigkeit, die eine Wirkung im Kosmos haben kann, der Lichtgeschwindigkeit.

Uhren in Satelliten, die Grundlage zur Positionsbestimmung über Satelliten, erfahren beide Effekte, Geschwindigkeit und verminderte Schwerkraft, auf ihrer kreisförmigen Bewegung: Der Geschwindigkeitseffekt beträgt bei etwa 300 km Flughöhe -7 μsec pro Tag, der

Gravitationseffekt + 45 μsec pro Tag. Die Genauigkeit der Atomuhren ist jedoch typisch eine Nanosekunde, Zehntausende Mal genauer. Damit würde die Uhr an Bord + 38 μsec pro Tag schneller laufen und die Genauigkeit des GPS-Systems wäre nach ein, zwei Minuten ruiniert. Nach einem Tag wäre der Navigationsfehler schon 10 km. Es geht nur mit Zeitkorrekturen nach der Einsteinschen Relativitätstheorie.

Damit kann das GPS, das wohl jeder benützt, privat oder professionell, beweisen, dass diese Zeiteffekte wirklich existieren und sogar nützliche Anwendungen haben.

Welche Zeit für die Astronomie?
Wenn man versteht, dass der Lauf der Zeit vom Ort und der Geschwindigkeit des Trägers abhängt, erkennt man ein Problem: Welche Eigenzeit soll man für die Astronomie wählen? Paris? Greenwich? Alles bewegt sich mehr oder weniger, alles hat mehr oder weniger Gravitation. Vor der Verfügbarkeit der Atomzeit war es schwierig, in der Astronomie Bewegungen zu finden, die zuverlässig und möglichst berechenbar waren. Die letzte solche standardisierte Zeit war bis 1976 die Ephemeridenzeit, die auf der präzis bekannten Bahn der Erde um die Sonne beruhte[6]. Für die Zeit, die relativistische Effekte berücksichtigt und minimalisieren möchte, wird ein unbewegter Ort als Messplatz gesucht.

Ein irdischer neutraler Ort könnte die Eigenzeit am Mittelpunkt der Erde sein, allerdings noch mit der Bewegung der Erde um die Sonne behaftet. Der himmelsmechanisch «neutralste» Ort im Sonnensystem ist nicht der Mittelpunkt der Sonne, sondern der Schwerpunkt des Sonnensystems. Der Schwerpunkt oder das Baryzentrum ist der gewichtete Mittelpunkt aller Massen. Der Einfluss eines Körpers auf die Position des Punkts im Raum ist umso grösser, je grösser die Masse. Mit der dominierenden Masse der Sonne liegt das Baryzentrum in der Sonne oder in der Nähe der Sonnenkugel. Der Ausdruck «heliozentrisches Weltbild» ist damit nicht vollständig korrekt: Auch die Sonne bewegt sich wie die Erde um das solare Baryzentrum, nur spiralförmig auf einer viel kleineren Bahn als die Erde. Die Abb. 2.15 gibt einen Eindruck über

---

[6] Vom altgriech. *ephēmerís* Tagebuch, Kalender und *ephḗmeros* täglich.

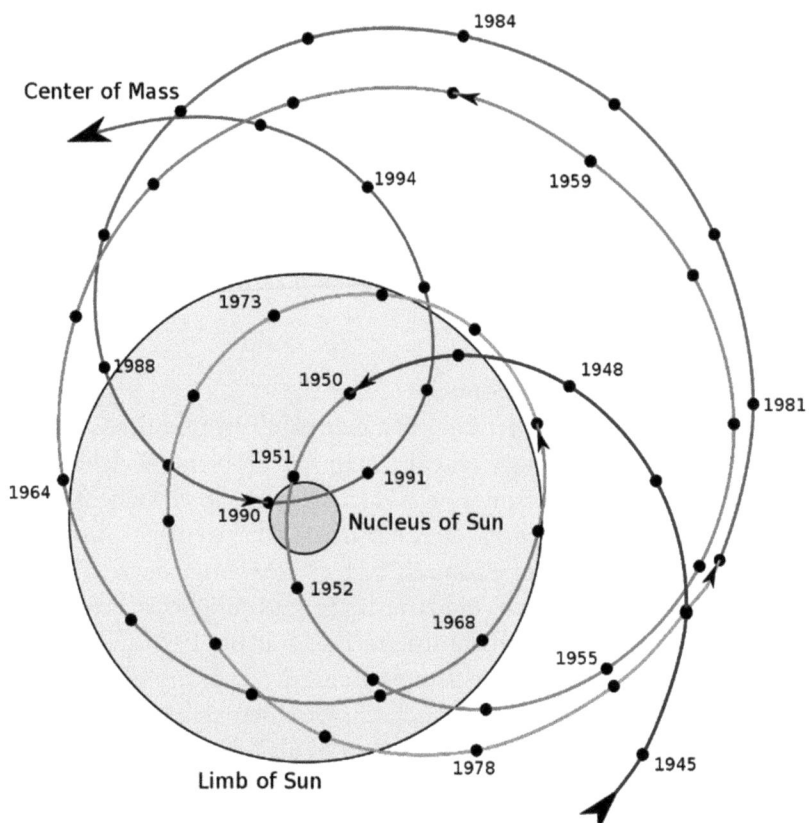

Abb. 2.15 Bewegung des Schwerpunkts des Sonnensystems relativ zur Sonnenscheibe über ein halbes Jahrhundert. Der Durchmesser der Sonne beträgt 1 390 000 km. (Bild: Solar system barycenter, Wikimedia Commons, Carl Smith/Rubik wuerfel)

die Relativbewegung des Systemzentrums in Bezug auf die Sonne. Vor allem die schwersten Planeten, Jupiter und Saturn, ziehen an der Sonne, sodass das Zentrum bis zu einem Sonnenradius ausserhalb der Sonne sein kann.

Das Baryzentrum ist ein ausgezeichneter virtueller Ort für eine Uhr, die für alles, was im Sonnensystem abläuft, zentral ist. Dies führte 1991 zur Definition der Baryzentrischen Koordinierten Zeit TCB (nach der französischen Bezeichnung *Temps coordonné barycentrique*):

Es ist die Eigenzeit einer fiktiven Uhr, die sich im Baryzentrum des Sonnensystems befindet, aber rechnerisch ohne Gravitationsdilatation.

Dies ist die geeignete Zeit für die Erfassung von Ereignissen in der planetarischen Astronomie und für die interplanetare Raumfahrt.

Der Weg war lang von der lokalen Zeit gegeben durch den Stand der Sonne am Himmel im Dorf oder der Stadt bis zur fiktiven Zeit der allgemeinen Relativitätstheorie im Schwerezentrum des Sonnensystems.

Philosophische Bedeutung der relativistischen Zeiteffekte
Der österreichische Physiker Ernst Mach schreibt 1883 in *Die Mechanik und ihre Entwicklung* über die Zeit:

> Wir sind ganz außerstande, die Veränderungen der Dinge **an der** Zeit zu messen.

Er schliesst weiter, dass alle Dinge der Welt mit ihren Veränderungen zusammen eine Abstraktion erzeugen, die «die Zeit» ist. Dies ist für unsere menschliche Zeit sicher der Fall, aber für die physikalische Zeit eine grosse aktuelle Frage: Was erzeugt die Zeit? Wird sie überhaupt erzeugt oder ist sie fundamental da?

Heute gibt es Experimente – ganz nach dem Wunsch des rationalen Physikers Ernst Mach – die die Veränderungen **an der Zeit** selbst messbar bestätigen und es gibt die physikalische Theorie, um sie quantitativ zu erklären. Das Konzept der absoluten Zeit über das ganze Universum hinweg gilt allerdings nicht mehr.

Der englische Physiker Julian Barbour (geb. 1937) formuliert noch schärfer über die Zeitfrage: «Wir wissen nicht, ob eine Sekunde heute die gleiche ist wie die Sekunde morgen». Dies geht zu weit. Es ist eine Grundannahme der Astronomie, Astrophysik und Kosmologie, dass die Naturgesetze einschließlich der elementaren Naturkonstanten im ganzen Universum gleich sind – einschliesslich z. B. der Lichtgeschwindigkeit im Vakuum. Wir verstehen heute die lokalen Änderungen der Zeit, wobei «lokal» astronomisch gemeint ist, etwa als Zeit auf der Erde, dem Mond oder der Sonne. Geht man mit der Frage nach der Zeit und

ihren Eigenschaften hin zum Universum als Ganzes oder/und an den Beginn von allem, so wird vieles Spekulation – aber nicht alles.
Die Lichtgeschwindigkeit im Vakuum ist fest in die Struktur des Kosmos eingebaut. Sie ist überall die gleiche grösstmögliche Geschwindigkeit. Im gesamten Kosmos wird dadurch die Beziehung zwischen Raum und Zeit festgelegt.
Ihr Zahlenwert ist im internationalen Masssystem wie erwähnt willkürlich definiert. Andere Definitionen sind tautologisch wie «die Geschwindigkeit des Lichts ist ein Lichtjahr pro Jahr» oder fundamentaler «sie ist die kleinste physikalische Länge (die sog. Planck-Länge) dividiert durch die kleinstmögliche Zeit (die Planck-Zeit).

2.3 Die kosmische Zeit

Es ist aber a priori durchaus nicht evident, dass man dieselben Grenzbedingungen ansetzen darf, wenn man grössere Partien der Körperwelt ins Auge fassen will.
Albert Einstein in *Kosmologische Betrachtungen zur allgemeinen Relativitätstheorie*, 1917.

Es ist ein intellektuelles Abenteuer, Gesetze aus dem Labor oder der irdischen Umgebung in das Grosse zu übertragen. Einstein macht dies mit seinen Überlegungen zur allgemeinen Relativitätstheorie im Jahr 1917, ein Jahr nach der Erarbeitung der Theorie. Er erzeugt mit Papier und Bleistift verschiedene Universen. Es ist wohl eine der nobelsten Tätigkeiten, die ein Physiker ausüben kann! Seine Arbeit ist der Beginn der modernen wissenschaftlichen Kosmologie.

Physikalische Kosmologie ist die Wissenschaft vom Aufbau des Universums und damit von Raum und Zeit. Dabei zeigt die Allgemeine Relativitätstheorie, dass Raum und Zeit mathematisch eng verbunden sind. Im Alltag sind Raum und Zeit vollkommen verschiedene Grössen und Formen, die anscheinend wenig mit einander zu tun haben. Wir haben gesehen, dass dies bei hohen Geschwindigkeiten nicht mehr der Fall ist. Die Abstände – zeitlich wie räumlich – hängen zusammen und verändern sich.

2.3.1 Die Raumzeit

> Die Raumzeit sagt der Materie, wie sie sich bewegen soll; die Materie sagt der Raumzeit, wie sich krümmen soll.
> John Wheeler, in *Geons, Black Holes and Quantum Foam – a Life in Physics*.
> Norton, New York, 1998.

Der Physiker Wheeler meint in diesem Zitat mit Raumzeit die physikalische Verbindung von Raum und Zeit. Die Materie bestimmt die Krümmung der Raumzeit, die Krümmung der Raumzeit bestimmt die Gravitation und den Weg der Materie. Dies führt zu einer ungewöhnlichen Interpretation der Schwerkraft mithilfe der Zeit:

> Die Schwerkraft zieht die Körper immer zu dem Bereich, in dem die Zeit langsamer läuft.

Die Aussage Wheelers ist eine moderne, umfassende Version eines Gedankens des Physikers Ernst Mach hundert Jahre zuvor. Danach wird die Trägheit einer Masse, also der Widerstand gegen eine Beschleunigung, durch die Gesamtheit aller Massen des Universums hervorgerufen. Diese Idee von Mach war für Einstein ein Leitfaden in der Entwicklung der Allgemeinen Relativitätstheorie. Einstein bezeichnete den Gedanken, dass fundamentale Eigenschaften des Universums durch die Wechselwirkung der Gesamtheit der Körper selbst entstehen, als *Machsches Prinzip*.

Ein Beweis dafür ist das Pendel nach Foucault: Es ist ein möglichst langes und schweres Pendel, ruhig schwingend mit möglichst wenig Reibung an der Aufhängung. Der Physiker Léon Foucault hatte im Jahr 1851 eine 28 kg schwere Bleikugel an einem 67 m langen Draht unter der Kuppel des Panthéon von Paris aufgehängt und schwingen lassen. Wie durch Zauberei dreht sich die Schwingungsebene langsam gegenüber dem Boden, in Paris um 11° in der Stunde im Uhrzeigersinn. An den Polen würde eine volle Drehung der Pendelebene gerade 23h 56 min brauchen – einen Sterntag! Es ist Magie, dass das Pendel unter der Kuppel des Panthéon die gleiche Zeitdauer angibt wie die Beobachtung der Sterne am Nachthimmel.

In diesem Sinn ist das Foucault-Pendel eine wahrhaft kosmische Uhr. Die Pendelebene dreht sich scheinbar gegen das Universum. In Wirklichkeit hält das Universum die Pendelebene fest und die Erde dreht sich.

Die Faszination des Foucault-Pendels kann man heute in naturwissenschaftlichen Museen auf der ganzen Welt erleben; die Abb. 2.16 zeigt die aktuelle Version des Pendels im Panthéon in Paris mit einem neuen Pendelkörper.

Erstaunlicherweise hat es bis zum Jahr 1851 gedauert, bis dieser Versuch durchgeführt wurde und seine Bedeutung verstanden – es wäre doch schon in der Antike möglich gewesen. Es ist ein klarer Beweis für die tägliche Drehung der Erde. Die Frage ist nur, was ist die Referenz für die Rotation?

Heute wissen wir, dass das Universum nicht nur mit Materie erfüllt ist, sondern auch mit anderen Formen der Energie, mit Teilchen und Strahlung. Diese Gesamtheit, Materie und Energie, bestimmt die Eigenschaften des Universums, insbesondere die Raumzeit, die innere Struktur von Raum und Zeit.

Abb. 2.16 Eine kosmische Uhr Das Foucaultsche Pendel im Panthéon Paris. (Bild: Pendule de Foucault, Wikimedia Commons, Arnaud 25 (Ausschnitt))

Im engeren Sinn ist die *Raumzeit* die mathematische Verknüpfung von 4 Koordinaten, den 3 räumlichen Koordinaten und der Zeit. Allerdings ist die Zeit nicht einfach eine vierte Koordinate. Die Zeit ist etwas vollkommen Verschiedenes vom Raum und ist nur mathematisch-imaginär mit dem Raum verknüpft. Aus einer Zeitspanne entsteht ein räumlicher Wert mithilfe der Lichtgeschwindigkeit, nämlich als der Weg, den das Licht in dieser Zeit zurücklegt. Die Idee dieser imaginären Zeit stammt vom französischen Mathematiker Henri Poincaré, der im Jahr 1906 sah, dass sich damit die Zeit als «normale» vierte Dimension in die mathematische Physik einbauen liess.

Der Gedanke der Zeit als vierte Dimension war schon Ende des 19. Jahrhunderts entstanden, etwa beim Astronomen Simon Newcomb und bei H.G. Wells in der *Zeitmaschine*. Der aufgespannte mathematische Raum mit 4 Dimensionen ist der fiktive Minkowski-Raum, genannt nach seinem Erfinder, dem deutsch-russischen Mathematiker Hermann Minkowski (1964–1909), der das Konzept ein Jahr vor seinem Tod entwickelte. Er schreibt in einem Vortrag begeistert (Minkowski, 1908):

> Von Stund' an sollen Raum für sich und Zeit für sich völlig zu Schatten herabsinken und nur noch eine Art Union der beiden soll Selbständigkeit bewahren.

Und:

> Es handelt sich, so kurz wie möglich ausgedrückt [...] darum, daß die Welt in Raum und Zeit in gewissem Sinne eine vierdimensionale nichteuklidische Mannigfaltigkeit ist.

Einstein musste widerstrebend zugeben, dass diese «mathematische Spielerei» sehr nützlich war und es erlaubte, damit die Relativitätstheorie elegant zu formulieren. Minkowski erfand ein Konzept, das zur Klärung der Bedeutung der Zeit ohne Formeln beiträgt. Es ist der Lichtkegel in Abb. 2.17.

Das linke Bildchen illustriert die Ausbreitung von Licht von der Punktquelle O aus in einer Ebene als Funktion der Zeit. Es ist nur die zweidimensionale Fläche gezeichnet und nicht die dreidimensionale

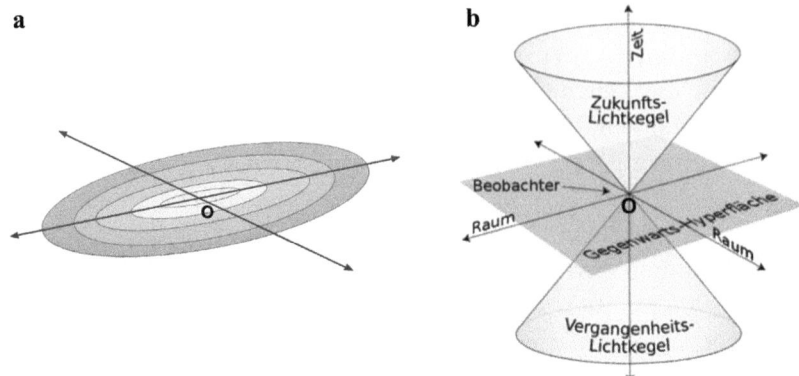

Abb. 2.17 Der Lichtkegel in der Raum-Zeit Die kreisförmige Ausbreitung des Lichts in der Ebene (Bild a) wird durch das Hinzufügen der Zeitachse zu einem Kegel (Bild b) Nach oben ist die Zukunft aufgetragen, von unten kommt die Vergangenheit. Der Raum selbst hat hier nur 2 Dimensionen. (Bild rechts: World Line-de.svg, Wikimedia Commons, Bernhardius/Aainsqatsi)

Ausbreitung in Form einer Kugel, denn für unser Anschauungsvermögen benötigen wir die dritte Dimension im rechten Bild für die Zeit t. Irgendein Punkt im Bild mit Raum- und Zeitkoordinate ist in raum-orientierter Redeweise ein *Weltpunkt*, in zeit-orientierter Sprache ein *Ereignis* oder Event. Tragen wir die grösser werdenden Lichtkreise auf der Zeitachse t senkrecht nach oben auf, so entsteht aus dem Bild a) nun im Bild b) ein wachsender Kegel. Die Lichtgeschwindigkeit bestimmt den Öffnungswinkel. Es ist der Kegel für alles, was physikalisch in der Zukunft erreichbar ist. Umgekehrt ist der Kegel im Bild nach unten zu verstehen: Immer kleiner werdende Lichtkreise laufen als Lichtkegel von unten nach oben zu dem Punkt O, zur Gegenwart des Beobachters. Dieser untere Kegel enthält die gesamte Vergangenheit, die auf O wirken kann.

Es ist eine merkwürdige Koinzidenz, dass der Lichtkegel der modernen Physik die Gestalt der mittelalterlichen Sanduhr hat und sogar die Bedeutung von Zukunft, Gegenwart und Vergangenheit sichtbar mitträgt: Oben ist der Sand der Zukunft, unten der verbrauchte Sand als Häufchen Vergangenheit, und der Sand der Gegenwart passiert die Verengung. Die Richtung der Zeitachse im Lichtkegel ist glücklicherweise nach oben gewählt!

Der doppelte Lichtkegel teilt die Raum-Zeit in Bereiche innerhalb und ausserhalb der Kegel ein, bezogen auf die Zeitachse. Misst man den Weg in Lichteinheiten, etwa als Lichtsekunden zu 299 792 km, und die Zeit in Sekunden, so werden die Kegelwinkel gerade 45°. Weltpunkte oder Events innerhalb der Kegel sind kausal erreichbar, im Vorwärts-Kegel in der Zukunft, im unteren Kegel, dem Rückwärtskegel, aus der Vergangenheit. Die Kegel illustrieren, dass die Zeit mit dem Unten und Oben eine Richtung hat und dass diese Richtung auch die Kausalität bestimmt. Auch kausale Beeinflussungen können nicht schneller sein als Lichtgeschwindigkeit und dies nur von unten nach oben. Alle Events innerhalb der Kegel haben genügend Zeit, zu kommunizieren; sie werden *zeitartige* Events genannt. Weltpunkte oder Events ausserhalb der Kegel haben nicht genügend Zeit, den Raum mit Lichtgeschwindigkeit oder langsamer zu überwinden. Sie sind absolut fern; Minkowski hat sie *raumartig* genannt.

Jeder fiktive oder reale Beobachter im Universum lebt mit seinem Zeitkegel mit seiner Vergangenheit und Zukunft (Rovelli, 2017). Dies ergibt zunächst das Bild der Figur 2.18 a) mit einer gemeinsamen Zeit, der Newtonschen absoluten Zeit. Das Bild ist zu einfach: Jeder Ort hat durch Geschwindigkeit und Gravitation eine andere Eigenzeit. Die Kegel werden geneigt und in der Nähe starker Gravitation

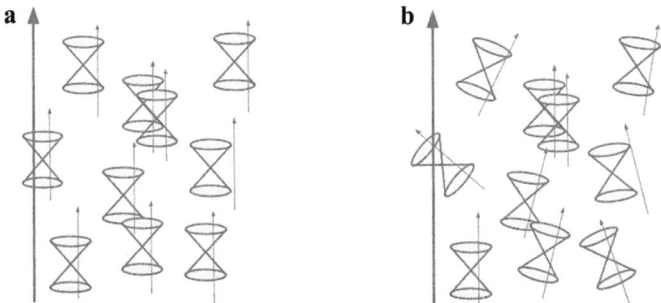

Abb. 2.18 Das Universum als Menge von Lichtkegeln Links das klassische Universum mit absoluter Zeit nach Newton und endlicher Lichtgeschwindigkeit. Rechts angedeutet die Vielfalt von Kegeln mit Beobachtern mit eigener Zeit. Die gemeinsame Zeitachse im Bild b) als die Zeit des Universums insgesamt ist hypothetisch

(Raumzeit-Krümmung) geschrumpft. Die Abb. 2.18 b) illustriert den Neigungseffekt an den Kegeln und den jeweiligen Eigenzeiten. Bei einem Schwarzen Loch ist die Neigung der umgebenden Lichtkegel so stark, dass sie in die Richtung des Lochs hinein zeigen. Damit haben wir für den Lauf der Welt zwei Zeiten,

- im Kleinen, Lokalen die Eigenzeiten, die «metabolische Zeit», die jeweils das Tempo aller Prozesse in Physik und Biologie lenkt, und
- im (ganz) Grossen die hypothetische überlagerte universelle Zeit des Universums, die «kosmische Zeit», die alles taktet.

Die Bezeichnung *metabolisch* rührt vom altgriech. *Metabolē* Wechsel, Wandel und bezieht sich hier auf alle Veränderungen in der Zeit, ob in der belebten oder unbelebten Welt; es regiert die gleiche Zeit.

Die kosmische Zeit wäre der Endpunkt unserer Serie von Zeitdefinitionen, angefangen bei der Sonnenzeit bzw. der Zeit der Erddrehung, über die Zeit für das Sonnensystem bis zur kosmischen Zeit für das Universum. Auch relativistisch macht die kosmische Zeit Sinn, zum mindest als Näherung, denn für das Universum ist keine Raumkrümmung feststellbar.

Zum Ablauf der kosmischen Zeit und deren Verständnis kommt noch ein weiteres grosses Problem: der Big Bang mit dem Beginn des Universums und die Ausdehnung des Weltalls. Damit wird die Verbindung von Raum und Zeit noch komplexer.

2.3.2 Die Geschichte des Kosmos

Astronomen können in der Zeit zurückblicken. Wir können uns die Dinge so ansehen, wie sie einmal waren. Wir können uns vorstellen, dass es vor 13,7 Mrd. Jahren eine Urknall-Explosion gab. Wir haben eine Geschichte, wie Galaxien und Sterne entstanden sind. Es ist eine erstaunliche Geschichte.

John C. Mather, amerikanischer Astrophysiker und Nobelpreisträger, geb. 1946.

Zwei grosse wissenschaftliche Ereignisse haben die Kosmologie, die Wissenschaft vom Bau und der Entwicklung des Universums, erschüttert: die Entdeckungen des Urknalls und der sich fortlaufend beschleunigenden Expansion des Weltalls. Eine dritte Entdeckung oder Hypothese wird eine Herausforderung für die Physik: die Inflation des Universums, eine gigantische superschnelle Aufblähung.

Im Jahr 1927 schloss der belgische katholische Priester und Astrophysiker George Lemaître aus der Rotverschiebung des Lichts der ferneren Galaxien und aus seinen Überlegungen zur Allgemeinen Relativitätstheorie, dass das Universum aus einem winzigen Ball entstanden ist, der «explodierte» und dessen Explosionsreste sich noch heute ausdehnten. Lemaître sprach vom *oeuf primordial*, vom Ur-Ei. Die populäre Bezeichnung *Urknall* oder Big Bang wurde vom skeptischen Astronomen Fred Hoyle erfunden und ist heute Allgemeinwissen geworden. Die Ausdehnung des Weltalls ist wie das Aufgehen eines Kuchens mit Rosinen, die auf der Oberfläche gleichmässig verteilt sind: Alle Abstände nehmen im gleichen Verhältnis zu, je grösser die Entfernung, umso schneller. Das klassische didaktische Analogon sind Ameisen verstreut auf einem Luftballon, der aufgeblasen wird. Die Körper der Ameisen bleiben gleich, die Abstände zueinander nehmen im Masse der Dehnung des Ballons zu. Die Expansion der Distanzen ist in der Astronomie ein Hubble-Fluss nach dem amerikanischen Astronomen Edwin Hubble (1889–1953) (Abb. 2.19).

Die zweite überraschende Erschütterung war im Jahr 1999. Die damalige Erwartung der Kosmologen war, dass die Ausdehnung des Universums sich durch die Gravitation abschwächen sollte. Zwei Teams von Astronomen entdeckten jedoch, dass die Abstände zwischen sehr fernen Galaxien sogar noch schneller zunehmen als erwartet.

Die Ausdehnung des Universums macht die Beziehung zwischen Distanzen und Zeiten noch komplexer. Denn wenn wir die Objekte des Universums sehen, so sehen wir sie in der zeitlichen und räumlichen Vergangenheit, als Objekte zu jener Zeit und in der Position zu jener Zeit. Eklatant ist dieser Effekt bei der Angabe der Grösse des Universums. Das im Prinzip beobachtbare Universum hat «komobil» gemessen, d. h. mit einbezogener Expansion, die Entfernung von 46,6 Mrd.

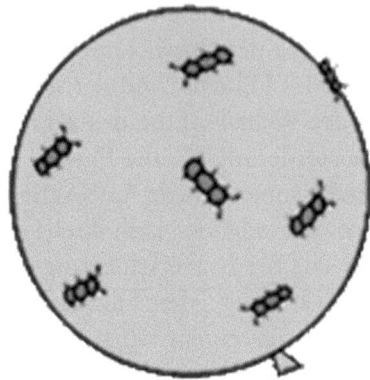

Abb. 2.19 Ameisen auf einem wachsenden Ballon Analogon zur wachsenden Ausdehnung des Universums. (Bild: AntBalloon, Wikimedia Commons, JOLinton)

Lichtjahren, obwohl das Alter des Universums seit dem Big Bang nur 13,8 Mrd. Jahre beträgt.

Unsere Kleinheit in Raum und Zeit im Vergleich zum Kosmos ist schockierend und beunruhigend. Im 17. Jahrhundert berechnete der irische Erzbischof James Ussher (1581–1656) nach allen «begats» (Zeugungen) in der Bibel, nach hebräischen, ja nach altägyptischen Texten und nach verschiedenen Kalendern den Anfang der Welt auf den Tag genau: der 23. Oktober 4004 v.Chr. nach einem konsequent zurück führten Julianischen Kalender. Sein Zeitgenosse John Lightfoot trug sogar die genaue Uhrzeit bei; er erklärte als Ergebnis seines «gründlichsten und erschöpfendsten Studiums der Heiligen Schrift», dass

«Himmel und Erde, Mitte und Umfang, alle zusammen in demselben Augenblick erschaffen wurden, und Wolken voller Wasser» und zwar am 23. Oktober 4004 v. Chr. um neun Uhr morgens. Zu dieser Zeit gab es in Ägypten bereits die ersten städtischen Kulturen! Diese Zeit war vor etwa 6000 Jahren oder etwa vor zwei bis drei Hundert Generationen; es muss den Menschen glaubhaft erschienen sein: eine sehr, sehr lang vergangene Zeit und berechnet mit höchster Wissenschaft.

Noch im 18. Jahrhundert versuchte der Physiker Isaac Newton mit astronomischen zurückgerechneten Daten den Wert zu verbessern. Er schreibt überlegen:

2 Die nicht alltägliche Zeit, nach Einstein

Die Ägypter rühmten sich eines grossen und langlebigen Reiches unter ihren Königen Ammon &c., ostwärts bis Indien, westwärts bis zum Atlantik. Und aus Eitelkeit (vanity) haben sie diese Monarchie einige Tausend Jahre älter gemacht als die Welt.
Das wollen wir jetzt berichten ...
Sir Isaac Newton in *The Chronology of Ancient Kingdoms*, London, 1728.

Das Weltalter nach Newton ist, je nach Quelle, sechs Jahre oder 534 Jahre später als das von Ussher. Newton arbeitete offensichtlich mit drei Stufen der Wissenschaftlichkeit: wirklich wissenschaftlich und genial in Physik und Mathematik, pseudowissenschaftlich und normal im Zeitgeist mit allen Fehlern bei seinen biblischen Recherchen und schliesslich unwissenschaftlich heimlich in schwarzer Magie und Alchemie in seinen Nächten.

Diese Zeiten fünf bis sechs Jahrtausende oder etwa 200 Generationen zurück schienen die Menschen schon in unvorstellbare Urzeit zu führen. Der tatsächlichen Zeit seit dem Entstehen der Erde entsprächen aber 136 Mio. Generationen, vom Anfang des Kosmos an etwa 400 Mio.[7] Da stösst das menschliche Fassungsvermögen an seine Grenzen.

Hier für den kritischen modernen Leser eine beruhigende Bemerkung. Gewiss ist auch die moderne Wissenschaft in der Kosmologie an der Grenze zur Spekulation, aber es gibt feste, unstrittige Bezugspunkte für das Konzept und die zugehörigen Theorien. Das erste Beispiel war die Entdeckung der Bewegung der fernen Galaxien von uns weg, schön gleichmässig umso schneller, je weiter. Ein anderer, sehr erstaunlicher Effekt ist das Nachglühen des Big Bang. Es sind die Photonen vom Ende der ersten Phase der kosmischen Entwicklung, etwa 380 000 Jahre nach dem Beginn von allem, entsprechend einer Ausgangstemperatur von 3000 K («rötlich»). Sie wurden von der Plasmaoberfläche des Universums ausgestrahlt, der Fläche mit der mystischen Bezeichnung der *Fläche der letzten Streuung*. Mit der Raumausdehnung wurde die

---

[7] Dabei ist nach Newton mit drei Generationen pro Jahrhundert gerechnet.

Wellenlänge immer grösser. Bis heute sind sie durch die Expansion von Licht zu Mikrowellen geworden. Misst man diese Strahlung an einer Stelle des Himmels, so findet man Strahlung entsprechend 2,72548 K, dreht man dann den Empfänger um 180° zur entgegensetzten Stelle, so ist es ebenfalls 2,72548 K. Das ganze Universum ist mit dieser Strahlung erfüllt, die gleiche Temperatur auf das Tausendstel Grad genau – diese Temperatur definiert unsere Gegenwart im Universum, jenseits der Komplikationen der Allgemeinen Relativitätstheorie. Der amerikanische Astrophysiker Lawrence Krauss (geb. 1954) versichert:

> Das Bild des Urknalls, des Big Bang, ist zu fest in Daten aus allen Bereichen verankert, um in seinen allgemeinen Zügen als ungültig erwiesen zu werden.

Damit hat die kosmische Zeit einen definierten Anfang, den Urknall. Man kann kosmische Ereignisse ordnen nach der «Zeit nach dem Urknall», als ABB (After the Big Bang). Der Big Bang ist keine Explosion, sondern die gemeinsame Entstehung von Raum, Materie und vermutlich auch von der Zeit. Zur physikalischen Zeit gibt es gewagte Ideen, dass sie über den Beginn des Urknalls in die Vergangenheit hinausreiche (Siegel, 2022). Eine physikalische Abgrenzung definiert den Big Bang als die Epoche vom Anfang von allem bis zur Abstrahlung des Glüh-Lichts und dem Beginn der astronomischen Entwicklung des Universums, zunächst noch ohne Sterne und Galaxien.

Die allererste Phase des Universums ist heute noch Spekulation. Es geht um die kürzeste Zeit, die die Physik kennt, die schon erwähnte Planck-Zeit von etwa 5×10^{-44} s. Es gab noch keine Materie, wie wir sie kennen. Die Dichte und die Temperatur sind so extrem hoch, dass die Physik des Universums zur Teilchenphysik wird und Relativitätstheorie und Quantentheorie aufeinanderstossen. Die Verbindung der beiden Bereiche oder gar die Vereinigung ist heute physikalisch-mathematische Spekulation, etwa die String-Theorie einerseits oder die Schleifenquanten-Gravitation (Loop quantum gravity) andrerseits. Nach 10^{-11} s wird die Physik weniger spekulativ und wir kommen in den Bereich der Teilchenphysik, der uns experimentell in den Teilchenbeschleunigern zugänglich ist. Es entstehen schliesslich neben der überwiegenden

Menge an einzelnen Protonen auch wenige Kerne von Deuterium, Helium und Tritium. Die Materie ist noch undurchsichtig, denn das Licht wird im Plasma heftig gestreut. Werden bei weiterer Abkühlung daraus schliesslich einfache, elektrisch neutrale Atome wie Wasserstoff, Deuterium und Helium, so kann sich das Licht ausbreiten und schliesslich zur heutigen Mikrowellenstrahlung werden. Das Ausgangsmaterial für das astronomische Universum ist fertig. Es ist vor allem Wasserstoff ohne schwere Elemente. Die Entwicklung und die Explosionen der Sterne werden die Elemente liefern, aus denen wir bestehen – wir sind geschaffen aus Sternenstaub, «star stuff», wie der amerikanische Astronom Carl Sagan (1934–1993) sagte.

Wir haben in der Schilderung des Big Bang zwei grosse unbefriedigende Probleme oder Besonderheiten unterschlagen: Warum gibt es die gewohnte Materie und nicht gleich viel Antimaterie? Was ist mit der Raumzeit geschehen?

Das Universum sollte in der ersten Phase des Big Bang gleich viele Teilchen aus Materie wie aus Antimaterie erschaffen haben. Aber Materie und Antimaterie vernichten sich gegenseitig. Heute gibt es auf der Erde und im Universum anscheinend nur Materie: Die Annahme ist, dass etwa jedes Milliardste Teilchen Materie «überlebte» und jetzt unsere materielle Welt ausmacht. Es ist noch nicht klar, wie diese grosse Asymmetrie zu erklären ist.

Das zweite Problem greift direkt in die Raum-Zeit ein. Das Universum beginnt danach zwar in der Grösse eines Kernbausteins, etwa eines Protons, aber der Raum expandiert in einer gigantischen Phase der Expansion zur Grösse eines Fussballs – das entspricht 80-mal einer Verdoppelung der Grösse in einem winzigen Bruchteil einer Sekunde. Nun beginnt erst die heisse Phase mit der Abkühlung und weiterer Ausdehnung. Diese unglaubliche und ausserordentliche Expansion heisst die *Inflation* des Universums.

Trotz ihres Namens ist die Urknalltheorie eigentlich gar keine Theorie über einen Knall. Sie ist eigentlich nur eine Theorie über die Folgen eines Knalls.

Alan H. Guth, amerikanischer Physiker, geb. 1947.

Alan Guth hatte das Konzept der Inflation als Phase einer exponentiellen Ausdehnung des Universums im Jahr 1981 veröffentlicht. Diese

Inflation wirkt wie ein grosser Gleichmacher. Überall im All beobachtet man ähnliche Strukturen und das Weltall ist flach, d. h. man findet keine messbare Krümmung der Raum. Die Inflation habe alle «Falten» in der Raumkrümmung ausgebügelt. Die heute beobachteten Strukturen der Galaxien und Haufen von Galaxien wären die gigantisch vergrösserten Quantenfluktuationen vor und während des Big Bangs. Erweiterungen der Inflationsidee führen zur Spekulation von mehr als einem Universum. «Unser» Universum wäre eines am Baum mit einer Vielzahl von Inflationsblasen und daraus entstehenden Universen.

Es sieht in diesen Modellen so aus, als wäre die Zeit das wirklich Fundamentale und nicht der Raum. Der Weltraum entwickelt sich in der Zeit oder es entstehen sogar ganze Universen in der Zeit.

Eine bildliche Darstellung der Entwicklung des Universums gibt die Abb. 2.20 vom NASA/WMAP Projekt. Nach der Formierung der Hintergrundstrahlung 380 000 Jahre nach dem Big Bang (380 000 ABB) gibt es nur dünne, fein verteilte Materie im Raum und Strahlung. Es ist das dunkle Zeitalter des Kosmos. Die Materie muss erst Zeit finden, um instabile Wolken zu bilden und um sich zusammen zu klumpen bis die ersten Sterne entstehen mit ihren Wasserstoff-Fusionsreaktoren, die Licht ins Universum bringen. Nach 200–300 Mio. Jahren entstehen die ersten Sterne, etwa bei 400 Mio. ABB bildet sich die erste Galaxie. Eine umfangreiche Liste der astronomischen Ereignisse findet man etwa im Wikipediaartikel *Timeline of the early universe*. Eine grosse Änderung in der Dynamik des Kosmos trat vor 5 Mrd. Jahren oder 8,8 Mrd. Jahren ABB ein: Die Ausdehnung des Universums beschleunigt sich durch den Einfluss der Dunklen Materie.

Eine Bemerkung zur Sicherheit dieser Zeitangaben, die schier unglaublich sind im wahrsten Sinn des Wortes. Aber sie sind Messungen aus einem verbundenen Netzwerk von physikalischen Methoden, etwa aus der Kernphysik, und von astronomischen Methoden, etwa den Lehren von den spezifischen Sternentwicklungen. Dazu kommt das theoretische Verständnis der Physik, die da geschieht. Den Kosmologen sind die innewohnenden Unsicherheiten sehr wohl bewusst, aber es ist insgesamt grossartige, sich gegenseitig überprüfende, messende Wissenschaft.

2 Die nicht alltägliche Zeit, nach Einstein 127

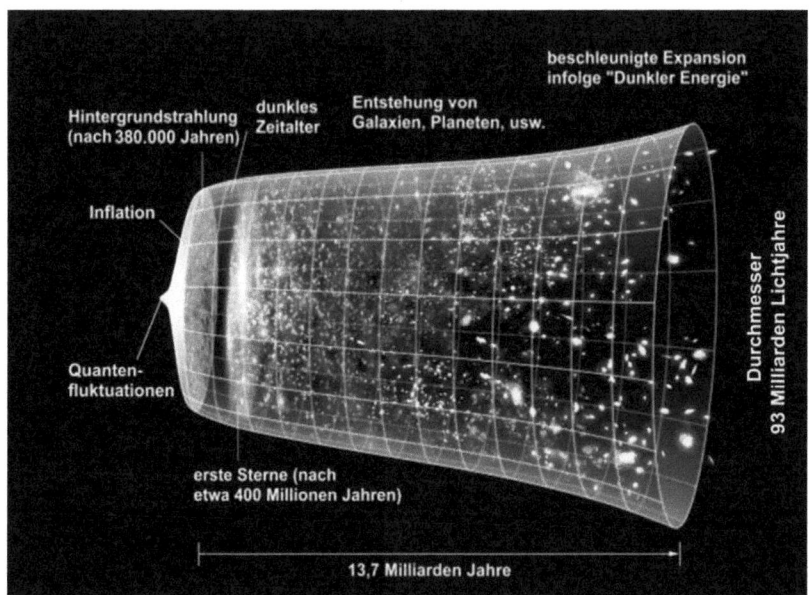

Abb. 2.20   Die zeitliche Entwicklung unseres Universums Eine künstlerische Darstellung der prinzipiellen Entwicklung seit dem Urknall- Nach rechts ist die Zeit ABB aufgetragen, vertikal ein Mass für den Durchmesser. Die Spitze links zeigt den Big Bang an und den Beginn der Inflation. (Bild: CMB Timeline300 no WMAP, Wikimedia Commons, NASA/efbrazil)

Hinter der Wissenschaft kommen Spekulationen, für manche Physiker wie etwa den Nobelpreisträger Robert Laughlin (geb. 1950) ist es zu viel Spekulation ohne Beweise[8]. Spekulativ sind die Bereiche, wo alles zusammenkommt: Gravitation, Quantentheorie und extremste physikalische Bedingungen wie sehr hohe Energien und ultrakurze Zeiten. Allerdings sind diese Theorien oft von grossartiger mathematischer Schönheit und locken mit der Aussicht, alles zu verstehen mit einer Theorie von Allem, der *Theory of Everything*.

Die Abb. 2.21 führt die kosmische Zeitskala weiter mit den Entwicklungen zum biologischen Leben und zum Menschen.

---

[8] Er prägte den Ausdruck der «betrügerischen Puten» – *deceitful turkeys* für manche Theorien. Er dachte dabei wohl an die String Theorien und ähnliches.

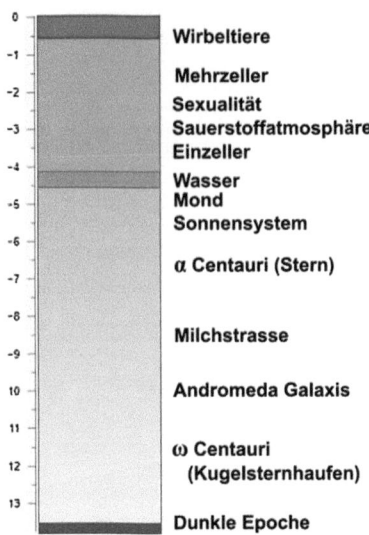

Abb. 2.21 Die kosmische Zeitskala zum Menschen Wichtige Etappen und Ereignisse vom Big Bang 13,8 Mrd. Jahre ABB bis heute. Einheit sind Milliarden Jahre. Die Epoche des Menschen entspricht nicht einmal der Stärke des obersten Strichs. Der Inhalt der Grafik stimmt ungefähr mit dem Inhalt von *Timeline of the early universe* auf Wikipedia überein.

Unser Sonnensystem beginnt mit der Bildung der jungen Sonne vor 4,57 Mrd. Jahren, dann folgen die äusseren Planeten mit dem Jupiter und schliesslich die Protoerde. Etwa vor 4,33 Mrd. Jahren bildet sich das System Erde-Mond, vermutlich durch den Einschlag eines hypothetischen Planeten «Theia». Die Erde beginnt Wasser aufzusammeln und damit entsteht vor etwa 4,25 Mrd. Jahren Leben. Die wohl schwierigste und am wenigsten verstandene Phase auf dem Weg zu uns wird überwunden: die chemische Evolution oder Abiogenese, die Entstehung von Leben aus lebloser Chemie. Die Evolution läuft los mit Schlüsselereignissen wie der Erfindung einer Zellwand (die einen geschützten Raum für das Leben bildet), von Mehrzellern (als Voraussetzung für höhere Organismen), der Produktion von Sauerstoff (für die Verarbeitung in der Photosynthese) und der Sexualität (als Mechanismus zur besseren Vermischung der Gene).

Der Mensch in Gestalt des archaischen *Homo sapiens* entstand vor 200 000 – 300 000 Jahren. Im Massstab der kosmischen Zeitskala der Abb. 2.21 sind dies 2 bis 3 µm (Tausendstel Millimeter).

Diese Tatsache spiegelt die Relation von uns Menschen zum Kosmos wider und ist eine Grundlage für unsere menschliche Einstellung zur *Zeit* und zu unserer Bedeutung im Kosmos. Oder sollte es sein!

Die kosmische Zeitskala in Abb. 2.21 demonstriert die Wirkung der Zeit über sehr, sehr lange Zeitspannen. Dabei beobachten wir zwei verschiedene Aktionsströme, den rein physikalischen und den lebendigen.

- Im Physikalischen entstehen neue Strukturen wie die Spiralarme der Galaxien und Planetensysteme. In der Zeit wirken die physikalischen Gesetze und der Zufall.
- Im Lebendigen entstehen durch die physikalischen Gesetze und den Zufall Strukturen mit Bauplänen. An den Bauplänen wird in einem breiten Strom von Zufällen weitergearbeitet, i. A. wird die Komplexität der Baupläne dabei weiter erhöht. Dies ist die biologische Evolution. Die Evolution bringt mit der Erstellung, Speicherung und Weiterentwicklung von Bauplänen ein vollkommen verschiedenes Bauprinzip in die Welt: die Informationsverarbeitung.

Die Abb. 2.22 versucht diese Aktionsströme in der Zeit zu verbildlichen,

- die unbelebte Welt in Blau (die Physik und ihre Derivate),
- die Informationsysteme in Grün oder Grau,
- das Lebendige, Biologische in Grün und die digitale IT, die Computer, in Grau.

Die Breite der Balken soll den Strom an Ereignissen symbolisieren. Auch Sterne sind Systeme mit Entwicklungsstadien und entstehen, jedenfalls im älteren Universum, aus den Resten von Vorgängern. Dazu entwickeln sich Strukturen von Sternenansammlungen wie Galaxien und deren Spiralarme. Diese Entwicklungen erfolgen direkt nach den

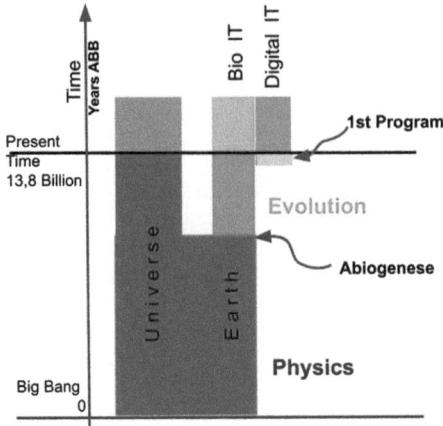

Abb. 2.22 Die Systementwicklung der Welt (Prinzipskizze)
Aus dem Unbelebten (der Physik, blau) entstehen Informationssysteme (biologisch, grün, und digital, grau).
Der Beginn der Digitalen IT ist symbolisch eingetragen. Nicht massstäblich.

Gesetzen der Physik. Dabei setzt die Gegenwart laufend ihre Marken. Es entsteht mithilfe von freier Energie ständig Information, die diese Entwicklung beschreibt und sogar konserviert.

Die Entstehung eines Mondkraters durch den Aufschlag eines Meteoriten ist ein wunderbares Beispiel. Die Oberfläche des Mondes, übersät mit Kratern, bewahrt die Information aus der Vergangenheit (Abb. 2.23).

Es sind etwa 4 Mrd. Jahre, seit die Oberfläche des Mondes erstarrt ist. Seit mehr als 3 Mrd. Jahren gibt es die dunklen Lavaseen als Maria, und jeder Krater hat seine Geschichte. Es ist gefrorene oder besser versiegelte Zeit (*frozen in time*).

So ist der Kupferstich von Abb. 2.23 aus einem englischen Universallexikon des Jahres 1751 in doppeltem Sinn historische Information: naturgeschichtlich und kulturgeschichtlich.

Die Information in der grünen (und natürlich auch in der grauen) Säule ist prinzipiell anders. Sie ist mehr:

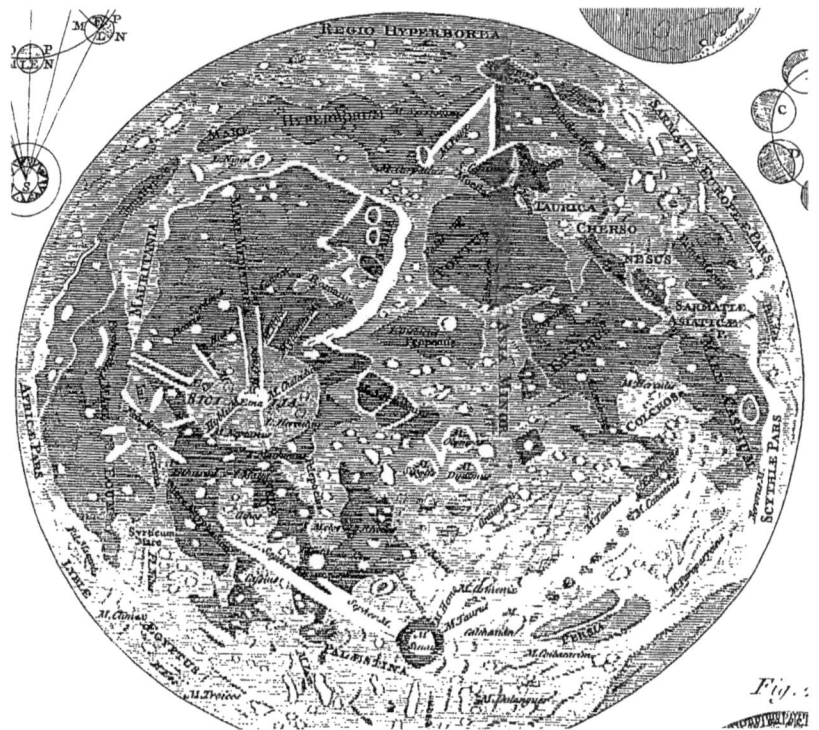

Abb. 2.23 Die Zeitmarken auf der Mondoberfläche Der Durchlauf der Zeit hinterlässt Spuren als Information zur vergangenen Gegenwart. Kupferstich aus einem englischen Lexikon von 1751. (Bild: A new and universal dictionary of arts and sciences …Fleuron_T090432–18, Wikimedia Commons, John Barrow, teacher of mathematics)

> In der unbelebten Welt ist die Information passive Physik, in der belebten Welt kann die Information eine aktive Bedeutung haben (d. h. Software sein).

Software sind Anweisungen an eine zugehörige Hardware, etwas Bestimmtes zu tun. Dahinter steht ein verallgemeinertes Computer-Konzept. Ein Computer im weiteren Sinn führt gespeicherte Befehle aus in einer entsprechenden Ausführungseinheit. Die Struktur für die Zusammenarbeit des Ganzen ist seine Architektur. Dazu mischt in biologischen Systemen der Zufall mit. In der Biologie der Arten ist das Speichermedium die DNA, die Architektur ist die Genetik und die Proteomik führt aus.

Das biologisch Lebendige ist wie die «normale» digitale IT ein Softwaresystem mit drei Grundaufgaben: zum ersten die Entwicklung spezieller Software (biologisch der Spezies), zum zweiten die Erstellung von Kopien (das Wachsen oder Züchten der Individuen) und zum dritten den Lauf der Software in den Individuen (das individuelle Leben). Anders als bei kommerzieller digitaler Software entwickelt die Evolution das System als Ganzes. Neue Individuen entstehen nach existierenden Bauplänen, neue Arten durch Weiterbau existierender Pläne.

Zwei Zeitpunkte sind in der nicht-physikalischen Geschichte herausragend:

- Die Abiogenese: der Übergang von Physik zum Leben, von Blau zu Grün, vor 4 Mrd. Jahren. Im Schaubild 2.22 das Auftauchen von «Grün».
- Die Entstehung der technischen-digitalen Systeme vor ein, zwei Jahrhunderten mit den Lochkarten des Joseph-Marie Jacquard von 1805, der Analytischen Maschine des Charles Babbage um 1833 und dem richtigen Computer Z3 des Konrad Zuse von 1931. Im Schaubild der Beginn von «Grau».

Damit kann die biologische Software selbst wieder Software erzeugen. Dies ist ein Meilenstein in der Geschichte der Technik und des menschlichen Geistes, der in seiner Bedeutung gar nicht überschätzt werden kann. Mit der Entwicklung der Künstlichen Intelligenz erfahren wir es.

Die Zeit treibt die strömende Entwicklung im Kosmos über die 13,8 Mrd. Jahre ABB hinaus immer weiter, in der unbelebten wie in der belebten Welt. Beide Welten sind zumindest auf der Erde gekoppelt. Die biologische Welt hat in einer geologischen Epoche vor etwa 2,8 Mrd. Jahren den Sauerstoff der heutigen irdischen Atmosphäre erzeugt. Die Astronomie und die Raumfahrt verbinden immer intensiver beide Welten. Die Zeit geht weiter: Die physikalische Seite, der blaue Balken im Schaubild, ist in grossen Zügen für Millionen Jahre vorhersehbar (dies gilt nicht für die Zukunft des Klimawandels! Hier ist schon der Ausgang der nächsten 50 Jahre unüberschaubar). Insbesondere wird die Sonneneinstrahlung langsam zunehmen[9], bis in etwa einer Milliarde Jahren die Ozeane verdampfen werden; mehr z. B. im englischen Wikipediaartikel *Timeline of the Far Future*. Für die Entwicklung der Informationssysteme (grün oder grau oder beides) sind zuverlässige Vorhersagen nicht möglich. Vor allem die soziale Entwicklung erscheint schon für das nächste Jahrzehnt unvorhersehbar.

Die Vorstellung der Menschen vom Lauf der Zeit vor der Aufklärung war ganz anders. Die ewige Wiederkehr der gleichen Naturereignisse wie dem Aufgang der Sonne nach der Nacht und dem Kommen des Frühlings nach dem Winter gaben Stabilität und Zuversicht. Das heutige Verständnis ist weniger zuversichtlich:

> Das Universum, das wir beobachten, hat genau die Eigenschaften, mit denen man rechnet, wenn dahinter kein Plan, keine Absicht, kein Gut oder Böse steht, nichts außer blinder, erbarmungsloser Gleichgültigkeit.
> Richard Dawkins, britischer Zoologe, geb. 1941, in «River out of Eden», 1995.

Das klingt nicht beruhigend.

2.3.3 Die Zeit ist kein Pfeil

In diesem Kapitel wollen wir dem Phänomen Zeit physikalisch näherkommen und die Beziehung zum Raum klären. Das Ergebnis nimmt dieser Satz vorweg:

> Zeit ist wichtiger als Raum.
> Papst Franziskus, Evangelii gaudium 221, 2013.

---

[9] Dies hat nichts mit dem Klimawandel heute zu tun.

Papst Franziskus meint damit nach der Deutung des Theologen Erny Gillen (geb. 1960) die Bedeutung der Zeit als Basis der Prozesse, als Denken in langen Zeiträumen und als Bevorzugung der Dynamik gegenüber der Statik (Gillen, 2018). Die Rolle der Zeit als Basis von Prozessen untersuchen wir technisch in einem eigenen Abschnitt. Es ist wichtig zu verstehen, dass die Zeit nicht einfach eine Koordinate ist, die «vierte» im Vektor der Raumzeit.

> Dies ... beweist, dass sich Raummessungen auf Zeitmessungen zurückführen lassen.
> Die Zeit steht damit logisch über dem Raum.
> Hans Reichenbach, deutscher Physiker und Philosoph, 1891–1953.

Anstelle, wie üblich, die Zeit in den Raumvektor einzuführen als imaginäre Koordinate, kann man sich die Wege im Raum als Lichtwege vorstellen. Die Zeit ist viel mehr als eine Koordinate. Die Besonderheit des Phänomens «Zeit» zeigt schon das Phänomen «Zufall».

Die Bedeutung des Zufalls

Ein physikalischer Grund für die «Gleichgültigkeit» des Universums ist die treibende Rolle des *per Definition* gleichgültigen Zufalls in beiden Aktionsströmen, der toten wie der lebendigen Welt.

> «Die endlose Mannigfaltigkeit in der Welt ist nicht per Gesetz geschaffen. Es entspricht nicht der Natur der Uniformität, Variationen hervorzubringen, noch der des Gesetzes, den Einzelfall zu erzeugen. Wenn wir auf die Mannigfaltigkeit der Natur starren, blicken wir direkt in das Gesicht einer lebendigen Spontaneität.»
> Charles Peirce, amerikanischer Philosoph, 1839–1914.

Der Philosoph hat dies bereits im 19. Jahrhundert erkannt, als der Determinismus, die Lehre, dass alles vorausbestimmt und im Prinzip berechenbar ist, dominierte.

Zufälle sind gerichtet in der Zeit, sie tauchen auf, sind da und kommen in die Welt ohne Vergangenheit. Ein Zufall folgt den Gesetzen der Physik, lässt sich aber nicht zurückverfolgen und nicht im Detail

2 Die nicht alltägliche Zeit, nach Einstein

Abb. 2.24 Eine Zufallsmaschine per Definition Die Schweizer Lottoziehungsmaschine in Aktion. Der Vorgang der Ziehung ist kausal, aber per Definition ohne Vergangenheit. (Bild: Swisslos/Eigen)

berechnen. Beispiele sind der radioaktive Zerfall eines Atoms oder das Ziehen einer Lottokugel mit einer Lottomaschine. Beim radioaktiven Zerfall ist das individuelle Ereignis eines Zerfalls nicht vorhersehbar und es ist Zufall, aber die Wahrscheinlichkeit (also das Verhalten einer grossen Anzahl gleicher Objekte) ist sehr wohl determiniert. Hier einige Halbwertszeiten von uns tangierenden Stoffen, in denen also die Hälfte von Atomkernen einer Sorte zerfallen ist[10]:

Radon-220	55 s	Radon-222	3,825 Tage
Tritium	12.3 Jahre	Radium-226	1 600 Jahre
Kohlenstoff-14	5 430 Jahre	Plutonium-239	24 100 Jahre

Sogar die Kernbausteine Protonen, die unsere Welt stabil machen, zerfallen (hypothetisch) in der absurd langen Zeit von etwa 10^{34} Jahren.

Ein philosophisch besonders interessantes und lehrreiches Gerät ist die Lottomaschine (Abb. 2.24). Es ist eine Maschine, die Ereignisse erzeugt, die *per Definition* keine Vergangenheit haben. Die gezogenen

---

[10] Radon-220 heisst auch Thoron. Radon entweicht dem Boden und kommt in Häusern vor.

Zahlen tauchen einfach in der Zeit auf und existieren jetzt für immer. Es ist keine Verletzung der Kausalität. Die Maschinerie bei der Lottomaschine ist bewusst mechanisch über die Bewegung der Kugeln so verwickelt, dass vor dem Lauf keine Vorhersage und nachher keine Rückwärts-Analyse möglich ist.

Der amerikanische Philosoph Charles Peirce hat für Örter der Entstehung von Zufällen, insbesondere für das Chaos der ersten Stunde des Kosmos, den sehr menschlichen Ausdruck *womb of indeterminacy* geprägt, etwa ein Schoss der Unbestimmtheit oder, drastischer, die Gebärmutter der Unbestimmtheit. Die Lottomaschine ist ein kleiner, seriell arbeitender *womb*. Die Natur generiert Zufall in gewaltiger Parallelität, etwa im Wasser, in der Luft, in der Menge der Spermien.

Es ist sogar sinnvoll, die Zeit über den Strom der Gesamtheit der Zufälle zu definieren.

Mit unserer Definition des Zufalls könnte auch Einstein leben, der bekanntlich sagte «Der Alte [Gott] würfelt nicht», und damit Folgerungen der Quantenmechanik meinte. Es müsste heute heissen: Er würfelt, aber wir können «ihm» beim Würfeln hinter der Wand nicht zusehen. Der Zufall in der Quantenmechanik hat sicher nichts hinter der Wand verborgen.

Zufall und Unordnung (Entropie)

> Die Zunahme der Unordnung oder der Entropie mit der Zeit ist ein Beispiel, was man den *Zeitpfeil* nennen kann, etwas, das Vergangenheit und Zukunft unterscheidet, der Zeit eine Richtung *gibt*.
> Stephen Hawking, britischer Physiker, in der *Kleinen Geschichte der Zeit*, 1988.

Den Begriff *Zeitpfeil* analysieren wir gleich (er ist wunderbar, aber nicht korrekt), und die Formulierung «die Entropie gibt der Zeit eine Richtung» ist nach Meinung des Autors falsch. Nicht die Entropie gibt der Zeit die Richtung oder erklärt die Zeit, sondern die Zeit ist mehr, tiefer. Die Zeit entwickelt die Entropie durch das Zerstören von Ordnung. Es beginnt mit dem Begriff des Zufalls.

Der Zufall, den wir beobachten, hebt mikrophysikalische Umstände in das Makroskopische. Bei der Lottomaschine sind es Feinheiten im Rollen und Stossen der Kugeln, die schliesslich klare Lottozahlen hervorrufen. In der Lottomaschine wird der verwirrende Prozess künstlich provoziert, in der Natur ist alles verwirrend, was aus vielen Teilchen besteht – und beinahe alles besteht aus vielen Teilchen: die Luft, die Festkörper, die Flüssigkeiten. Nach der Quantenmechanik ist das Vakuum zwar ohne Atome, aber doch angefüllt mit Teilchen und Energie.

Teilchen und Energie bedeuten Bewegung: Im Kristall sind es Schwingungen der Atome um Positionen im Kristallgitter, in einer Flüssigkeit zittern die Atome herum, in einem Gas fliegen sie und stossen sich laufend. Die Zahlen sind eindrucksvoll (Hehl, 2023):

Ein Liter Luft hat etwa 2,7 x 10^{22} Moleküle, ein Gramm Wasser etwas mehr, ungefähr 3,3x10^{22}. All diese Teilchen sind in Bewegung, die Luftmoleküle fliegen und stossen etwa mit 500 m/s laufend aufeinander im thermischen Gleichgewicht. Der mittlere Weg zwischen zwei Stössen ist 68 nm oder 68 Millionstel Millimeter. Es ist unfassbar viel Bewegung und Zufall.

Das Gedankenexperiment der Abb. 2.25 demonstriert das Problem im Mikrokosmos. Links ist eine Menge fiktiver Teilchen in Ruhe und Ordnung gezeichnet. Makroskopisch ist es kein Problem, Murmelkugeln so anzuordnen, mikroskopisch für Atome schon. Es kommt die thermische Energie dazwischen, im Bild als roter Grund unterlegt. Die Teilchen erhalten für jeden Freiheitsgrad, den ihnen die Nachbarn lassen, eine

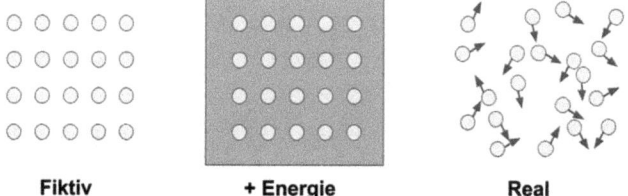

Abb. 2.25 Ein Gedankenexperiment zur Entropie in der Welt Teilchen können nicht ruhen. Durch die Energie in der Welt gibt es immer Bewegung. Links geordnet und wenig Entropie, rechts bewegt mit mehr Entropie

bestimmte Energiemenge aus der Umgebung, um zu fliegen, zu rotieren oder zu schwingen[11]. Das esoterische Grundprinzip ist für die Physik kurioserweise richtig:

> Nichts ruht; alles ist in Bewegung; alles schwingt.
> Kybalion, populäres Esoterikerbuch (1908), 3. Prinzip.

Allerdings denken die Esoteriker an undefinierte geistige Schwingungen!

Im rechten Bild von Abb. 2.25 ist die Unruhe angedeutet: Die Energie ruft kollektive ungeordnete Bewegung hervor. Für die Bewegung muss Zeit schon existieren. Der deutsche Physiker Rudolf Clausius hat für diese kollektive Unordnung 1865 den Begriff der Entropie geprägt nach dem altgriechischen *entropía*, etwa in der Bedeutung von *in Verwandlung*. Die Physik liefert exakte Definitionen für die Entropie als Mass für die Unordnung, sowohl eine makroskopische Definition (über die Thermodynamik) als auch eine mikroskopische (über die statistische Physik). Das Wunderbare ist, dass die Entropie so anschaulich ist – und dabei so mystisch klingt. Es gilt also:

Je grösser die Unordnung, umso grösser die Entropie.

Damit auch: *Und je wärmer, desto mehr Bewegung, desto höher die Entropie.*

Aus der Logik der Bildchen «Ruhe» und «Bewegt» und dem zwangsweisen Übergang von links nach rechts, von Ordnung zu Unordnung, und nicht umgekehrt, folgen:

Vorgänge in der Zeit gehen «von allein» in Richtung von Ordnung zu weniger.

Ordnung, d. h. zu mehr Unordnung.

Wärme geht «von allein» von einem heissen Körper zu einem kühleren Körper.

Dies ist der zweite Hauptsatz der Thermodynamik, hier etwas vornehmer ausgedrückt:

---

[11] Heute wird die Temperatur über diese Energiemenge definiert.

In einem abgeschlossenen System nimmt die Entropie zu oder bleibt gleich.

Der «Pfeil der Zeit» ist nur ein Bonmot

Zeichnen wir einen willkürlichen Pfeil. Wenn wir, während wir dem Pfeil folgen, immer mehr von dem Zufallselement im Zustand der Welt finden, dann zeigt der Pfeil in die Zukunft; wenn das Zufallselement abnimmt, zeigt der Pfeil in die Vergangenheit. Das ist die einzige Unterscheidung, die die Physik kennt. Das ergibt sich sofort, wenn man unsere grundlegende Behauptung akzeptiert, dass die Einführung des Zufalls das Einzige ist, was nicht rückgängig gemacht werden kann. Ich werde den Ausdruck "Pfeil der Zeit" verwenden, um diese einseitige Eigenschaft der Zeit auszudrücken, die im Raum keine Entsprechung hat.
Arthur Eddington, britischer Physiker, in *The Nature of the Physical World*, 1928.

Der nüchterne Physiker Eddington hat mit diesen Zeilen einen physikalisch-poetischen Begriff in die Physik und in die Literatur eingeführt, den Pfeil der Zeit. Wir meinen damit den grossen Pfeil der Zeit selbst. Seit der Einführung des Begriffs sind viele Zeitpfeile erfunden worden. So sprach der Physiker Stephen Hawking (Hawking, 1988) von drei Pfeilen: der menschlichen Zeit, der physikalischen Zeit durch die wachsende Unordnung, und der kosmischen Zeit des Universums als Ganzem. Diese drei Zeitbegriffe sind in unserem Verständnis von ganz verschiedener Tiefe. Die menschliche Zeit ist menschlich-empfunden und das Ergebnis unserer eingebauten Software. Die Zeit der wachsenden Unordnung ist der grosse zeitliche Inhalt des Universums, den wir gerade betrachten. Und die Zeit des Universums ist die Zeit an sich.

Eigentlich ist jeder Zufall selbst ein einzelner Zeitpfeil, zu einem Zeitpunkt gestartet und sich irgendwann im Rauschen verlierend. Die Abb. 2.26 symbolisiert diesen Zufall im wahrsten Sinn des Wortes «zufallen» am Beispiel eines Steines, der in einen See geworfen wird. Für den See ist es ein Ereignis aus dem Nichts. Im Kernbereich erzeugt der Stein ein Chaos im Wasser, aus dem sich immer kreisförmiger werdende Wellen lösen, die sich ausbreiten bis sie in den allgemeinen Wellen der

Abb. 2.26 Der Zufall als «Zeitpfeil» Der ins Wasser geworfene Stein wirkt wie ein nicht umkehrbarer Zeitpfeil. (Bild: Edith Geissmann. Der Autor ist hier gerade in den See gesprungen)

Seeoberfläche verschwinden. Das Chaos im Nahbereich verhindert, dass dieses Phänomen auch nur prinzipiell umgekehrt werden könnte.

Der Philosoph Karl Popper hatte sich auch philosophisch mit dem Pfeil der Zeit und mit genau diesem Beispiel beschäftigt (Popper, 1956). Popper deutet es richtig als unumkehrbar. Zwar könnte man durch einen schwingenden Kreisring auch nach innen laufende kreisförmige Wellen der gleichen Art erzeugen, aber es wäre nicht die wahre Umkehrung, denn der Innenbereich wäre zunächst ruhig. Dazu ist der Chaosbereich niemals identisch zu reproduzieren. Ohne vermutlich die physikalischen Begriffe Nahfeld (für den Chaosbereich) und Fernfeld (für den ordentlichen Aussenbereich) zu kennen, ist die Analyse korrekt. Der Effekt des Steinwurfs lässt sich nicht umkehren. Die Energie des Steins erzeugt Bewegung und Entropie, die schliesslich in der Entropie des Sees aufgeht.

Eine kuriose Beobachtung unseres Denkens ist es, dass wir uns zwar eine Bewegung umgekehrt vorstellen können, aber uns auch diese Bewegung wieder in vorwärtslaufender Zeit vor Augen führen.

Die feste Vorgabe der Richtung der zeitlichen Entwicklung dieser Vorgänge nach vorn, in die Zukunft, ist ausserordentlich. In der klassischen Physik existiert *keine* vorgegebene Richtung in der Zeit. Alle Vorgänge und die Gleichungen, die sie beschreiben, sind symmetrisch in der Zeit. Dies ist eigentlich eine erstaunliche und beunruhigende Tatsache für die Physik, schliesslich ist die Richtung der Zeit eine fundamentale Eigenschaft der Welt.

Wir Menschen haben die Richtung der Zeit in unserer Lebens-Software eingebaut. Anschauliche Beweise sind Videos von Szenen der Physik. Videos kann man nämlich in beide Richtungen laufen lassen, auch unphysikalisch in die Vergangenheit. Einfache mechanische Vorgänge mit wenigen Elementen, etwa der Stoss von Billardkugeln, sehen in umgekehrter Richtung ununterscheidbar gleich aus. Aber Szenen, in denen Entropie umgesetzt wird, sind anders. Es sind Vorgänge wie Szenen von Autounfällen, von herabfallenden und zerbrechenden Tassen oder von Tinte, die in reines Wasser tropft wie in den Abb. 2.27. Hier ist die Zeitrichtung eindeutig sichtbar. Die Abb. 2.27 sind Einzelbilder aus einem wahren Video. In Richtung von links nach rechts läuft die wahre Zeit. Der umgekehrte Vorgang, das Entmischen der Stoffe, geht nicht so einfach.

Die feste Vorgabe der Richtung der zeitlichen Entwicklung aller Vorgänge in der Welt ist ein ausserordentliches Phänomen. In der klassischen Physik existiert *keine* vorgegebene Richtung in der Zeit. Alle komplexen Vorgänge, insbesondere das Universum als Ganzes, sind nicht umkehrbar. Klassisch existiert nur die wissenschaftliche Fabel eines Wesens, das alles umkehren kann und die Entropie verringern: der *Maxwellsche Dämon*.

Abb. 2.27 **Tropfen schwarzer Tinte fallen in ein Glas Wasser** Einzelbilder aus einem Video. Das rechte Bilder muss die späteste Aufnahme sein, das linke die erste. Video: https://commons.wikimedia.org/wiki/File:Ink_drops_in_water.ogv

Der Dämon würde etwa bei der Tintenlösung Molekül für Molekül prüfen und die Tintenmoleküle in einen Tintenbehälter geben, oder bei einem Gas Molekül für Molekül, das vorbeifliegt, die Geschwindigkeit messen und schnelle Moleküle in ein Wärmereservoir geben. Er würde die Entropie verringern und den zweiten Hauptsatz der Thermodynamik verletzen. Es ist ein Gedankenexperiment, das zumindest zeigt, dass Entropie etwas mit Information zu tun hat. Der Dämon müsste ja dafür Information über irgendeine Eigenschaft der Teilchen haben, um sie zu unterscheiden.

Der Gedanke an eine Umkehrung der Zeit beruht auf einem Denkfehler. Die Übertragung der Räumlichkeit auf die Zeit. Das ist nicht erlaubt und sinnlos. Eine Umkehrung der Zeitachse ist selbst literarisch problematisch. So etwa in der fantastischen Geschichte des britischen Schriftstellers Terence Hanbury (T.H.) White (1906–1964). Seine Geschichten und sein Stil sind eine Art Vorläufer für die Harry Potter-Romane der Schriftstellerin Joanne Rowling. In der Geschichte *Das Schwert im Stein* lebt der Druide Merlin «umgekehrt» (White, 1958):

> Gewöhnliche Menschen werden in der Zeit vorwärts geboren, wenn du verstehst, was ich meine, und fast alles auf der Welt geht auch vorwärts. Das macht es für die normalen Menschen recht einfach zu leben... Aber ich wurde leider am falschen Ende der Zeit geboren und muss von vorne nach hinten leben, während ich von vielen Menschen umgeben bin, die von hinten nach vorne leben.

Es wird verwirrend, für Merlin und für den Leser. Merlin wird laufend jünger. Der Autor gibt Merlin wenigstens ein Kurzzeitgedächtnis, um handlungsfähig zu sein. Er kann einen Satz vervollständigen, den er begonnen hat. Eigentlich müsste auch die Sprache rückwärtslaufen und trotzdem verstanden werden. Allgemeines Problem ist die Kausalität, denn sie ist ja verbunden mit der Zeitrichtung. Die Richtung der Kausalität bleibt im Hintergrund die gleiche. Es ist nicht so einfach wie das Schreiben im Spiegel. Der Text und die Grundidee der Rolle des Merlin ist voller Fragen und Widersprüche.

Betrachtet man die Zeit als Grundlage für die Entropie, der Unordnung, so ist der Zeitpfeil ein gefährliches Bild. Ein Pfeil kann in jede (räumliche) Richtung gerichtet werden, auch rückwärts. Sicher hat ein «seitlicher» Zeitpfeil keinen Sinn, aber es sieht so aus, als habe auch ein umgekehrter Pfeil keinen Sinn. Die Entropie kann nur wachsen, und die kollektive Bewegung der Atome hat keine bestimmte Richtung.

> Damit ist es sinnlos, nach der Richtung der Zeit zu fragen. Es ist so sinnlos, wie zu fragen «Welches Volumen hat ein Kreis?» Es gibt keine Alternative,
> die Zeit kann nur weiter gehen. Die Zeit ist kein Pfeil.

Fazit: Der Zeitpfeil ist ein wunderbares Bild, aber in sich falsch. Der Fehler liegt in der intuitiven Verknüpfung der Zeit mit einer räumlichen Vorstellung. Diese Verbindung wird suggeriert durch die falsche Identifizierung der Zeit mit der Bewegung im Raum selbst. Dem entspricht auch die alltägliche Ausdrucksweise, dass die Prüfung «vor uns» liegt und der Urlaub «hinter uns». Auch das Bild vom fliegenden Pfeil suggeriert zu viel; nicht nur die Umkehrung der Richtung ist verboten, sondern bereits der Begriff *Richtung der Zeit* ist sinnlos und damit ist das metaphorische Schild «Einwegstrasse» der Abb. 2.28 für die Zeit nicht erlaubt.

Die Zeit ist keine räumliche Bewegung, sondern das Durchlaufen des Sands durch die Taille der Sanduhr. Die Kausalität sorgt dafür, dass der durchgelaufene Sand sich sofort fest zementiert und es undenkbar ist, etwas davon wegzunehmen. Selbst das Wenden der Sanduhr ändert eigentlich nichts daran: Die grosse Sanduhr des Kosmos läuft weiter.

Abb. 2.28 **Selbst der Begriff *Richtung* ist für die Zeit sinnlos** Einbahnstrassenschild aus Singapur. (Bildgrundlage: Singapore road sign – Informatory – One Way Street to the right, Wikimedia Commons, Gov. Singapore, Transport Authority)

Oder im Bild der Zeit als brennende Lunte, das wir unten verwenden werden: Eine Lunte brennt immer weiter, und es gibt für die Flamme kein zurück.

2.3.4 Zeit zwischen Physik und Information: Entropie und Evolution

> So wie das Grundgesetz des Universums die beständige Zunahme der Entropie ist, so ist das Grundgesetz des Lebens sich immer mehr zu strukturieren und gegen die Entropie zu kämpfen.
> Vaclav Havel, tschechischer Politiker und Autor, 1936 – 2011.

Die Information ist eine eigene Grundgrösse der Welt. Sie befindet sich in den Tiefen der Physik, im Fundament des Lebens und ist der Grundstoff für den Computer. Der Physiker John Wheeler (1911–2008) ging sogar so weit, alles, auch die Atome, letztlich als Information anzusehen. Wir halten fest: Information ist eine fundamentale Grösse *neben* der Physik, aber sie ist nicht Physik. Die physikalischen Grössen Energie und Zeit und die Information hängen eng zusammen. Ein verbindendes Phänomen ist der Zufall, der Information erzeugt.

2 Die nicht alltägliche Zeit, nach Einstein

Die Systementwicklung der Welt besteht nach der Abb. 2.22 aus zwei in der Zeit wachsenden Säulen, dem Unbelebten (blau in der Abb.) und dem Lebendigen (grün). In den beiden Säulen bewirken Zufälle und Naturgesetze die Weiterentwicklung, allerdings voneinander grundsätzlich verschieden.

Die unbelebte Natur wird beherrscht von der Zunahme der allgemeinen Unordnung, vor allem in der Form von verteilter Wärme. Es ist sogar ein fundamentales Gesetz der Physik, dass die Unordnung oder vornehmer die Entropie monoton zunimmt (2. Hauptsatz der Thermodynamik). Im Laufe der Zeit verwandelt sich die Energie immer mehr in eine Form, die nicht mehr arbeitsfähig ist. Der Physiker Rudolf Clausius hat den Gedanken im Rahmen der klassischen Physik zu Ende geführt und dem Universum als Ende einen ereignislosen Grenzzustand vorhergesagt, einen «todten Beharrungszustand». Es gibt keine freie Energie mehr, um etwas zu verändern und bewegen. Dies ist als *Wärmetod* des Universums ein populärer Begriff geworden. Allerdings ist der Wärmetod keine zuverlässige wissenschaftliche Vorhersage. Der 2. Hauptsatz gilt nur für abgeschlossene Systeme, der Kosmos muss dies nicht sein. Das Ende des Kosmos ist ein Feld der Spekulation und es ist viele Milliarden Jahre in der Zukunft.

Ordnung und Unordnung sind direkt mit Information verbunden: Je grösser die Unordnung, umso mehr Information wird benötigt, um sie zu beschreiben. Diese intuitive Bedeutung der Entropie als Mass für Unordnung oder Ordnung hat den Begriff, so abstrakt er auch ist, populär gemacht. Das Foto eines unordentlichen Büros illustriert intuitiv die Bedeutung (Abb. 2.29). Die Unordnung am Arbeitsplatz nimmt ohne Gegenmassnahmen mit der Zeit zu, die Ordnung ab. Der geordnete Schreibtisch ist (vermutlich) einfach zu beschreiben, die Unordnung ist komplizierter und man muss im Detail auf jedes Objekt und dessen Lage eingehen. Es benötigt Arbeit, den Schreibtisch aufzuräumen und seine Entropie zu verringern.

Es gibt die philosophisch-physikalische Idee, das Universum als Ganzes aufzuräumen und die Entropie entgegen der Forderung des Hauptsatzes zu verringern. Es ist nur Fantasie, ein Gedankenexperiment des Physikers James Clerk Maxwell im Jahr 1871: Ein Dämon würde Atome unterscheiden und einzeln umordnen können, z. B. zwei Sorten

Abb. 2.29 Hohe Entropie Ein Büro ohne Aufräumen. Zur populären Verwendung des Begriffs der Entropie für Unordnung. (Bild: Entropia como desorden, Wikimedia Commons, Sandor Diderot)

aus einer Mischung entmischen oder schnelle von langsamen Molekülen trennen. Das geht, aber nur im Kleinen und nur mithilfe von aussen, einschliesslich von Energie von aussen. Es gibt Physiker, die denken, dass ein Dämon für den Kosmos insgesamt mit seiner Arbeit die Zeit umkehren könnte.

Aber die Zeit kann auch auf natürliche Art Entropie reduzieren, allerdings nur in abgegrenzten Räumen. So in der Evolution, und die beschränkten Bereiche sind die biologischen Organismen. Der Trick, der schliesslich zum Leben führt, ist die Erfindung von stabilen Bauplänen, die als Genmaterial das Erreichte festhalten und das Weiterbauen ermöglichen. Das Unbelebte hat nur die Naturgesetze als Leitfaden.

Der österreichische Physiker und Philosoph Erwin Schrödinger, Mitbegründer der Quantentheorie, machte sich dazu im Buch *Was ist Leben?* schon im Jahr 1944 Gedanken und definierte das Leben als Prozess entgegen der Entropie-Zunahme:

> «Man könnte auch sagen, er [der Mensch] produziert [mit seinem Lebensprozess] positive Entropie – und strebt damit auf den gefährlichen Zustand maximaler Entropie zu, die den Tod bedeutet. Er kann sich ihm nur fernhalten, d.h. leben, indem er seiner Umwelt fortwährend negative Entropie entzieht.»

Die lokale Verringerung der Entropie durch Leben wird durch eine grössere Zunahme der Entropie in der Umwelt ermöglicht und kompensiert. Die Gesamtentropie wächst. Die Sonne liefert die freie Energie dafür und die Informatikstrukturen steuern die Vorgänge des Lebens. Informatik ermöglicht die Prozesse des Lebens und des Denkens abseits des thermischen Gleichgewichtes und den Aufbau von immer mehr «Software».

Damit hat die Zeit in den beiden Säulen des Weltmodells der Abb. 2.22 eine gegensätzliche Auswirkung.

- Im Unbelebten, der blauen Säule, wächst i.A. die Unordnung,
- in der IT-Welt, also der Biologie und dem digitalen Computer und der grünen und grauen Säule, wächst i.A. die Ordnung. Dieser Prozess ist die Evolution.

Naturgemäss ist die physikalische Zeit des Unbelebten auch der Meister für Zeit im Lebendigen. Eine unkalkulierbare Triebkraft ist im Unbelebten wie im Belebten der Strom der Zufälle. Im Unbelebten verteilen die Zufälle Materie und Energie immer mehr im Kosmos, in der Evolution bauen sie Komplexität auf. Es wächst die Menge der «Software» der Welt, von DNA bis zu Microsoft und Google.

Das Anwachsen der Ordnung durch die Evolution, ja schon das Aufrechthalten, erfordert freie Energie und ist nur in einer Insel der Ordnung (des Lebens), wie es die Erde ist, möglich mit einem Energielieferanten, wie der Sonne. Oder vielleicht doch in mehreren solcher Inseln im Universum?

Schrödinger dachte korrekt, aber nur in physikalischen Grössen. Dass die Informatik die Wissenschaft vom Leben einschliesslich des menschlichen Geists und des Denkens werden würde, konnte er erst ahnen. Nur die Informatiksäule in der Abb. 2.22 in grüner und grauer Farbe kann seine Frage *Was ist Leben?* beantworten.

Die Zeit hängt eng zusammen mit dem natürlichen Wachsen der Unordnung, der Entropie. Eine isolierte natürliche Entwicklung ist das Entstehen von Ordnung mit komplexen Strukturen und Prozessen durch die Evolution. Der Zufall erzeugt beides, den Zuwachs an toter Energie als Entropie und die lebendigen Strukturen des Lebens. Allerdings geht es um die aufsummierte Wirkung längerer Zeiten, um Milliarden von Jahren.

Der tschechische Präsident Vaclav Havel im Eingangszitat hat es im Prinzip verstanden.

2.3.5 Die Zeit ist mehr als die vierte Koordinate und mehr als Raum

Die Vorstellung, die Zeit sei nur eine vierte Dimension, ist höchst irreführend. In der Speziellen Relativitätstheorie sind die Zeitrichtungen strukturell verschieden von den Raumrichtungen. In den zeitlichen Richtungen gibt es eine weitere Unterscheidung in Zukunft und Vergangenheit, während ich jede raumartige Richtung kontinuierlich in jede andere raumartige Richtung drehen kann.

Tim Maudlin, amerikanischer Physiker und Philosoph, geb. 1958.

Man denkt allgemein, die Zeit sei eine vierte Dimension. Dann begeht man intuitiv den Fehler, die Zeit «irgendwie» räumlich zu denken. Aber es gibt nur drei Raumdimensionen, selbst wenn der Raum gekrümmt ist. Die Zeit ist ganz anders. Sie hat eigene physikalische Bedeutung. Für die Bedeutung der Zeit gilt wohl die Bemerkung von Albert Einstein, die er 1926 an den Physikerkollegen Hans Reichenbach schrieb (Lehmkuhl, 2014):

Es ist verkehrt zu glauben, dass die 'Geometrisierung' etwas Wesentliches bedeutet. Es ist nur eine Art Eselsbrücke zur Auffindung numerischer Gesetze. Ob man mit einer Theorie 'geometrische' Vorstellungen verbindet, ist [unleserlich] Privatsache."

Der Physiker und Philosoph Maudlin ist der Ansicht, dass sich viele theoretische Physiker von mathematischen Strukturen verführen lassen. Sowohl für Forscher wie für Wissenschaftsjournalisten ist Unglaubliches naturgemäss attraktiv. Es erinnert an die theologische Losung der Lust am Absurden *Credo quia absurdum est* (lat. «ich glaube, weil es der Vernunft zuwiderläuft oder weil es widersinnig ist»).

Maudlin ist einer der führenden Wissenschaftsphilosophen der Welt mit dem Spezialgebiet Quanten-Nichtlokalität und Relativitätstheorie. Er sieht in der modernen theoretischen Physik den Trend, möglichst zu zeigen, dass die alltäglichen Vorstellungen von Physik vollkommen falsch sind – aber gerade bei der Vorstellung der Zeit sei dies falsch. Die Algebra erlaubt auch mathematische Operationen, die keine physikalische Bedeutung haben. Er sagt zu Recht (Maudlin, 2017):

Die Physik hat wirklich seltsame Dinge über die Welt herausgefunden. Aber dass die Veränderung eine Illusion sei, gehört nicht dazu.

Die klassischen Vorstellungen der Zeit (von Isaac Newton und auch die des «Manns von der Strasse») sind nach einigen Modifikationen auch heute sinnvoll.

In den Raumdimensionen kann man sich beliebig bewegen, in die Zeitrichtungen (Zukunft und Vergangenheit) nicht. Die Zeit ist fest orientiert (nicht im räumlichen Sinn, nur in sich) und ordnet die Ereignisse in der ganzen Welt und sorgt für korrekte Kausalität, Ursachen und Folgensequenzen bleiben geschützt. Aber sie ist nicht der Fluss einer Substanz. Sie existiert als Phänomen und ist die wichtigste und am genauesten gemessene physikalische Grösse.

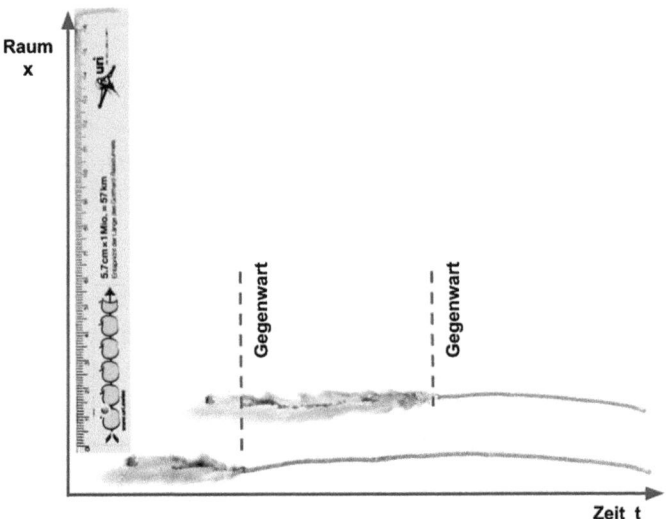

Abb. 2.30 Die Zeit als brennende Lunte unbegrenzter Länge. Der Massstab entspricht dem Raum, die brennende Lunte der Zeit. Die gleiche Lunte zu zwei Zeitpunkten oder zwei «Gegenwarten». (Bild: © Walter Hehl)

Als Metapher für den Unterschied von Raum und Zeit versteht sich die Abb. 2.30: der Massstab ist als Länge eine Raumdimension, die nach rechts brennende Zündschnur ist die laufende Zeit. Die unverbrauchte Zündschnur entspricht der Zukunft voller Möglichkeiten, die Vergangenheit dagegen wird durch die abgebrannten und festen Überreste abgebildet. Die Gegenwart ist aktiv und wird als Feuer erlebt. Die Vergangenheit ist die Menge der abgearbeiteten, toten Information.

Das Bild der brennenden Zündschnur betont den Augenblick. Im Brennvorgang läuft die Aktion ab, in der (lokalen) Gegenwart sind es die Prozesse der Welt. Allerdings hat die Zündschnur keine vordefinierte Brennrichtung. Würde man sie nicht am Ende, sondern in der Mitte anzünden, so würde es zwei Zukünfte geben …

Den Begriff der Lokalen Gegenwart oder Eigenzeit symbolisieren die beiden Zündschnüre in Abb. 2.31. Sind Ort oder Geschwindigkeit der beiden Uhren verschieden, so brennen sie mit verschiedener Geschwindigkeit ab. Im Sonnensystem sind die Unterschiede minimal, aber messbar.

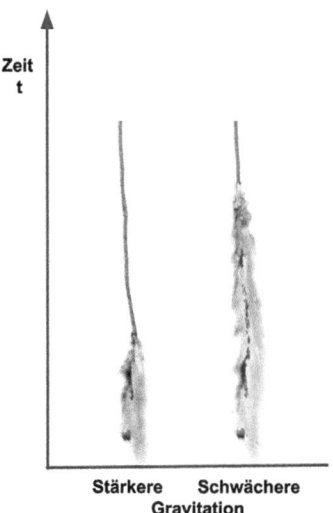

Abb. 2.31 Zwei verschieden schnelle laufende lokale Zeiten (Lunten gemeinsam entzündet) Ursache ist z. B. verschieden starke lokale Gravitation. (Bild: © Walter Hehl)

Die philosophische Haltung, dass die gegenwärtigen Ereignisse und Objekte eine andere, intensivere Realität haben als solche der Zukunft und Vergangenheit heisst *Präsentismus* vom lat. *praesens* „gegenwärtig". Insbesondere sind Bewusstsein und allgemein das Leben nur in der Gegenwart existent (s. u.). Das Bild der Zeit als brennende Schnur ist eindrücklich präsentistisch: Die Zone der chemischen Reaktion und ihre laufende Weitergabe ist das Wichtigste. Die Gegenwart zieht weiter. Dahinter ist Totes. Die Entropie hat abgenommen.

Eine gegenteilige, kuriose Sicht der Welt, ist ein *Blockuniversum*. Es ist die Auffassung der Zeit als festen, vorgegeben Raum. Vergangenheit, Gegenwart und Zukunft sind gegeben, die Zeit wandert wie ein Scheinwerfer passiv darüber. Gedanklicher Ursprung war die Auflösung des Begriffs der (absoluten) Gleichzeitigkeit in der speziellen Relativitätstheorie. Diese Idee wird auch als *Eternalismus* bezeichnet nach dem lat. *aeternitas,* denn die verschiedenen Zeiten – Zukunft, Gegenwart und Vergangenheit – sollen für immer bestehen mit allen Momenten, Szenen und Ereignissen als ein «ewiger» Block. Die Zeit insgesamt wäre eine

Illusion; alles wäre vorbestimmt. Aber es ist unsinnig, die Welt als statisches, geometrisches Gebilde zu betrachten und die innere Dynamik nur verständnislos als Ergebnis zu sehen. Es ist so, als würde man den Film realistischer ansehen als das lebendige Original des Geschehens selbst. Es wäre totaler Determinismus. Die Zeit wäre wie der Raum.

Unvorhersehbare Zufälle kommen in die Welt und es gibt Turbulenzen – all dies ist wichtig und bringt Dynamik. Diese Eigenschaften gehören zur *Zeit*. Oder anders ausgedrückt: *Werden* beschreibt die Welt besser als *Sein*.

Der Physiker Carlo Rovelli sagt zu Recht (Rovelli, 2017):

Die Welt [und damit die Zeit] ist eine Welt des Geschehens, nicht der Dinge.

Hier eine kurze eigene Definition der Zeit im Sinne der Metapher mit der Zündschnur:

Die Zeit ist eine Maschinerie, die sich weiter frisst, und damit viel mehr ist als der passive Raum. Die Zone des Weiterfressens ist die Gegenwart. Es sind die fundamentalen Naturgesetze, die die Entwicklung der Welt in der Zeit hervorrufen. Die «Geschwindigkeit der Zeit» – sozusagen eine Sekunde pro Sekunde – und vor allem der Wert der zentralen Lichtgeschwindigkeit wird durch das System der Fundamentalkonstanten bestimmt. Der Beginn der Zeit ist nicht verstanden. Ein Ende ist nicht abzusehen.

Diese simplen Vorstellungen von einer Zeitmaschinerie sind wohl kaum zu bezweifeln.

Natürlich ist es ein Ziel, diese Maschinerie aus den Grundlagen der Physik heraus zu verstehen. Dazu gehört auch, ihren Anfang aus sich selbst heraus zu erklären und dieses «Alles Schwingt», das die Entropie bedingt, aus den Fundamenten heraus zu abzuleiten. Es ist die Suche nach dem physikalischen Ourobos (Abb. 1.3 a) ein halbes Jahrtausend nach der vergeblichen alchemistischen Suche. Dies bedeutet, sorry Einstein, weitere Mathematisierung und Geometrisierung sogar mit der Einführung neuer Mathematik. Dies ist in der Geschichte der Physik schon mehrfach geschehen, angefangen bei Newton und Leibniz mit der Entwicklung der Differential- und Integralrechnung. Die modernen Ansätze hierfür wie die Schleifentheorie und die Stringtheorie sind problematisch und spekulativ. Es kommen allerdings auch alle Tiefen der Physik zusammen: Materie und Energie, Relativitätstheorie und Quantentheorie, Big Bang und Gravitation als Quantengravitation (siehe z. B. Rovelli, 2017).

Bei aller Begeisterung für die Grenzbereiche der Wissenschaft und ihre Paradoxa aus der Sicht des Alltags, wir kommen schon mit dem Newtonschen Zeitbegriff mit einigen Korrekturen sehr weit. Die Abweichungen des Zeitbegriffs der Relativitätstheorie sind in der praktischen Welt überschaubar und nicht so gross:

- Gleichzeitigkeit ist auf der Erde kein Problem (Computer und Satelliten können dies, s. u.),
- eine Uhr auf dem Mond wäre in der ganzen Zeit der gemeinsamen Existenz von Erde und Mond von 4,53 Mrd. Jahren gerade 2,5 Jahre weiter als eine irdische – das ist irrelevant für das Erd-Mond-System,
- und eine Abweichung vom Zeitkontinuum durch Granularität wäre erst bei Uhren bemerkbar, die noch mehr als 20 Grössenordnungen genauer wären als die besten Atomuhren.

Nun gehen wir näher zum Zeitbegriff der Menschen. Dazu betrachten wir die Zeit und das zeitliche Geschehen im Computer und im Menschen. Der Computer hat den Vorteil, dass das Geschehen in ihm eigentlich klar ist, denn wir haben ihn ja gemacht.

3

Die Zeit und die Computer

Inhaltsverzeichnis

3.1 Die Zeit im einzelnen Computer. 154
    3.1.1 Stufen der Zeit im Computer 156
    3.1.2 Vom Wert der Zeit (technisch) 158
3.2 Aus vielen *Jetzt* wird *Eines* 161
    3.2.1 Was ist das *Jetzt*? 161
    3.2.2 Synchronisation 162
    3.2.3 Selbst – Synchronisation 167

Wie haben Computer einen Zeitsinn?
    Woher weiss ein Computer die Zeit, nachdem er längere Zeit ausgeschaltet war?
    Wie empfindet ein Computer die Zeit?
    Wie wird Künstliche Intelligenz die Zeit wahrnehmen?
    Quora-Fragen von Laien zur Zeit der Computer (gez. Juni 2023).

Der Computer, auch der zu Hause oder der im Smartphone, kennt die Zeit. Beim genaueren Hinsehen sind Computer eigene Welten, die in der Zeit arbeiten. Computer benötigen in ihrem Betrieb ihre eigene

Zeit und immer wieder für ihre Anwendungen den Anschluss an die äussere, physikalische Zeit. Die Funktionen des Computers zeigen das Zusammenspiel von Aktionen mit der Zeit und in der Zeit. Der Computer ist damit ein Modell für die unbelebte Welt. Seine Arbeitsweise ist auch eine Möglichkeit, um die Zeit und ihr Wirken, auch im Menschen, zu verstehen. Wir Menschen sind zumindest «wie» Computer, bei einer allgemeineren Definition des Computers «sind» wir Menschen sogar Computer. Computer und Menschen verarbeiten und speichern Information, brauchen freie Energie und erzeugen Entropie. Schliesslich verwischen sich die Unterschiede von Mensch und digitalem Computer, wenn der Computer nicht mehr zu leugnende Intelligenz und Kreativität zeigt. Aber Computer haben eine eigene Zeit und eigene Geschwindigkeit, mit der sie durch ihre Zeit gehen.

3.1 Die Zeit im einzelnen Computer

> Es gibt nur einen wahren Computer – das Universum[1].
> Kedar Joshi, indischer Philosoph und Astrologe, geb. 1979.

Es gibt mehrere Möglichkeiten, diese Behauptung des Philosophen zu verstehen:

Erstens das Universum als Quantencomputer, unter voller Einbeziehung der Zufälle und der quantenmechanischen Verschränkungen und ihrer laufenden Auflösung. Das Universum ist in diesem Sinn ein Quantencomputer, der genau einen Lauf hat und dessen Weg nicht reproduzierbar ist. Die Zeit ist eine kosmische Zeit.

Eine zweite, recht anschauliche Version des Universums als gigantischen Computer hatte sich der deutsche Computerpionier Konrad Zuse (1910–1995) vorgestellt. Darin rechnet sozusagen der ganze Raum. Der Raum ist ein gewaltiges Gitter von Punkten und die Zeit ist universell

---

[1] Das Zitat geht sehr esoterisch weiter: ... *dessen Hardware aus nicht-räumlichen Bewusstseins-Zuständen besteht und die Software aus übermenschlichen und menschlichen Gedanken.*

getaktet, gleich im ganzen Universum. Bei jedem Taktschritt geht mit dem Zeittakt auch die Physik der Teilchen weiter und auch die Teilchen selbst, die sich bewegen sollen, gehen weiter im Raum. Die räumlichen und zeitlichen Abstände, die dazu gehören würden, sind allerdings absurd klein. Aber vielleicht wird die zukünftige Theorie einer Quantengravitation näher am «rechnenden Raum» sein.

Drittens verwenden wir als Idee für das Universum ein konventionelles Computerbild, dies allerdings nur als Metapher. Hier ist das Universum ein «normaler» Computer, in dem eine zentrale Recheneinheit läuft, eine CPU oder *Central Processing Unit*. Genauer ist das Universum als Ganzes die CPU. Die CPU führt die Befehle aus, einen nach dem andern. Die Form der Befehle ist als Instruktionssatz für den Programmierer vorgegeben. Für das Universum sind im Sinne der Metapher die Naturgesetze der Instruktionssatz der Natur (oder, religiös gesprochen, Gottes)! Die Zukunft wird laufend als Aufgabe mit einer Menge von Instruktionen geladen. Ergebnisse der CPU werden abgespeichert als Vergangenheit. Zufälle müssen im digitalen Rechner künstlich eingebaut werden mit einem Zufallsgenerator. Dies ist, streng genommen, allerdings eine nahezu unlösbare Aufgabe (Hehl, 2021).

Die physikalische Zeit ist in diesem Bild mehr als nur eine Art von passivem, vorbeigleitendem Fluss. Sie ist ein Taktgeber, das bedeutet eine aktive Uhr, die die Welt immer weiter anstösst zum Weiterfunktionieren.

Die Funktionsweise dieses Taktgebers zu verstehen wird wohl erst möglich sein, wenn die Gravitationstheorie (die Allgemeine Relativitätstheorie) und die Quantenmechanik erfolgreich verschmolzen werden können zur Quantengravitation. Leider tritt in den ersten Ansätzen der Quantengravitation die Zeit nicht auf. Die Theorie beschreibt nicht, wie die Dinge sich *in der Zeit* entwickeln, sie beschreibt nur, wie die Dinge sich *in Bezug zueinander* verändern (Rovelli, 2017). Jedenfalls kann und muss die kosmische Taktzeit sehr, sehr klein sein, auch im Vergleich zu den bereits heute winzigen, in der Physik experimentell erfassten Zeiten bis hinunter zu Femto- oder gar Attosekunden, also 10^{-15} bzw. 10^{-18} s. Ein Indiz für die kosmische Taktzeit ist die kleinste in der Physik überhaupt vorkommende Zeit, die Planck-Zeit, die Gravitation,

Quantenphysik und Lichtgeschwindigkeit verknüpft. Die Planck-Zeit ist unvorstellbar kleine 5×10^{-44} s «lang» oder «kurz».

Die Vorstellung des Universums als eine Art durch die Zeit laufender Computer gibt der philosophischen Vermutung oder Denkübung, wir lebten in einer grossen Computer-Simulation, eine ganz andere, realistischere Bedeutung.

3.1.1 Stufen der Zeit im Computer

Die Zeit wird in diesem Bild vom Universum als Computer wie üblich bei Computern selbst erzeugt als *Systemzeit*. Die Systemzeit ist die Zeit, die im Computersystem für alle beteiligten Komponenten gilt. Sie wird von der Systemuhr (engl. system clock) als Folge von Impulsen eines Taktgebers geliefert und vom Betriebssystem verwaltet. Die Frequenz des Taktgebers ist dann ein Mass, mit welcher Geschwindigkeit alle elektrischen Operationen im Computer erfolgen. Zu Beginn der Entwicklung der Computer waren viele Schritte (Taktzeiten) notwendig, um einen Befehl auszuführen. Heute sind auf einem Chip viele parallel arbeitende Computerkerne und es können typisch 100 Befehle bei einem Taktschritt ausgeführt werden. Typische Taktfrequenzen sind heute 3 bis 5 GigaHertz oder Milliarden Takte pro Sekunde (s. Wikipediaartikel *Instructions per Second*). Die Systemzeit ist die metabolische Zeit für das Computersystem.

Die Anfangszeit der Systemzeit eines Computers ist willkürlich und wird vom Betriebssystem nach praktischen Gründen gesetzt. Wie in der Astronomie nennt man diesen frühesten Zeitpunkt der Zählung eine *Epoche*. Eine bekannte Epoche ist die Microsoft-Windows-Zeitrechnung. Der gregorianische Kalender steckt hinter dieser Definition; man zählt die vergangenen Takte seit dem 1. Januar 1601 in Schritten von 100 Nanosekunden. Dies ergibt gelegentlich lustige Fehlernachrichten aus dem Mittelalter, etwa wenn der Computer behauptet, dass die Datei aus dem Jahr 1641 stamme oder der letzte Zugriff am Montag, dem 1. Januar1601, erfolgt sei! Die Zeitrechnung von Windows reicht in die Zukunft bis zum Jahr 30.828. Problematischer ist die ebenfalls wichtige Linux-Zeit, die am 1. Januar 1970 begann und am nicht so fernen 19.

Januar 2038 bereits endet. Es erinnert an die Jahr 2000-Problematik, als nur 2 Ziffern für das Computerjahr vorgesehen waren und das Jahrhundert zu Ende ging.

Heutige Computer haben auch eine physikalische Uhr eingebaut, eine *Echtzeituhr RTC* oder Real Time Clock, die sogar bei Stromunterbrechung weiterläuft und das Weiterschreiten der Zeit nahe an der Physik verfolgt, etwa durch die Schwingungen eines Quarz-Kristalls. Die Abb. 3.1 zeigt ein unspektakuläres Chip für diese Aufgabe. Die geöffnete Hülle des integrierten Schaltkreises lässt die Knopfzelle der Lithiumbatterie sehen. Beim Einschalten des Computers übergibt diese unabhängige Uhr die Aufgabe, die Zeit an die Systemuhr, die nun in Software weiter die Zeitaufgaben verwaltet. Die «richtige» Zeit mit der vollen Zeitangabe der Zeitzone oder der Zeit UTC bekommt der Computer von aussen z. B. über das Internet oder einen Zeitsender.

Viele Anwendungen in der Zeit brauchen von der Zeit gar nicht die volle Angabe der Zeitdaten im externen globalen Rahmen, sondern es reicht die systeminterne, eigene Zeit. Es gibt sogar viele Anwendungen, die nur eine bestimmte Facette der Zeit brauchen: die wahre Kausalität. So kommt es bei Transaktionen wie Käufen oder Verkäufen im globalen Handel auf die Reihenfolge an, sogar auf Bruchteile einer Sekunde.

Abb. 3.1 Eine Uhr im Computer Ein Chip mit Uhrenfunktion für eine Computer-Platine. Die Knopfzelle ist sichtbar. (Bild: Inside the Real-time clock IC vnutri u nei neonka, Wikimedia Commons, Sergei Frolov)

So können im Hochfrequenzhandel von Wertpapieren Nanosekunden entscheiden. Es lohnt sich deshalb, die Verzögerungen in der Kommunikation zwischen Datenzentren zu reduzieren oder sogar spezielle Kommunikationslinien zu legen um eine Information vor dem Konkurrenten zu erhalten oder einen Kaufauftrag abzusetzen. Der triviale Spruch gilt:

> Man muss mit der Zeit arbeiten und nicht gegen sie. ... Es lohnt sich, selbst wenn es schmerzt.
> Ursula Le Guin, amerikanische Autorin, 1929–2018.

Dieses Zeitmass mit der minimalen Anforderung, nur die kausale, wahre Reihenfolge in der Zeit einzuhalten, heisst die *logische Zeit*. Um mit dieser Zeit zu arbeiten, bekommt jedes Ereignis einen Zeitstempel mit Datum und Zeit des Moments und wohl auch mit einer laufenden Nummer. Die logische Zeit ist die Gesamtheit der geordneten Folge dieser Zeitstempel. Die absolute und korrekte Zeitangabe ist nicht notwendig. Es darf nur kein Ereignis ein anderes scheinbar überholen. Bei einer Folge von Ereignissen der gleichen Quelle ist diese Forderung trivial, nicht aber bei mehreren Quellen. Eine einfache, aber besonders wichtige Situation ist die asynchrone Kommunikation: Die Person *Alice* unterhält sich mit *Bob*. Das Problem: Keine Botschaft darf verloren gehen. Deshalb wird man den korrekten Empfang bestätigen, aber auch die Bestätigung kann verloren gehen usw. Dafür wurden Netzwerk-Protokolle als Regeln erfunden. Naturgemäss wird es immer schwieriger, sicher zu kommunizieren, je unsicherer die Übertragung und je ungenauer die Uhrzeit allen Beeiligten bekannt ist.

3.1.2 Vom Wert der Zeit (technisch)

> Es ist vollkommen klar, dass die wichtigste Ressource, die wir haben, die Zeit ist.
> Steve Jobs, Unternehmer, 1955–2011.
> Das Einzige, was wir entscheiden müssen, ist, was wir tun sollen mit der Zeit,
> die uns gegeben ist.
> John R.R. Tolkien, Fantasy Autor, 1892–1973.

3 Die Zeit und die Computer

Zum Wert der Zeit gibt es eine Fülle von Weisheiten, die meistens durch die Beschränktheit des menschlichen Lebens bestimmt werden. Die ersten Computer in den 60er- und 70er-Jahren des vorigen Jahrhunderts waren extrem teure Maschinen, deren Benützung damit auch kostspielig war. Dabei gehörte die Zeit des Rechners jeweils nur einem Benutzer. Obwohl die Rechner vielleicht 100 000-mal langsamer waren als heute, so waren sie doch schnell genug, um mehrere menschliche Benutzer zu bedienen. Dafür entwickelte man ein Betriebssystem, das die wertvolle Zeit des Rechners, der CPU, unter ihnen gleichmässig aufteilte, ein Time Sharing System.

Die Abb. 3.2 zeigt das Prinzip dieses Mechanismus, des *Multiplexens der Zeit*. Allgemein ist Multiplexen das Zusammenfassen von «Vielem» in «Einem» nach dem lat. Adjektiv *multiplex* vielfach. Die CPU verteilt ringsherum Scheiben ihrer Zeit, um für einen Anwender zu arbeiten. Gerade arbeitet in der Skizze die CPU für den Anwender 1. Der Anwender 2 ist nicht bereit, weil er auf ein Zwischenergebnis wartet, der Anwender 3 wäre der nächste bereite Kunde.

Seit den Time-Sharing-Systemen hat sich der Träger der Computerzeit, die Chiphardware, millionenfach verbilligt. Es ist auch nicht mehr nur ein Zeitfaden, der verteilt wird. Eine heutige CPU enthält mehrere «Unter-CPUs» als Computerkerne, und der Fluss der Computerzeit hat sich aufgelöst in ein Bündel von Fäden («Threads») von laufenden Arbeiten in der Serverfarm. Die Abb. 3.3 symbolisiert die heutige Konfiguration des Computers, etwa in Form einer Serverfarm. Die

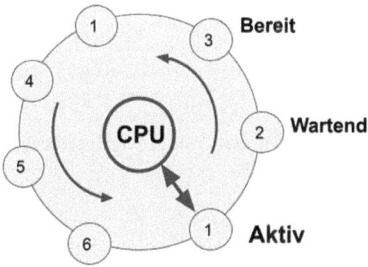

Abb. 3.2 Die Zeit multiplexen Die CPU gibt ringsherum Scheiben ihrer Zeit ab für den Service an die Anwender. Der Anwender 1 ist aktiv, Anwender 3 ist bereit. Der Anwender 2 wartet auf eine Ein- oder Ausgabe. Die Zeit ist kostbar.

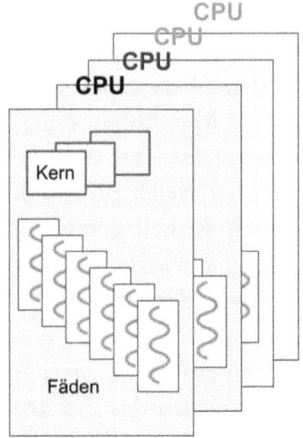

Abb. 3.3 Moderne Computerarchitektur Die CPU hat mehrere Kerne und mehrere Fäden von Arbeitszeit. Grosse Server haben viele Tausend CPUs. Die Zeit (zum Rechnen) ist billig.

Leistungsfähigkeit der CPUs ist seit 1970 etwa um das hunderttausendfache gestiegen. Es geht auch nicht mehr um eine CPU, sondern um Tausende von Servern, die zusammenarbeiten. Die Anzahl der CPUs in den grössten Serverfarmen ist bereits in der Grössenordnung von Hunderttausenden. Im Bild mit der Zeit als brennende Lunte frisst sich die Flamme nun schneller durch ihre Zündschnur entsprechend der Beschleunigung der Arbeit des Computers. Jeder Faden in der Serverfarm ist ein solcher Zeitfaden, eine brennende Zündschnur. Es sind kompliziert verwobene brennende Bündel.

Die technische Entwicklung der Computertechnologie hat den Takt der Systemzeit dramatisch erhöht, von MegaHertz zu GigaHertz, und damit die Computerzeit beschleunigt. Die Zahl der Zeitmaschinen, der CPUs oder der Rechen-Fäden, hat sich milliardenfach erhöht.

Damals, um 1970, war die Computerzeit wertvoll. Heute ist sie beinahe nichts wert. Die Menschheit hat eine gigantische Menge an Computerzeit und damit von Intelligenz zur Verfügung. Dieses Potenzial verändert die Welt.

3.2 Aus vielen *Jetzt* wird *Eines*

3.2.1 Was ist das *Jetzt*?

> Ich bin immer dankbar für diesen Augenblick, das Jetzt, egal, welche Form es hat.
> Eckhart Tolle, deutsch-kanadischer spiritueller Autor, geb. 1948.

Wir haben JETZT oder NOW schon in vielen Formen gesehen und sogar poetisch definiert:

- *Jetzt* ist das Sandkorn, das gerade durch die Taille der Sanduhr gleitet,
- *Jetzt* ist die Flamme, die das Feuer der Zündschnur weiterleitet,
- *Jetzt* ist im Sinne von Einstein, wo der Zeiger der Uhr gerade steht,
- *Jetzt* ist die Rasierklinge zwischen Zukunft und Vergangenheit, oder
- *Jetzt* ist mathematisch der Dedekindsche Schnitt zwischen Zukunft und Vergangenheit,
- *Jetzt* ist im Computer der Befehl, der gerade abgearbeitet wird.

Weitere, menschliche Definitionen des *Jetzt* werden noch folgen. In den Definitionen des *Jetzt* schwingt eine Art Tautologie mit, etwa in der Formulierung «Jetzt ist das, was gerade geschieht» ... Linguistisch ist *jetzt* ein deiktisches oder indexikalisches Wort, d. h. es erhält seinen Sinn aus dem Zusammenhang, etwa in einer Geschichte. Der Leser muss das Wort in die fiktive Zeit der Erzählung übersetzen. In der Zeit der Erzählung hat die Zeit ihren Bezugspunkt, etwa das Mittelalter, den die Linguistik die *Origo* nennt nach dem lat. Ursprung. Aber beim direkten *Jetzt* in der wahren, physikalischen Zeit ist der Bezugspunkt des Begriffs Jetzt eben das wahre *Jetzt*!

Man umgeht die Tautologie, wenn man ein Objekt direkt als das Jetzt identifiziert: das Sandkorn, die Flamme, das Befehlsregister im Computer! Praktisch umgeht man das Definitionsproblem durch eine Aufweichung des Begriffs der Gegenwart und Ersatz durch einen passenden grösseren Zeitbereich. Dann kann *Jetzt* eine Sekunde sein oder ein Tag oder die Zeit zwischen zwei Gesetzesänderungen, etwa «Jetzt gilt noch diese Bestimmung des Gesetzes». In der Physik gilt nach dem obigen Einstein-Zitat, dass das *Jetzt* so scharf definiert ist, wie man den Zeiger der Uhr ablesen kann.

- *Jetzt* ist physikalisch die letzte Stelle der Genauigkeit der Uhr, die zur Verfügung steht.

Bei den präzisesten Uhren sind dies Bruchteile von Pikosekunden (10^{-12} s) oder gar schon Femtosekunden (10^{-15} s). Die kürzeste im Labor überhaupt gemessene Zeit ist die Zeit, die das Licht zum Durchqueren eines Wasserstoffmoleküls benötigt (ScienceDaily, 2020): 247 Zeptosekunden (10^{-21} s). Zur Vollständigkeit der Dezimalstufen der Sekundenteilung hier noch die Attosekunde zu 10^{-18} s.

3.2.2 Synchronisation

> In „Datum und Uhrzeit" können Sie festlegen, dass Windows 10 Ihre Uhrzeit und Zeitzone automatisch einstellt. Sie können die Einstellung aber auch manuell vornehmen.
> Microsoft Support, *Festlegen von Uhrzeit und Zeitzone*, gez. Juni 2023.

Seit der speziellen Relativitätstheorie Einsteins ist es eine Frage, wie weit in meiner räumlichen Umgebung um mich herum *mein* Jetzt gilt? Oder technisch formuliert: Wie gut kann ich entfernte Uhren synchronisieren? Die Synchronisation als Kommunikation zwischen zwei Uhren benötigt eine gewisse Zeit, die den Vorgang stört und zumindest kompliziert. Die Signalgeschwindigkeit ist nicht unendlich, sonst wäre es leicht.

Ein triviales Beispiel ist das Stellen einer Armbanduhr nach einem anderen Zeitgeber, etwa einer anderen Uhr oder dem Zeitsignal des Radios oder gar Zeitsenders, auf die gültige Zeit. Die Abb. 3.4 zeigt eine Uhr in der inoffiziellen Standard-Ausgangsstellung von Uhren «Zehn-nach-Zehn».

Diese Position der Zeiger wird in der Werbung bevorzugt; es soll an das V des Victory-Zeichens erinnern, an das Smiley-Icon oder einfach das Gesicht der Uhr am besten zeigen. Der Einstellvorgang der Zeiger für die wahre Zeit an der Kronschraube kann einige Sekunden dauern – es sei denn, die wahre Zeit wäre 10 Uhr 10 und die Uhr müsste nur

Abb. 3.4 Uhr in 10-nach-10-Position Uhr im Stil der Schweizer Bahnhofsuhr.

mit dem Knopfdruck gestartet werden. Am genauen Einstellen der Uhr muss man zwei Zeiten eliminieren oder irgendwie beherrschen, die Signalzeit (die Zeit des Signals vom Geber der Zeit) und die Verzögerung in der Einstellzeit oder Verarbeitung. Eine wichtige Hilfe ist es, das Signal hin- und her zu senden, genannt ein Round Trip. Kennt man die Entfernungen zwischen Sender und Empfänger, so kann man die Übertragungszeiten berechnen und mit einbeziehen. Die Synchronisation und die effektive «Gleichzeitigkeit» werden dadurch zu Aufgaben der Nachrichtentechnik.

Damit bilden die verbundenen Computer bzw. Uhren ein System, sozusagen eine Blase gemeinsamer Zeit. Sie sind eine Einheit im Rahmen der Genauigkeit der Zeitmessung.

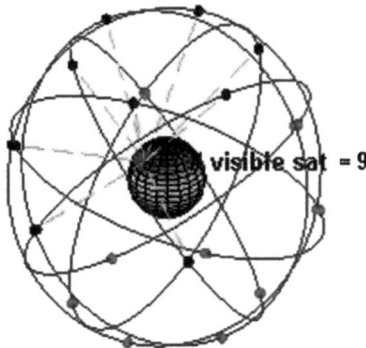

Abb. 3.5 GPS Satelliten umspannen die Erde. Die Skizze zeigt 9 Satelliten, die vom Blauen Punkt aus sichtbar sind. (Bild: Momentaufnahme aus der gif-Grafik. ConstellationGPS.gif, Wikimedia Commons, El pak mit MATLAB)

Die Grössenordnung der Zeitblase wird durch die Signalgeschwindigkeit bestimmt und durch die nachrichtentechnischen Verfahren. Sie kann einem Vielfachen des Wegs entsprechen, den das Licht in dieser Zeit zurücklegt (Freris, 2011). Nach der Synchronisation wirkt es so, als seien die Uhren durch eine unendlich hohe Signalgeschwindigkeit gestellt. Der Raum mit synchronisierten Uhren ist ein Raum-Zeit-Bereich mit einer engen Verbindung von Raum und Zeit, eine Art von Raum-Zeit-Punkt.

Ein grossartiges Beispiel ist das Global Positioning System GPS. Die Abb. 3.5 illustriert dies an einer Grafik, die die ursprünglich verwendeten 24 GPS-Satelliten zeigt (je 4 auf jeder der 6 Umlaufbahnen und als schwarze Punkte die Untermenge der Satelliten, die im Moment der Grafik vom blauen Punkt auf der Erde aus sichtbar sind. Das Bildchen demonstriert, wie die Erde zu einem Ganzen wird, der Norden, der Süden, die Polgegenden, alles.

Auf der Erdoberfläche im Internet ist das Synchronisations-Verfahren das Netzwerk Zeit Protokolls NTP. Damit lässt sich der Verbund der Internet-Server weltweit auf die Millisekunde genau synchronisieren.

Der soziale Effekt der engeren Verbindung und des Näherkommens durch einheitliche und gemeinsame Zeit war schon im 19. Jahrhundert wirksam. 1840 wurde in England die Railway Time, die Eisenbahnzeit, eingeführt, zuerst von der Great Western Railway. Die Synchronisation erfolgte zunächst mit Uhren, die transportiert wurden. Ab 1852

Abb. 3.6 **Das Zentralgebiet des SKA Radioteleskops mit Antennenschüsseln. Künstlerische Vision.** Die Skizze zeigt eine Landschaft übersät mit Antennen. Baubeschluss war Dezember 2022. (Bild: SKA Overview, Wikimedia Commons, SPDO/TDP/DRAO/Swinburne Astronomy Productions)

wurden die Telegraphen das Hilfsmittel zur Synchronisation mit der Uhr des Königlichen Observatoriums in Greenwich. Bei der Schweizer Bahnhofsuhr (äusserlich wie die Armbanduhr der Abb. 3.4) ist die Synchronisation selbst sichtbar. Bevor der Sekundenzeiger die Position der Zwölf erreicht, bleibt er kurz stehen. Der Grund liegt in der Originaltechnik der Uhrensynchronisation. Das Design der Schweizer Uhr stammt aus dem Jahr 1944 und ist von minimalistischer Schönheit, die die Uhr sogar in das Museum for Modern Arts in New York brachte. Technisch wurde das Schweizer Bahnnetz in dieser Zeit jede Minute mit einem Impuls synchronisiert. Damit lief die Sekundenanzeige für etwa 59 s frei, wartete auf den Sync-Impuls und lief synchronisiert ordentlich weiter. Dieses Stoppen des Sekundenzeigers immer an der 12er-Position wurde mit zum Markenzeichen der Uhr. Heute ist das Anhalten technisch unnötig; es wird künstlich als Kennzeichen der Schweizer Bundesbahnen erzeugt.

Die verschieden starken Verfahren der Synchronisation definieren auch die verschiedenen Zeitarten. Die Zeit messen bedeutet ja per Definition die Synchronisation mit einer anderen Zeitquelle, die in dieser

Funktion Uhr genannt wird. Damit bedeutet *logisch* zu synchronisieren eine kausale Ordnung einzuhalten, *relativ* zu synchronisieren sich an eine beliebige Uhr anzugleichen und *absolut* zu synchronisieren die globale Zeit zu verwenden. Die Synchronisation gilt jetzt für ein beliebig grosses Netzwerk von Uhren bzw. Computern.

Ein anderes Beispiel zur Wirkung der Synchronisation und hoher Präzision der Zeitmessung findet sich in der Astronomie. Radioastronomische Teleskope haben wegen der hunderttausendfach höheren Wellenlänge der Radiowellen gegenüber Lichtwellen von Haus aus eine geringere Auflösung als optische Teleskope. Aber es gibt einen Trick: Wenn man mehrere, entfernte Radioteleskope zusammenschaltet, dann wirkt dies wie ein ausgedehntes Instrument. Zentral ist die präzise Zeit an jeder Radioantenne, die per Computer zu einem Gesamtbild zusammengeführt wird. Ein Beispiel ist das SKA-Projekt mit dem Ziel, insgesamt einen Quadratkilometer Antennenfläche über Tausende von Kilometern zu verteilen an zwei Standorten in Südafrika und in Australien. Die Abb. 3.6 ist eine künstlerische Version des Standortes in Südafrika.

Mit Tausenden von Radioschüsseln, die über Tausende von Kilometern verteilt sind, wird das Square Kilometre Array das größte und leistungsfähigste Radioteleskop der Welt sein und die tiefsten Regionen des Kosmos erforschen können. Allerdings nur, wenn diese tausende, teilweise Hunderte von Kilometern voneinander entfernten Radioschüsseln auf den Bruchteil einer Milliardstel Sekunde genau synchronisiert werden können.
David Gozzard, australischer Radioastronom, 2019.

Die erforderliche Genauigkeit in der Zeitmessung produziert riesige Datenmengen an Zeitinformation und benötigt Superrechner-Kapazität zur Verarbeitung. Das Zusammenschalten vieler Empfangssignale mit ihren präzisen Zeiten ermöglicht eine neue Kopplung von Raum und Zeit:

Radioteleskope können durch gezielte Berechnung kleinster Veränderungen (Phasen) in den Zeiten ihrer empfangenen Signale die Richtung ändern, in die sie anscheinend in den Raum hinaussehen. Es ist wie eine Drehung der Teleskope ohne mechanische Drehung, nur durch gezielte

Zeitänderungen. Dies ist möglich, denn in der Gesamtheit der ankommenden Zeitsignale steckt auch die Information aus dem umgebenden Raum.

Dasselbe Prinzip wird bei der Mobilfunkgeneration G5 angewandt. Der Sender schickt einen gerichteten Strahl zum Empfänger und sendet nicht einfach in alle Richtungen. Die Antenne bewegt sich dafür nicht, nur Sendezeiten werden subtil geändert.

Die Möglichkeit der Synchronisation beliebiger Uhren ist auch von prinzipieller Bedeutung. Die naive Definition der Zeit «Zeit ist, was man an der Uhr abliest», ist zyklisch. Sie macht nur Sinn, wenn man die Uhr definiert, ohne den Begriff der «Zeit» explizit zu verwenden, etwa als «eine Vorrichtung, die beständig zählt». Dann definiert dieses eine Gerät in der Tat eine lokale Zeit. Eine sinnvolle allgemeinere und brauchbare Definition der Zeit ist:

> Zeit ist das, was eine synchronisierte Gruppe von Uhren anzeigt.

Damit ist die Zeit in diesem Raumbereich wohldefiniert. Zeit ist ein sinnvoller und technisch brauchbarer Begriff, weil sich Uhren synchronisieren lassen. Diese Möglichkeit ist nicht trivial.

3.2.3 Selbst – Synchronisation

> Um den 22. Februar 1665, als Christiaan Huygens krank in seinem Bett lag, beobachtete er, dass zwei Pendeluhren, die vor ihm hingen, synchron zu schlagen begannen. Er konnte seinen Augen nicht trauen. Zunächst konnte er sich dieses Phänomen nicht erklären und bezeichnete es als "eine Art Sympathie" [une espèce de sympathie].
> Nach Filip Buyse, *Spinoza and Huygens*, 2017.

Uhren und ähnliche Oszillatoren haben eine Eigenfrequenz. Andere Uhren des gleichen Typs haben ebenfalls diese Eigenfrequenz, aber nicht beliebig genau gleich, sondern etwas verschieden (mit einem *skew* im Englischen). Selbst bei identischer Frequenz besteht noch die Möglichkeit eines Versatzes in der Phase der Schwingung (ein *offset*). Zwei gleiche Pendeluhren, nebeneinander gehängt, schwingen deshalb

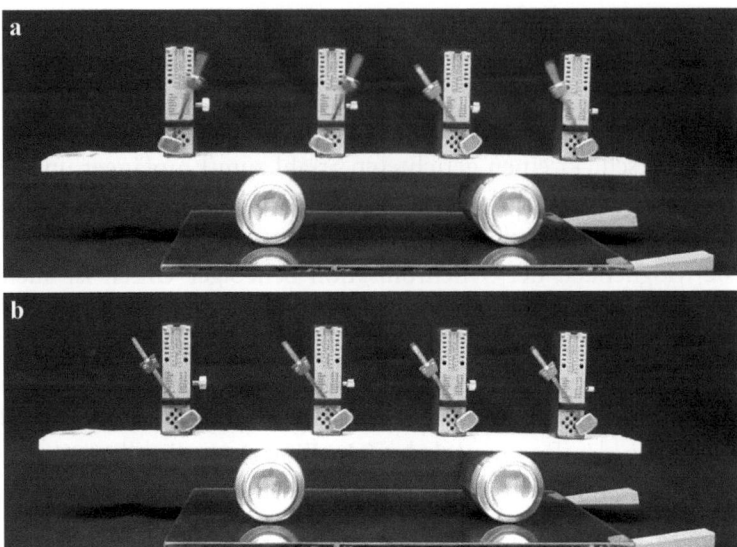

Abb. 3.7 Vier Metronome synchronisieren sich selbst. a) Versuchsbeginn mit unsynchronisierten Metronomen. b) Nach der Periode der Synchronisation sind die Metronome im Gleichtakt. (Bilder: Einzelbilder aus Wesphysdemo – Synchronized Metronomes.webm, Wikimedia Commons, wesphysdemo (Wesleyan University)

verschieden und die Verschiedenheit der Zeigerstände ändert sich noch mit der Zeit. All diese Änderungen sind Zufall und sehen zufällig aus. Deshalb die Überraschung des niederländischen Astronomen und Physikers Christiaan Huyghens (1629–1695), als die beiden Pendel exakt zusammen im Gegentakt schwangen. Die Pendel halten sich zusammen «in gegenseitiger Sympathie» auf einer Frequenz und einer Phase.

Ein auch akustisch eindrückliches Beispiel der «Sympathie zwischen schwingenden Objekten» sind korrelierte Metronome (Abb. 3.7). Den Beginn des Versuchs zeigt Abb. 3.7 a: Die Metronome starten in zufälliger Stellung (Phase). Nach einiger Zeit schlagen sie im Gleichtakt. Besonders eindrucksvoll ist das Video mit der akustischen Untermalung durch die Schläge[2].

---

[2] Das Wikimedia-Video ist hier https://commons.wikimedia.org/wiki/File:Wesphysdemo_-_Synchronized_Metronomes.webm oder hier https://www.youtube.com/watch?v=QyX-Vs_mwsI.

Es ist, als habe jeder Oszillator zunächst seine eigene Zeit. Sie synchronisieren sich selbst zu einer gemeinsamen Zeit.

Die physikalischen Schwingungen vermitteln die Gemeinsamkeit. In der Astronomie wird dies mit dem Computer nachrichtentechnisch erzeugt. Huyghens hatte zunächst die Luft als Vermittler vermutet, aber dann registriert, dass die minimalen Schwingungen der Unterlage die Synchronisation verursachen. Das Prinzip dieser Synchronisation beobachtet man in vielen Bereichen der Physik, in der Biologie und der Gesellschaft. Im Gehirn synchronisieren sich Gehirnwellen, die gemeinsamen Schwingungen von Neuronen, über verschiedene Gehirnbereiche hinweg. (MIT News Anne Trafton).

Mit diesen Grundlagen von Uhren und Computern können wir versuchen, die Quora-Fragen zu Beginn des Kapitels zu beantworten:

Wie haben Computer einen Zeitsinn?

Computer verfügen selbst über zwei Uhren und haben damit den Zugang zur *Zeit* in der logischen Form (was ist früher, was später), relativen eigenen Form ihrer Systemzeit und über das Internet zu der globalen Zeit.

Woher weiss ein Computer die Zeit, nachdem er längere Zeit ausgeschaltet war?

Computer, PCs wie mobile Telefone, verfügen über eine eigene Uhr mit Batterie. Die exakte Zeit kommt nach dem Einschalten aus dem Netz.

Wie empfindet ein Computer die Zeit?

Ein Computer hat eigene Zeit oder erhält die Zeit aus dem Verbund der Computer. Die «Empfindung» hängt von seiner eigenen Taktfrequenz ab und vom Grade des Bewusstseins, das der Computer mit seiner Software erhalten hat. Enthält sein Programm ein gleitendes Zeitfenster (s.u.), so kann es ähnlich dem menschlichen Empfinden sein.

Wie wird Künstliche Intelligenz die Zeit wahrnehmen?

Wie vorhergehende Antwort. Dazu kann ergänzende Software die Ereignisse nach Kriterien interpretieren. Entsprechend dem Menschen (s.u.), nur umfangreicher, präziser und schneller.

Die «Empfindung» ist ein menschlicher Begriff, aber übertragen möglich, denn wir Menschen sind technisch eine Art von Computer.

4

Die menschliche Zeit – nüchtern

Inhaltsverzeichnis

4.1 Unsere Zeit als Computerzeit 176
    4.1.1 Die Zeit als gleitendes Fenster 177
    4.1.2 Die gespeicherte Zeit 184
4.2 Unsere menschliche Zeit 192
    4.2.1 Die subjektive Gegenwart. 192
    4.2.2 Innere Uhren 196
    4.2.3 Die gefühlte Zeit 204
    4.2.4 Die «beschleunigte» Zeit. 221

Hier noch einmal die vielleicht wichtigsten Zitate zur *Zeit*, beide aus sehr menschlicher Sicht:

> Die Zeit ist kein diskursiver, oder, wie man ihn nennt, allgemeiner Begriff, sondern eine reine Form der sinnlichen Anschauung.
>   Immanuel Kant, deutscher Philosoph, in der *Kritik der reinen Vernunft*, 1787.

> Die absolute, wahre und mathematische Zeit fließt von sich aus und aus ihrer eigenen Natur heraus gleichmäßig, ohne Beziehung zu irgendetwas Äußerem.
> Isaac Newton, englischer Physiker,
> in *Philosophiae Naturalis Principia Mathematica*, 1687.

Beide Giganten der Geistesgeschichte, Newton wie Kant, haben menschliche Positionen: Newton sieht die physikalischen Vorgänge, die er kennt, ablaufen, und Kant denkt über das Denken nach. Es sind beides Vorstellungen, die uns aus der Evolution gegeben sind. Wenn wir naiv über die Zeit nachdenken, so denken wir genau in diesen Formen. Aber das Verstehen der Zeit ist weiter gegangen, in der Physik vor allem mit Albert Einstein, im Denken durch Alan Turing, der mit einem fiktiven Computer das Denken von aussen betrachtete. Er schlägt 1950 ganz vorsichtig vor:

> Ich schlage vor, die Frage zu betrachten: Können Maschinen denken?

Seine Maschine, heute Turing-Maschine genannt, enthält implizit die Zeit, denn sie arbeitet Zeitschritt um Zeitschritt weiter. Mit einigen modernen Begriffen der praktischen Informatik lässt sich sein Bild von der Arbeit der Denkmaschine in der Zeit verfeinern. Gerade so, wie der Physiker die physikalischen Vorgänge in der Zeit beobachtet, erlaubt uns diese Sichtweise, unsere menschliche (und tierische) Zeit von aussen als Prozesse der Informatik und der Nachrichtentechnik zu betrachten.

Isaac Newton verwendete das Bild der Giganten, auf deren Schultern wir Zwerge stehen (s. Wikipediaartikel und Abb. 4.1). Alle diese vier Namen – Newton, Kant, Einstein und Turing – sind Giganten der Geistesgeschichte, aber sie werden getragen auf einem breiten Strom von Zuarbeitern. Viele davon stehen unverdienterweise im Schatten. Es ergibt sich leicht ein falsches Geschichtsbild allein mit Genies, die als Einzige den Fortschritt treiben. Der Fortschritt ist ein breiter, schneller werdender Strom aus vielen Quellen, und manches Genie hat vor allem Glück gehabt.

4 Die menschliche Zeit – nüchtern

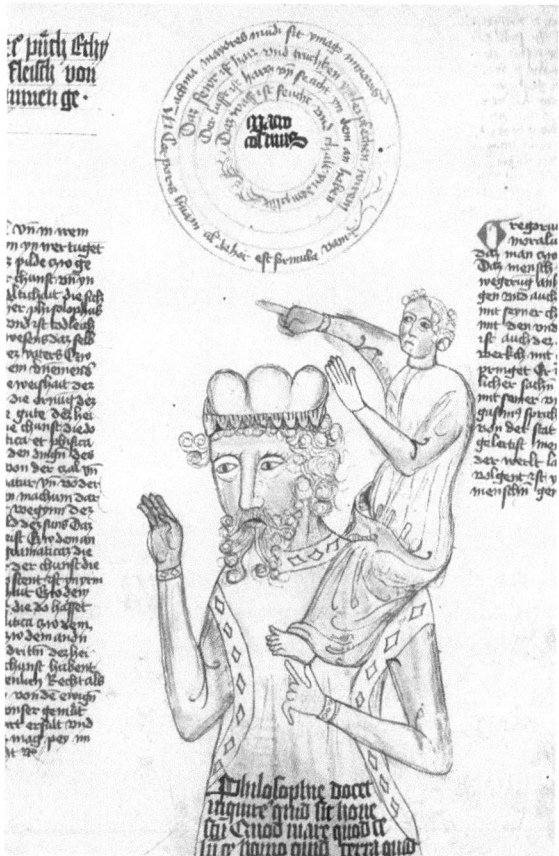

Abb. 4.1 Zwerge auf der Schulter von Giganten Zur Veranschaulichung der Parabel «Zwerge auf den Schultern von Riesen». (Bild: Library of Congress, Rosenwald 4, Bl. 5r Wikimedia Commons, unbekannt (Ausschnitt))

Aber diese vier Männer haben wirklich Grosses geleistet und viele vorher verwirrende Einzelheiten fugenlos zusammengefügt. Hervorzuheben ist der Informatiker *avant la lettre* Alan Turing, der wider den Zeitgeist den Computer zur geistigen Maschine erklärte und schliesslich im Selbstmord starb, wie im Märchen durch einen mit Kaliumzyanid vergifteten Apfel. Es ist nicht unser Verdienst, heute klarer zu sehen als Kant und schärfer als Newton. Für uns gilt abgewandelt der Spruch von Newton:

„Wenn wir weiter blicken, so deshalb, weil wir auf den Schultern von Riesen stehen."

Wir haben nur die Gnade der späteren Geburt. Die Zeichnung in Abb. 4.1 ist auch eine Metapher der Zeit als eine Geschichte der Menschheit mit Generation auf Generation, die immer weiter sieht.

4.1 Unsere Zeit als Computerzeit

«Man kann kaum sagen, wo das Computermodell aufhört und die echten Dinosaurier anfangen.»
Laura Dern, geb. 1967. Filmproduzentin und Schauspielerin in *Jurassic Park*.

Die Seite des Lebens im Weltmodell beinhaltet immer Informationsverarbeitung, schon die Genetik ist Informationstechnologie mit DNA-Datenspeicherung. Die Prozesse im Gehirn erfüllen die Hauptfunktionen eines regulären Computers in einer intern äusserst kompakten und verwobenen Form. Aber viele der Aufgaben, die unser Gehirn löst, sind klare Aufgaben der Informatik: Das kleine Einmaleins zu kennen, eine Schrift zu erkennen, sich an einen Vorgang zu erinnern, eine Szene zu analysieren, einen Weg im Gelände zu finden, eine Frage zu beantworten und vieles mehr. Die Menge der Computerfunktionen, die wir benötigen, um unser Leben zu bestreiten, ist unser Bewusstsein im technischen Sinn. Das Bewusstsein schiebt unsere Aufmerksamkeit mit der Zeit laufend weiter wie die Flamme der Zündschnur.

Seit wenigen Jahrzehnten haben wir den erkenntnistheoretischen Vorteil, dass kognitive Funktionen des Menschen im Computer gebaut werden können, etwa Schrifterkennung, Spracherkennung, Objekterkennung in Szenen. Es gilt die Weisheit des barocken italienischen Philosophen Giambattista Vico (1668–1744):

Verum quia factum. Als wahr erkennbar ist nur das, was wir selbst gemacht haben.

Vico dachte primär an Beweise und Konstruktionen der Euklidschen Geometrie als *wahr*. Ironischerweise nimmt Vico ausdrücklich das Erkennen geistiger Funktionen aus, die wir jetzt immer besser bauen können, wenn wir auch nicht immer ihre innere Funktionsweise verstehen. Vico argumentierte, der Geist könne doch sich nicht selbst analysieren, so wie das Auge sich nicht selbst sehen. Aber mit einem Spiegel sieht sich das Auge doch, und der Geist kann im Nachbau gespiegelt werden. Mit dem Computer geht das Verstehen mit vielen Experimenten und Modellen.

4.1.1 Die Zeit als gleitendes Fenster

> Der Begriff *sliding window* (gleitendes Fenster oder Schiebefenster) bezeichnet in Computernetzen ein Fenster, das einem Sender die Übertragung einer Menge von Daten ermöglicht, bevor eine Bestätigung erwartet wird.
> Deutscher Wikipediaartikel *Sliding Window*, gez. Juni 2023.

Wir verwenden den Begriff für die physikalische Zeit als Sender und unser Gehirn als Empfänger. Das Gehirn muss eine Zeitscheibe verarbeiten, um die nächste Zeitscheibe zu erleben. Die Abb. 4.2 symbolisiert die Arbeitsweise des Bewusstseins mit dem Konzept des gleitenden Fensters, des «Sliding Windows», aus der Kommunikationstechnik. Die Zeit schiebt sich und damit das Zeitfenster der Aufmerksamkeit weiter. Der Beobachter – das Gehirn oder die Technik – analysiert die Szene laufend im jeweiligen Zeitfenster. Eine geistreiche, knappe Beschreibung des Vorgangs findet sich beim Psychiater Erwin Straus (1891–1975):

> Wir leben im Präsens und begreifen im Perfekt
> ohne Quellenangabe

Die untere Zeitachse in Abb. 4.2 symbolisiert die Folge an physikalischen Szenen an aufeinanderfolgenden Zeiten. Die Serie der Bildchen in klarer Darstellung repräsentiert die wahre Welt. Auf der oberen Achse

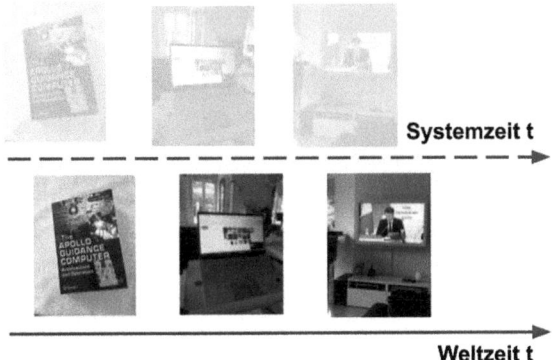

Abb. 4.2 Das gleitende Fenster des Bewusstseins (Sliding Window) Das Fenster der Aufmerksamkeit gleitet verzögert mit der Zeit weiter. Unten die Achse der wahren Zeit mit den «wahren» Szenen, oben die Achse des Prozessierens im Gehirn oder Computer mit den Abbildungen

ist zeitversetzt, aber mitlaufend die Folge der prozessierten Szenen mit vermindertem Kontrast. Es sind Abbildungen (manche würden sagen, Illusionen). Im gleitenden Fenster verarbeitet der Beobachter die aktuellen Daten, macht sich ein Modell («das könnte eine Schlange sein») und erzeugt unmittelbare Reaktion («was für eine Schlange? Hand weg!». Signale und Ergebnisse speichert er eventuell im Gedächtnis ab.

Der Computer hat eine eigene Zeit, seine Systemzeit. Beim Gehirn sind die Verhältnisse komplizierter, es gibt wohl keine zentrale Uhr im Gehirn. Die verteilten Gehirnfunktionen bilden insgesamt eine verteilte Uhr (Trafton, 2017). In dem Kurzzeitbereich bestimmt das Gehirn den Lauf der Zeit durch die zeitlichen Muster, mit denen die Neuronen «gefeuert» werden. Es ist wie eine Reihe fallender Dominosteine. Das feuernde Neuron aktiviert seinen Nachbarn zum Feuern usf. Das Neuron, das gerade aktiv ist, definiert die Gegenwart.

Das gleitende Fenster ist die technische Version der philosophischen (oder phänomenologischen) Idee, dass wir den Augenblick nicht als Punkt spüren, sondern «ein wenig» ausgedehnt, als «specious present». Dieser Begriff stammt im Wesentlichen vom Philosophen und Psychologen William James (1842–1910). Klassische Beispiele für «gedehnte

Gegenwart» sind ist die Gruppe von Tönen einer kleinen Melodie oder die Spur einer Sternschnuppe. Aber die philosophische Idee ist zwielichtig und bleibt paradox: Wenn mehrere Noten unterschieden werden können oder mehrere Punkte einer Lichtspur am Himmel, wie können sie «gleichzeitig» sein?

Die Nachrichtentechnik und das Computeranalogon trennen die physikalische Zeit und das Erlebnis. Jetzt betrachten wir den Vorgang des Erkennens und des Fühlens der Zeit von aussen.

Es klingt paradox: Wir bewegen uns in und mit der Zeit und können sie trotzdem wahrnehmen. Dazu entnehmen wir dem Zeitstrom Informationen und verarbeiten sie in unserer Zeit.

Ein Ergebnis der Verarbeitung sind die Einträge ins Gedächtnis, in den Speicher. Diese Daten werden sozusagen aus dem Strom der Zeit herausgenommen. Der österreichische Autor Christoph Ransmayr formuliert dies noch poetischer, sie werden «aus dem Inneren der Zeit in die Zeitlosigkeit» transportiert.

Der Begriff des gleitenden Fensters erlaubt einige eindrückliche Definitionen oder Umschreibungen wesentlicher Zeitbegriffe:

- *Bewusstsein* ist ein gleitendes Fenster der Verarbeitung der Weltdaten.
- Das *Jetzt* des Menschen oder eines Computers ist der Inhalt des aktuellen gleitenden Fensters.
- Das *Leben eines Menschen* ist die Gesamtheit aller geglittenen Fenster, das Jetzt und Jetzt und Jetzt ...
  In diesem Sinn hört die *Gegenwart* erst mit dem Tod auf.
- Die *Zeit* ist die «Kraft», die das Fenster vorwärts schiebt.

Es wird immer wieder festgestellt, dass die Zeit nichts Fassbares sei. «Fassbar» deshalb, weil wir in der Form von Substanz und Materie denken, an Sichtbares, möglichst Berührbares, vielleicht sogar mit Geruch. Es gebe kein Organ für die Zeit heisst es. Im Sinne der Verarbeitung der Zeit mit dem Mechanismus des gleitenden Fensters kann man hier unser Zeitorgan identifizieren:

Abb. 4.3 In welche Richtung fährt das Schiff – nach links oder rechts? Eine Fähre auf dem Zürichsee in der Ferne. (Bild: eigen)

- Das menschliche Organ für die Zeit ist das Gehirn, primär mit dem Mechanismus des gleitenden Fensters.

Sekundär sind es die kognitiven Fähigkeiten, die als Sensor zur Wahrnehmung der Zeit dienen. Wir erkennen, wie der Zeiger der Uhr weiterläuft, die Kerze herunterbrennt, der Baum wächst und unser Haar grau wird.

Eine erstaunliche Arbeit des Gehirns hat der Autor selbst registriert. Diese Beobachtung hätte Aristoteles, für den Zeit und Bewegung identisch waren, wohl erstaunt. Es ist ein «Erkennen der Zeit, ohne sie bewegen zu sehen.» Die Abb. 4.3 zeigt die Situation. Am Horizont des Meers oder hier des Sees ist ein Schiff gerade noch zu sehen. Es muss eine Fähre sein, denn linke und rechte Seite, Vorderteil und Hinterteil, sehen gleich aus. Man sieht ihr deshalb, wie die Abbildung zeigt, im statischen Bild die Fahrtrichtung nicht an. Ist die Fähre sehr weit entfernt, so scheint sie sich nicht zu bewegen, wenn man nur kurz hinsieht. Trotzdem gilt in der Realität: Sieht man sie so kurz an und fragt den Beobachter, in welche Richtung sie sich bewege, links oder rechts, so ist die Antwort nach eigener Erfahrung fast immer richtig. Man muss dann nur einige Sekunden warten, dann wird die Fahrtrichtung klar. Die unmerkliche Zeit im gleitenden Fenster reicht schon aus, um die Fahrtrichtung festzustellen.

Beim Typ der «Software» des Gehirns gibt es damit fundamentale Unterschiede: Die Echtzeit-Software für das Fenster bearbeitet unsere wahre Gegenwart so rasch wie möglich. Diese Software «ist» unsere Gegenwart. Alle andere Software ist zeitlich ungebundene Anwendungssoftware, etwa Planung der Zukunft oder Analyse der Vergangenheit. Das gleitende Fenster löst einen philosophischen Konflikt um den Zeitbegriff auf, den der englische Philosoph John McTaggart (1866–1925) vor hundert Jahren sah. Er verglich die ständig gleitende Zeit mit der Gegenwart, die aus der Zukunft in die Vergangenheit läuft, mit dem statischen Ergebnis der Verarbeitung, der Erinnerung, oder umgekehrt der Planung oder Erwartung. Die Erinnerung an meine Grundschule zeigt immer tiefer in die Vergangenheit als an das Gymnasium.

McTaggart definierte den dynamischen Zeitbegriff als A-Lauf der Zeit oder A-Serie, die beständigen statischen Zeitangaben in der Erinnerung oder Planung als B-Lauf oder B-Serie. Er konnte beide Welten nicht zusammenbringen und erklärte dies, selbst unbefriedigt, zum Paradox.

Zu seinen Ehren könnte man die Echtzeit-Software, die das Fenster bearbeitet, als die A-Software bezeichnen, alle übrige Software, die losgelöst vom Moment mit der Zeit nur als Parameter umgeht, als B-Software.

In Erzählungen und im Film kommen A-Zeit und B-Zeiten gespiegelt vor als Strukturelemente der Geschichten. Die Haupthandlung des Films oder der Erzählung entspricht dem Lauf der physikalischen A-Zeit. Die betrachtete «wahre» Zeitspanne A' in der Erzählung kann mehrere Generationen umfassen, z. B. in «Familienromanen», oder auch nur einen einzigen Tag wie der Roman «Ulysses» von James Joyce aus dem Jahr 1922[1]. Der Erzähler kann mit der Zeit spielen. Er kann in

---

[1] Der von James Joyce reflektierte Tag ist der 16. Juni 1904.

seiner Geschichte in die Vergangenheit zurückspringen als Rückblende (*Analepse*) und Hintergründe offenlegen oder in die Zukunft gehen als Vorausblende (*Prolepse*) und zukünftige Ereignisse vorwegnehmen. Dadurch kann die Spannung der Erzählung oder des Films erhöht werden. Der deutsche Germanist Eberhard Lämmert hat 1955 eine wissenschaftliche Systematik für Zeiteffekte in Erzählungen entwickelt. In der Realität ist die physikalische Zeit, die A-Zeit, unerbittlich linear und beharrt auf Einhaltung der Kausalität. Sie ist trotzdem spannend, denn die wahre Zukunft ist offen!

Zum *Jetzt* des aktuellen, wahren Zeitfensters passt wohl dieser Ausspruch des Theologen Dietrich Bonhoeffer aus dem Jahr 2006:

> Es gibt in der ganzen Weltgeschichte immer nur eine wirklich bedeutende Stunde, die Gegenwart.

An das durch das ganze Leben gleitende Fenster als Gegenwart hat vielleicht Erwin Schrödinger gedacht, der in seiner leicht esoterischen Autobiographie *Mein Leben, meine Weltansicht* 1960 schreibt:

> Denn immer und ewig gibt es nur ein Jetzt, ein und dasselbe Jetzt; die Gegenwart ist das Einzige, was kein Ende hat.

Hier ist die geeignete Stelle, an das Zeitverständnis des griechischen Philosophen Plato zu erinnern. Plato sieht im *Timaios* in der Zeit den Versuch des Schöpfers (er schreibt des «höchsten Lebendigen»), die Ewigkeit in die irdische Welt zu bringen. Dies geschieht nach Platon durch die Zeit als ein «sich fortbewegendes dauerndes Abbild der Ewigkeit». Es liegt nahe, dies als eine poetische Umschreibung für das gleitende Fenster der Gegenwart in der modernen Nachrichtentechnik zu identifizieren. Nach Plato ist uns die Zeit gegeben, um uns einen Zugang zur Unendlichkeit zu zeigen.

Es scheint heute nicht unmöglich, ein künstliches Bewusstsein zu bauen, das das gleitende Zeitfenster eines Lebewesens verarbeitet und es leben lässt. Einem künstlichen Bewusstsein am nächsten ist wohl die Software der (beinahe) selbstfahrenden Autos. Hier erfolgt die Analyse der Weltdaten konzentriert für den Zweck der sicheren und optimalen

Abb. 4.4 Der Tesla-Autopilot Der Autopilot führt im Verkehr und hält Abstand zum Wagen vorher und zur Fahrbahn-Begrenzung. (Bild: Tesla Autopilot Engaged in Model X, Wikimedia Commons, Ian Maddox)

Führung des Fahrzeugs, etwa den Abstand zum vorderen Fahrzeug zu halten, in der Mitte der Fahrspur zu bleiben oder auf das Verhalten anderer Fahrzeuge zu reagieren. Es ist eine eng beschränkte künstliche Intelligenz im Gegensatz zur allgemeinen Intelligenz des Menschen.

Das beste Beispiel ist wohl die FSD² Selbstfahrsoftware des Unternehmens Tesla. Tesla verwendet Verfahren der künstlichen Intelligenz, um aus der realen Umweltszene (entsprechend der unteren, realen Zeitachse in Abb. 4.2) eine virtuelle Modellszene der Situation zu erhalten (obere Zeitachse). Der Datenstrom von 8 Kameras am Auto wird zu einem dreidimensionalen Modell der dynamischen Umgebung verarbeitet mit potenziellen Hindernissen, den Fahrspuren und Ampeln. Auf dieser Grundlage werden die weiteren Steuerentscheidungen gefällt. Die Abb. 4.4 zeigt die Software in Aktion.

Ein spezieller Superrechner dient zum Trainieren und zum Erstellen der KI-Fahrsoftware für die Fahrzeuge. Der Echtzeitcomputer arbeitet mit 150 TeraFlops oder $1{,}5 \times 10^{14}$ Rechenschritten pro Sekunde. Das

---

² FDS steht für Full Driving Software.

ergibt eine Länge des gleitenden Zeitfensters des Tesla Fahrcomputers von 50 Millisekunden (Shah, 2023).

Einen Zugang zur Grösse des menschlichen Zeitfensters erhält die Forschung über Reaktionszeiten, die mentale Chronometrie. Dies ist die experimentelle Untersuchung der Zeit bei geistigen Vorgängen. Es beginnt mit der Messung einfacher Reaktionszeiten auf ein Signal, dann mit dem Erkennen und Reagieren auf spezielle Situationen und der richtigen Auswahl unter vorgeschlagenen Antworten. Für viele menschliche Aufgaben werden Zeiten von 100 bis 300 ms angenommen, aber es werden auch wesentlich kürzere Zeiten berichtet. Die Weite des Zeitfensters hängt von der Situation ab und den implizierten Aufgaben: Einfach ist es, etwas Bekanntes zu entdecken, mehr Prozessarbeit benötigt es, unbekannte Bilder zusammen mit Klängen oder gar Sprache zu verarbeiten, zu interpretieren und darauf zu reagieren. Eine weitere unbewusste Aktion ist das Abspeichern des Ereignisses im Gedächtnis.

Im digitalen Analogon sind dies alles sauber getrennte Vorgänge in separaten und wohldefinierten Arbeitseinheiten, etwa dem Cache (dem Speicher für oft Verwendetes), der CPU (der Recheneinheit), dem Kurzzeit-Speicher (für vorher Erfahrenes) oder dem Langzeitspeicher (dem Archiv). Anders im Gehirn! Hier sind die Funktionen verteilt, überlappt und unscharf definiert.

4.1.2 Die gespeicherte Zeit

Fange eine Sternschnuppe und stecke sie in deine Tasche.
Lass sie niemals vergehen.
Liedtext von Paul Vance, berühmt durch Perry Como, 1957.

Menschliche Speicherung
Im gleitenden Fenster oder Sliding Window der Gegenwart werden im Gehirn Sensordaten aus dem Weltbild gezogen und kodiert abgespeichert, dies zusammen mit unterstützenden, daraus prozessierten Daten. Wichtig ist der Zusammenhang mit dem Ort des Geschehens und vor allem mit dem Zeitpunkt. Es ist zum einen der simple Zeitstempel der Daten, aber auch die Verbindung zu anderen Ereignissen wie «auf Blitz

Abb. 4.5 Vergleich digitale Speicherung mit menschlicher Speicherung Links steht das Bild für einen hochauflösenden, exakten Scan, rechts für die vage menschliche Speicherung der Idee im Verbund mit verwandten Ideen. Einzelbilder Wikimedia Commons: Beethoven, Tonhalle Zürich renoviert grosser Saal, Eigene Skizze als Erinnerung an den Film «Ein Hund namens Beethoven»

folgt Donner». Dazu kommen Verknüpfungen wie etwa das Attribut «Gefahr» beim Blitz, die Intensität des Erlebnisses, der Ort der Beobachtung, vielleicht sogar der Ort eines früheren, gesehenen Einschlags.

Die gespeicherten Werte sind aus der Zeit herausgenommen, aus dem gleitenden Fenster. Sie sind beinahe ausserhalb der Zeit, nur beinahe, denn menschliche wie technische Datenspeicher sind mehr oder weniger vergänglich, ihre Daten verblassen, verändern sich oder verschwinden ganz. Daten, gekratzt in Quarz, halten Tausende von Jahren, Daten, als elektrische Ladungen oder Magnetbereiche gespeichert, nur wenige Jahre. Die beste Speicherung wäre eine «umwälzende», das laufende Lesen und Speichern der Erinnerungen aufs Neue.

Die Collage der Abb. 4.5 symbolisiert die Verschiedenheit des nüchternen digitalen Speicherns der Daten eines Gemäldes im Vergleich zum menschlichen Eindruck des Gemäldes und der Speicherung im Gehirn. Die digitale Speicherung in der einfachsten Form speichert die gescannten Daten in hoher Auflösung und bitgetreu ab in einer gewaltigen Menge von Bits. Das Werkzeug zum Scannen kann normales Licht verwenden, aber auch infrarotes oder ultraviolettes Licht oder alles zusammen. Es ergeben sich enorme Datenmengen, je höher die Auflösung, desto mehr Daten mit Unnötigem, Redundanten.

Das Gehirn speichert nicht die Bits, sondern ausgewählte Bildelemente, einige auf der physikalischen Ebene wie Farben oder Haare, aber vor allem Merkmale wie den Typus des Gesichts und den Gesichtsausdruck. Dazu werden räumliche und sachliche Verbindungen von der Szene zu anderen Objekten hergestellt. Dies ist beim Beethoven-Bild der Abb. 4.5 etwa der Konzertsaal, in dem ein besuchtes Beethoven-Konzert stattfand, und als ganz quere Assoziation der Bernhardiner Hund genannt Beethoven, einfach nur des Namens wegen. Umgekehrt wird bei der Erinnerung, dem Holen einer Information, nicht nur ein sachliches Datum zurückgeholt, sondern es werden damit auch Szenen, Geräusche und Gerüche, sogar Ängste oder Glücksgefühle wach[3].

Die menschliche Speicherung des Inhalts der Zeit erfolgt vage, aber intelligent. Allerdings gibt es keinen Grund, dass nicht auch der Speichervorgang mit dem Computer und durch den Computer in diesem Sinn intelligent erfolgen kann. Die Software kann erkennen und speichern, dass das Bild einen Mann zeigt, dass dies Beethoven ist, er zu den Komponisten gehört und das Bild ein besonders schönes Kunstwerk ist. Viele solcher IT-Fähigkeiten sind ja schon heute möglich.

Eine besondere, wesentliche Funktion des menschlichen Zeitspeichers ist das Vergessen.

> In der praktischen Anwendung unseres Intellekts ist das Vergessen genauso wichtig wie das Erinnern.
> William James, amerikanischer Psychologe, in *The Principles of Psychology*, 1890.

Elementar technisch gesehen ist der Datenverlust beim Vergessen schlicht ein Systemdefekt. Angesichts der gigantischen Zahl an Neuronen im menschlichen Gehirn von etwa 80 Mrd. scheint es unnötig, vergessen zu müssen, um Platz für Neues zu schaffen. Das menschliche Vergessen ist aber ebenfalls wieder, wenigstens zum Teil, intelligent und nicht einfach pauschal.

---

[3] Dies ist insbesondere der Proust-Effekt, erläutert in Abb. 5.18.

Man vergisst selektiv, vor allem unwichtige Details. Wichtiges bleibt länger, um damit Verbindungen herzustellen, etwa um zu wissen, dass man die Person schon gesehen, aber ihren Namen vergessen hat. Das Vergessen eliminiert auch veraltete Daten und reduziert den Einfluss spektakulärer einzelner Ereignisse, die das Weltbild verzerren. Der Inhalt des Speichers wandelt sich von der exakten Erinnerung zu einer generalisierten und gefilterten Abbildung der vergangenen Zeit (Richards and Frankland, 2017). Aus der linearen Vergangenheit entsteht ein komplexes Modell als Grundlage für unsere zukünftigen Entscheidungen. Eine treffende Beschreibung des menschlichen Systems der Zeitspeicherung findet sich in diesem Bericht des Sinai-Cedars-Centers in Los Angeles (Sinai-Cedars, 2017):

> Unser Gedächtnis ist weniger eine Kommode mit Schubladen voller Ordner, sondern eher eine Menge von Prozessen, die uns alle zusammen helfen, Sprache zu erkennen, wichtige Information zurückzuholen und Daten zu speichern, die wir später brauchen.

Speicherung im Computer

> «640 Kilo[Byte] sollten jedermann genügen».
> Nach einem Gerücht eine Bemerkung des Unternehmers Bill Gates von 1981,
> bezogen auf den gerade eingeführten IBM PC. Bill Gates bestreitet den Ausspruch.

Das Zitat ist berühmt wegen des lächerlich kleinen Zahlenwerts. Heute haben auch PCs Speicher in verschiedenen Technologien im Umfang von Milliarden Bytes. Im Computer ist die Speicherung von Daten klar strukturiert in einer Hierarchie von Speicherelementen und Technologien. Auch im Computer wird im Speicher die Zeit direkt oder indirekt abgebildet. Die Speicherung der Zeit folgt einer Kombination von technischen und wirtschaftlichen Überlegungen. Kritisch ist die Geschwindigkeit, mit der Information aus der Versenkung des Speichers geholt werden kann, und der Preis für die Speicherung einer bestimmten Datenmenge. Je kürzer die Zugriffszeit, desto höher der Aufwand und die

Kosten, in der Technik wie in der Natur. Es geht um ausgeklügelte Ketten von Speichern übereinander und hintereinander, die beginnen bei Hochgeschwindigkeitsspeichern in den Rechnern selbst und enden in den Grossanlagen, die für den Benutzer eine Wolke (Cloud) darstellen, in der seine Daten verschwinden. Die industriellen Clouds sind die grössten technischen Anlagen, die es heute gibt. Es sind Parks mit Hunderttausenden von Computern.

Zwei nützliche und verwandte Begriffe, allgemein für den Umgang von Daten in der Zeit, sind der *Cache* für Daten und der *Arbeitssatz* von Daten.

Cache ist ursprünglich französisch und heisst Versteck. Beim Umgang mit Daten ist es ein (nach aussen unsichtbarer) sehr schneller Zwischenspeicher für Daten, die immer wieder gebraucht werden oder vermutlich wieder gebraucht werden. Der Vorteil ist, dass diese Daten nicht von «weiter weg» geholt werden müssen. Die Grundlage ist die Beobachtung, dass es in praktischen Abläufen, im täglichen Leben wie im Computer, einen Arbeitssatz von Daten gibt, der sich nur langsam ändert. Dieser Working Set ist besonders wichtig für das Lernen wie für das Aufbewahren. Ein hinreichend grosser Arbeitssatz ist notwendig, um eine (Fremd-) Sprache sprechen zu können.

Das Beeindruckendste bei der Speicherung von digitalen Daten sind die Grössenordnungen der handhabbaren, der vorhandenen und laufend dazu kommenden Datenmengen: Diese Daten sind zum grossen Teil eingefrorene Zeit, meistens in der Form von Videos. Hier sind geschätzte Werte:

> Jeden Tag werden 330 Exabytes an Daten generiert,
>   etwa 120 Zettabytes erwartet im Jahr 2023.

Die Vorsilben dieser Norm-Tausenderschritte sind in den letzten Jahren populär geworden: Mega – Giga – Tera – Peta – Exa – Zetta, jeweils mit drei Nullen mehr. Aber die angegebenen Zahlen sind naturgemäss ungenau, die Datenmengen wachsen ja exponentiell in der Zeit an. Es gilt für unsere Zwecke die sarkastische Aussage des Astronomen Arthur Eddington, die er 1933 zum populären Verständnis astronomischer (grosser) Zahlen geschrieben hat:

Die Zahlen mögen nicht sehr vertrauenswürdig sein, aber ich denke, sie vermitteln einen korrekten Eindruck.

Die Fortschritte der Speichertechnologie ermöglichen es, die Lebenszeit eines Menschen immer detaillierter extern, im Computerspeicher, aufzuzeichnen. Den Anfang machten einfache persönliche digitale Daten, oft mehrfach am Tag selbst aufgenommene einfache Werte wie Körpergewicht und Puls. Die erste Bewegung dieser digitalen Selbstvermessung hiess das *Quantified Self,* das vermessene Selbst. Wesentlich mehr Daten liefern Videokameras. Der kanadische Ingenieur Steve Mann (geb. 1962) ist ein Pionier der Aufzeichnung seines Lebens einschliesslich der Anwendung «höherer» Funktionen. Es ist zunächst die Aufzeichnung (das «*Life logging*») seiner visuellen Lebensumgebung. Dazu sieht neben der menschlichen Person eine Videokamera die Welt. Der Videostrom ist damit in der Ich-Perspektive aufgenommen. Im deutschen Spielerjargon wird das Leben zu einem Ego-Shooter-Spiel, also zu einem Videospiel, in dem sich der Spieler in einer frei begehbaren dreidimensionalen Welt in seiner Zeit bewegt – und schiesst. Für manche Menschen ist es reizvoll, diesen Videostrom von seinem persönlichen aktuellen Ausblick in Echtzeit über das Internet (dem «*Life Streaming*») zu verbreiten. Höhere Funktionen können dabei Techniken zur Veränderung der verwendeten Information sein, etwa das Hinzufügen von Information (Verstärkte Realität oder «*Augmented Reality*») oder allgemein die Veränderung der Information inkl. Der Entfernung ungewünschter Inhalte (Vermittelte oder «*Mediated Reality*»).

Die Abb. 4.6 zeigt die historischen Anfänge des Versuchs, den Bilderstrom des Lebens zu verteilen und zu konservieren. Der kanadische Ingenieur Steve Mann begann in den 1980-er Jahren einfache, aber sehr auffällige Schwarz-Weiss-Kameras mit sich zu tragen und aktuelle Einzelbilder seines Lebens zu verbreiten. Heute ist die fortlaufende Speicherung eines Lebens in der Ich-Perspektive kein grosses Problem. Die Datenmengen sind keine erschreckenden Grössen mehr, jedenfalls nicht für das Lebensvideo einer Einzelperson:

Für eine Stunde Aufzeichnung der Lebenszeit werden etwa 250 MB bei Standardauflösung benötigt. Das entspricht im Jahr etwa 2–10 TeraBytes. Die zugehörigen Kosten sind nur einige hundert Euros für ein fixiertes Lebensjahr.

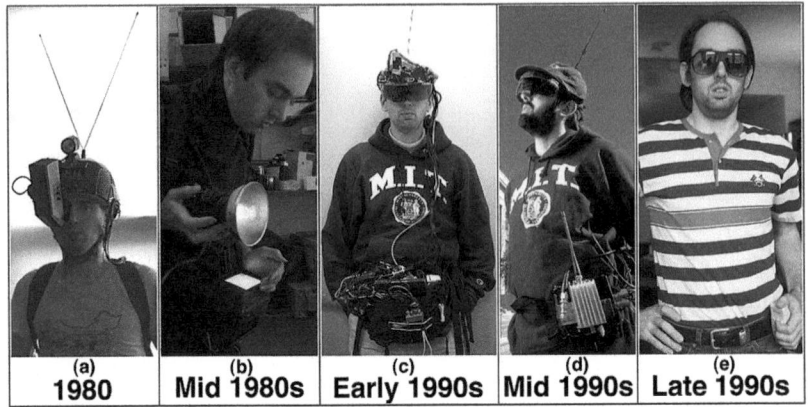

Abb. 4.6 Frühe tragbare Computing-Geräte für Life-Logging und Streaming. Der kanadische Ingenieur Steve Mann mit Geräten für Life Logging und Life Streaming als früher «Cyborg». (Bild: Wearcompevolution, Wikimedia Commons, Glogger)

Speicherung als Versuch, den «Zeitpfeil» umzudrehen

Wir haben schon festgestellt, dass es keinen Zeitpfeil gibt. Der Physiker Arthur Eddington hat mit diesem Begriff einen physikalischen Denkfehler begangen, denn Zeit ist die Erschaffung von Neuem und keine Bewegung. Damit ist es auch unmöglich, die Zeit umzukehren - es gibt keinen Weg zurück. Die Abb. 4.7 illustriert die Relation der wahren Zeit, der gespeicherten Zeit und der versuchsweise rückläufigen Zeit. Die behauptete rückläufige Zeit ist ein Widerspruch in sich: Denn die Person, die sie empfinden sollte, muss eine vorwärtslaufende Zeit haben, um den Rückwärtslauf zu verstehen! Die Verwendung des Pfeils in der Grafik wie üblich soll nur das beständige Anwachsen symbolisieren, es ist wie erläutert kein Pfeil im Raum.

«Fortschreiten» der Zeit heisst nur, ganz im Sinne des Aristoteles, zunehmende Masszahlen. In der wahren Zeit, der normalen Situation, wachsen die Masszahlen. Dies gilt auch bei gespeicherter Zeit in Film und Literatur, allerdings von einem fiktiven Wert aus gemessen. Die physikalische Zeit wächst monoton und wird nicht zurückgedreht. Nur bei dem künstlichen Videolauf zurück würden die Zahlen, mit denen die Zeit gemessen wird, kleiner werden, aber dies ist unphysikalische

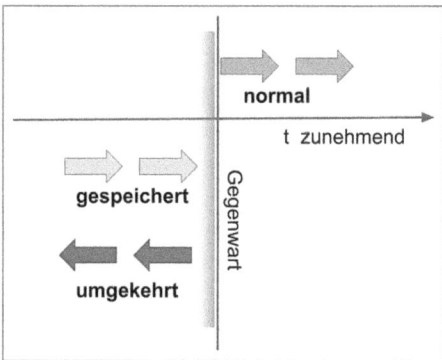

Abb. 4.7 Die «Richtung» der Zeit t Auch gespeicherte Zeit im Video läuft normal. Das umgekehrt laufende Video ist unphysikalisch. Die Zeit ist immer nur zunehmend. «Richtung» darf für die Zeit nicht räumlich aufgefasst werden

Fiktion. Life Logging ist trotzdem für viele Menschen eine befriedigende Aktion:

> Ich kann jeden Moment in meinem Lebensprotokoll abrufen, um ihn mit den Menschen,
>   mit denen ich ihn erlebt habe, noch einmal in allen Einzelheiten zu erleben. Dafür bin ich sehr dankbar. Und wenn ich immer mehr Erinnerungen sammle und sie in meinem Lebensprotokoll festhalte, wird auch mein zukünftiges Ich dankbar sein.
> Robert Rodriguez, amerikanischer Drehbuchautor, 2023.

Dies gilt oder galt schon für die klassische Form des persönlichen Logbuchs, für das Tagebuch oder Diarium. Allerdings betreffen berühmte Tagebücher die Verarbeitung problematischer, vor allem seelischer Lebenssituationen. Das digitale Gedächtnis erlaubt das Nach-Erleben vergangener Situation bis hinein in triviale Kleinigkeiten. Die Fülle an Kleinigkeiten ist genau das Problem: Wie findet man das Wesentliche und Gesuchte in den TeraBytes oder gar Petabytes und mehr an unformatierten Daten, in der gigantischen Mischung aus Texten, Koordinaten, Bildern und Klängen? Die zugehörige Disziplin ist die «persönliche Analytik». Es geht technisch um die Analyse von sehr grossen Datenmengen, einer Art von «Big Data» mit einem Schlagwort der letzten Jahrzehnte. Werkzeuge hierfür zu entwickeln ist eine der grossen technischen Herausforderungen. Die Auswertung des digitalen Lebenslogbuchs könnte Krankheiten früher erkennen oder Komplikationen im Krankheitsverlauf vorzeitig feststellen. Oder einfach eine Szene nochmals erleben lassen.

Life Logging wirkt wie eine effektive Ausdehnung der Gegenwart eines Individuums, sogar über den Tod des Menschen hinaus. Aber es ist keine Zeitumkehr.

4.2 Unsere menschliche Zeit

„Wenn ein Mann eine Stunde mit einem hübschen Mädchen zusammensitzt, kommt ihm die Zeit wie eine Minute vor. Sitzt er dagegen auf einem heißen Ofen, scheint ihm schon eine Minute länger zu dauern als jede Stunde. [Das ist Relativität]."

Albert Einstein, Physiker, zu seiner Sekretärin Helen Dukas, vermutlich 1948 oder später.

Dieser Spruch ist nahezu albern, aber er stammt wirklich, mehrfach bestätigt, vom Nobelpreisträger Albert Einstein. Einstein hatte den Vergleich als witzige laienhafte Erklärung der Relativitätstheorie der Physik gedacht. Wir verwenden das Zitat für die Relativität der menschlichen Wahrnehmung der Zeit.

4.2.1 Die subjektive Gegenwart

Die *subjektive* Zeit ist der Gegenstand verschiedener Wissenschaften. Es sind so die angewandte und messende Psychologie, Neurologie und Psychophysik. Die Messungen an der eigenen Wahrnehmung sind nicht mehr mit einem Dutzend oder mehr Dezimalen Präzision durchführbar wie die Zeitmessungen der reinen Physik, sondern sie sind menschlich-variabel, manchmal sogar mit fraglichem Vorzeichen – dafür sind sie von direkter Bedeutung für uns Menschen.

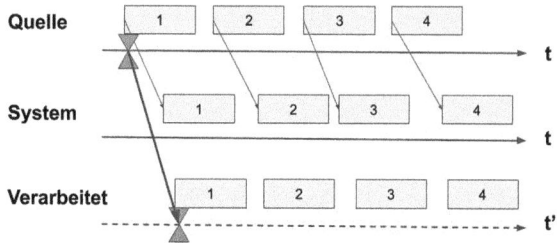

Abb. 4.8 Das Bindungs-Problem von Signalen zum gleichen Event Der Datenstrom der Quelle (das physikalische gleitende Fenster) ist perfekt in der Zeit, der Datenstrom im System hat im Einzelnen zufällig verschobene Zeiten, der verarbeitete Datenstrom ist repariert, meistens korrekt, aber permanent verschoben

Die Griechen hatten zwei Götter für die personifizierte Zeit, *Chronos* «die Zeit» und *Kairos* der «(günstige) Moment». Die Wissenschaft der subjektiven Zeit steht noch mehr auf der Seite von Chronos; sie will so nüchtern oder objektiv wie möglich sein.

Unser Erleben der Zeit, z. B. als Dauer eines Ereignisses oder als Gleichzeitigkeit zweier Ereignisse, ist das Ergebnis innerer Prozesse mit viel Gelerntem und Anpassung an die «wahren» physikalischen Verhältnisse. «Wahr» sein heisst, die wahre Kausalität beizubehalten, den wahren Vorgang abzubilden und keine unzutreffenden Vorgänge einzubauen.

Dazu ein einfaches technisches Analogon zum Empfinden der Zeit (Abb. 4.8). Ein normaler Videostrom über das Internet zeigt das typische Zeitproblem. Der digitale Videostrom eines Videoclips wird über Datennetze in der Form von vielen Datenpaketen übertragen. Der Sender zerstückelt den Datenstrom, der Empfänger setzt ihn wieder zusammen. Bei der Übertragung ergeben sich typische Probleme:

Das Zeitproblem ist, dass Pakete verschiedene Zeiten für die Übertragung brauchen können. Während das physikalische gleitende Fenster perfekt in der Zeit ist, zittern die Datenpakete nach der Übertragung in der Ankunftszeit. In der Abb. 4.8 sind die übertragenen und ankommenden Päckchen zeitlich unregelmässig verschoben. Bei stärkeren Verschiebungen kann es sogar Ordnungsproblem entstehen, d. h. ein Paket könnte ein anderes überholen und muss zurückgestellt werden.

Eine technische Lösung ist es, alle Pakete für eine kurze Zeit in einem Zeitpuffer zurückzuhalten, und die Pakete erst gesammelt und nach der Wartezeit zusammen korrekt zu verarbeiten. Nach der Verarbeitung sind die Päckchen i.A. wieder im Gleichtakt. Das Ordnungsproblem wird durch Nummerierung der Päckchen gelöst. Beim Zusammensetzen werden die Pakete nach den laufenden Nummern, wenn nötig nachträglich umgeordnet. Das normale Ergebnis wird der gleiche Videostrom sein, sogar ungefähr synchronisiert, aber um die Pufferzeit versetzt. Die Zeitachse t' für das Geschehen im Video ist gegen die wahre Zeit t permanent verschoben.

Dieses Prinzip verwendet das menschliche (und wohl auch andere tierische) Reaktionssystem (Eagleman, 2009). Es entspricht im Gehirn der benötigten Zeit, um die verschiedenen Signale des Events, die in verschiedenen Zeiten das Gehirn erreichen, aufzufangen und gemeinsam zu verarbeiten. Die Signale können dabei recht verschieden sein, etwa der Klang eines Schusses oder eines platzenden Kinderballons, und verschiedene Verarbeitungszeiten verlangen. In der Grafik der Abb. 4.8 könnten es Pakete verschiedener Farbe sein und das Gehirn hat die nicht-triviale Aufgabe, die richtigen Punkte zum Event zu binden und zu analysieren: Ist dies ein Schuss? Ein Kinderballon?

Die zeitliche Verschiebung ist im Wesentlichen die Zeit, die wir nachrichtentechnisch und philosophisch als *gleitendes Fenster* der lokalen Zeitempfindung eingeführt haben.

Dieses Zeitfenster bedeutet, dass das Bewusstsein postdiktiv [nach rückwärts sehend] ist und Daten aus einem Zeitfenster *nach* einem Ereignis einbezieht und eine retrospektive Interpretation des Geschehens liefert.
David Eagleman, amerikanischer Neurologe, geb. 1971.

Illusionen sind Effekte

Es ist lebenswichtig, dass die Interpretation einer Szene so zeitnah wie möglich geschieht, aber eine Verzögerung ist unvermeidlich. Eagleman schildert einen einfachen Versuch dazu: Wenn die Versuchsperson eine Taste drückt, wird ein kurzer Lichtblitz ausgelöst. Dabei ist ein kleiner Trick eingebaut, eine verzögerte Auslösung des Blitzes, vielleicht 200 Millisekunden. Damit übt die Person und wird an diese

Ereigniskette gewöhnt. Hebt man die Verzögerung auf einmal auf, so stellt sich nach Eagleman ein kurioses Gefühl ein: Die Versuchsperson glaubt, dass der Blitz *vor* dem Tastendruck aufgetreten ist. Es ergibt sich ein unangenehmer Widerspruch zur Kausalität. Unsere normale Verarbeitung der Daten erwartet Kausalität.

Die Vorgänge der Welt, wie wir sie empfinden, sind keine Illusion im Sinne von «Vortäuschung, Betrug, Hintergehen». Die Evolution und unsere Lebenserfahrung haben versucht, die notwendige Datenverarbeitung so naturgetreu zu machen wie möglich. Unsere empfundene Zeit ist eine IT-Version der wahren Zeit, eine verarbeitete oder eine prozessierte Zeit. Auftretende Fehler sind dagegen Illusionen.

Allerdings aufgepasst! Ist die Illusion das gesetzmässige Produkt unserer (Gehirn-) Software und damit wiederholbar und analysierbar, so ist es ein Gegenstand der Psychologie und keine Illusion.

Zeitliche Illusionen sind systematische Verzerrungen der Wahrnehmung der menschlichen Zeit. Zeitgrössen, die vom Menschen geschätzt (oder auch nur gefühlt) werden können, sind (Wikipediaartikel *Time perception*):

Zeitintervalle, z. B.:	Wann war ich das letzte Mal beim Arzt?
Zeitdauer, z. B.:	Wie lange musste ich warten?
Gleichzeitigkeit:	Empfindung kann von anderen Umständen abhängen.

Illusionen entstehen z. B. durch die Wechselwirkung des Zeiteindrucks mit anderen, äusseren Umständen, insbesondere mit dem Raumeindruck. Deutliche und experimentell gut erfassbare Effekte sind der Tau- und der Kappa-Effekt. Bei Experimenten mit aufblitzenden Lichtpunkten an verschiedenen Stellen eines Bildschirms beeinflussen die zeitlichen Differenzen der Signale den räumlichen Eindruck (Tau-Effekt) und andererseits verändern räumliche Abstände die zeitlichen Empfindungen (Kappa-Effekt). Es werden scheinbare Bewegungen der Punkte suggeriert (Phi-Effekt). Die erste Beobachtung der gegenseitigen Beeinflussung von Raum- und Zeitempfindung stammt vom österreichisch-ungarischen und italienischen Psychologen Vittorio Benussi (1878–1927) in einer Arbeit von 1907 zur *Analyse des Zeitvergleichs* (Indino. 2009). Der amerikanische Psychologe Harry Helson hatte 1931, ganz in unserem Sinn, vorgeschlagen, diese Phänomene nicht Illusionen zu nennen, sondern «Effekte» denn[4]

> [...] weil sie eindeutigen Gesetzen gehorchen, gemessen werden können und nicht auf Einbildung, Aufmerksamkeit, Suggestion oder einem anderen eigenartigen mentalistischen Mechanismus beruhen.

Vielleicht sollte man von der menschlichen Zeit generell in diesem Sinn als «Zeiteffekt» reden – sowohl in der Physik als auch in der Psychologie? Jedenfalls nicht von Illusion.

4.2.2 Innere Uhren

Der französische Naturphilosoph Jean-Jacques de Mairan (1678–1771) experimentierte im Jahr 1729 mit der Mimose, lat. *mimosa pudica*, auf Deutsch auch Schamhafte Sinnpflanze (Abb. 4.9).

De Mairan wusste, dass diese Pflanze heliotrop ist, also dass sie ihre Zweige und Blätter immer in die Richtung des meisten Lichts dreht und dass sich die Blätter bei Berührung zusammenklappen, wie der Name es schon andeutet. Aber er notierte eine weitere Eigenschaft: Dies Zusammenklappen geschieht auch bei Sonnenuntergang. Seine Pflanze ging schlafen und wachte am Morgen wieder auf. Das Wort «schlafen» suggeriert etwas Tierisches in den Pflanzen. Aber es wurde noch spannender. Brachte man die Pflanzen ins Dunkle, etwa in den Weinkeller, so folgten sie dem Rhythmus des Zusammenklappens und Aufgehens auch im Dunklen weiter.

De Mairan vermutet:

> «Wahrscheinlich hängt es mit der Fähigkeit kranker Menschen zusammen, Tag und Nacht vom Bett aus zu unterscheiden.»

---

[4] Das Zitat wurde von der Einzahl (für den Tau-Effekt) sinngemäss in die Mehrzahl gesetzt.

4 Die menschliche Zeit – nüchtern

Abb. 4.9 Die Schamhafte Mimose An dieser Pflanze wurde die innere Uhr entdeckt. Illustration aus *Flora de Filipinas*, um 1880. (Bild: Mimosa pudica blanco2.253, Wikimedia Common, Francesco Blanco)

De Mairan dachte, dass die Pflanzen die Sonne irgendwie spürten, auch ohne sie zu sehen. Bis in die Mitte des 20. Jahrhunderts gab es dazu auch die Vermutung, es gebe einen unbekannten «Faktor X», durch den man unbewusst die Erdrotation wahrnehme.

Knapp hundert Jahre nach de Mairan experimentierte der Schweizer Botaniker Augustin Pyramus de Candolle (1778–1841) wieder mit der schreckhaften Mimose. Er hielt die Pflanzen sorgfältig im Dunkel oder umgekehrt bei künstlichem Licht und versuchte auch, die Luftfeuchtigkeit konstant zu halten, denn Schwankungen der Luftfeuchtigkeit waren ebenfalls als Ursache für das Weiterlaufen des Tag-Nacht-Rhythmus vermutet worden. Candolle fand (Ward, 1971):

Die Mimosenbewegungen laufen bei konstanter Beleuchtung oder dauernder Dunkelheit weiter,

- bei konstanter Dunkelheit ist die Periode der Mimosenbewegungen etwa 24 h,
- bei konstantem Licht dagegen nur etwa 22 h.

Es gelang ihm auch, Tag und Nacht durch den Einsatz von künstlichem Licht umzukehren, worauf die Pflanzen nach den ersten Tagen der "Verwirrung" mit einer Umkehrung ihrer ursprünglichen Rhythmen reagierten. Dies legt die natürliche Erklärung nahe, dass Pflanzen eine innere Uhr haben. Weder das Licht noch der Wechsel von Hell auf Dunkel und umgekehrt können die Ursache sein. Die Uhr ist freilaufend und nicht sehr präzise, kann aber neu synchronisiert werden. Die innere Pflanzenuhr arbeitet auch auf ein- oder zweistündiger Basis. Damit können sich Blüten verschiedener Arten zu verschiedenen Zeiten öffnen und das Futterangebot über die tierischen Bestäuber verteilen.

Naturgemäss besitzen alle Formen von Leben, sogar Bakterien und insbesondere wir Menschen, eine oder mehrere innere Uhren.

Wir sind alle lebende Uhren. Wir beziehen unsere Zeitinformation nicht nur als Stösse von aussen, sondern bergen eigene, selbstlaufende Einrichtungen dafür in uns.

Die Abb. 4.10 illustriert die Bewegungen der Blätter einer Bohne (gehoben oder fallen gelassen). Das Diagramm ist dem Versuch von de Mairan nachempfunden und als Prinzipskizze zu verstehen. Es demonstriert kurze Perioden mit Licht-Dunkel-Wechsel (LD) und ohne Licht weiterlaufende längere (ca. 24 h) Perioden im Dunkel-Dunkel-Versuch (DD).

Seit 1959 werden die beobachteten Rhythmen als *zirkadianisch* bezeichnet nach dem lateinischen *circa* «um herum» und *dies* «Tag». Das Fremdwort für die exakten 24 h ist *nycthemeral* nach dem griechischen *nux* «Nacht» und *hêmera* «Tag». Es ist kein Zufall, dass viele irdische interne Zyklen mit Zeitspannen um den Sonnentag und die Erdrotationszeit herum ablaufen – es ist für viele biologischen Vorgänge und Aktivitäten von Pflanzen, Tieren und Menschen die entscheidende Periode.

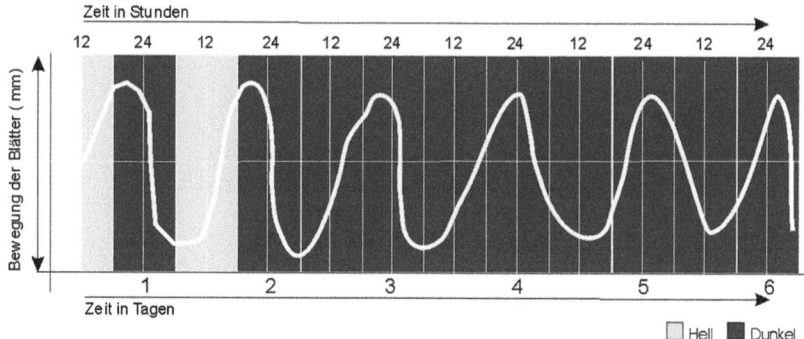

Abb. 4.10 Der de Mairan-Versuch von 1729 mit Bohnenpflanzen (Prinzip) Hebung oder Senkung der Blätter über mehrere Tage. Zwei Tage LD, vier Tage DD. (Bild: Blattbewegung Bohne, Wikimedia Commons, Zoph. zwem der Quelle ist perfekt in der Zeit)

Eine andere wichtige Periode ist der Mondumlauf, bezogen auf die Sonne ist es der synodische Monat mit etwa 29,5 Tagen. Der Mondumlauf auf den Sternhimmel bezogen sind nur 27,3 Tage. Hier drängt sich der Vergleich mit den weiblichen Zykluszeiten auf; der Durchschnittswert der Zykluszeit sind etwa 30 Tage. Charles Darwin hatte einen kausalen Zusammenhang vermutet: er dachte, weil das Leben im Meer entstanden sei und Meerestiere durch die Gezeiten enger mit dem Mondlauf verbunden seien. Aber es ist keine relevante Synchronisation der menschlichen Menstruation mit den Mondphasen zu beobachten. Wenn eine Synchronisation mit den Mondphasen Vorteile für die Fruchtbarkeit hätte, wäre dies nicht bei unseren Primaten-Kollegen, den Schimpansen, in der Wildnis viel ausgeprägter? Schimpansen haben eine Zykluszeit von 35 Tagen.

Es ist eine nahezu philosophische Frage, wie in der belebten Natur eine Uhr zu bauen ist: Wie macht man das? Ein eindrucksvolles Beispiel aus der anorganischen Chemie ist das zuckende Quecksilber-Herz, das beinahe lebt (Abb. 4.11).

Das Herz ist ein Tropfen Quecksilber, berührt von einem Eisennagel. Es sind zwei Prozesse, die zusammenspielen, oder besser, gegeneinander spielen: Das Quecksilber oxidiert im Säurebad und der Tropfen dehnt sich aus. Berührt der Eisennagel das Quecksilber, so wird das Oxid

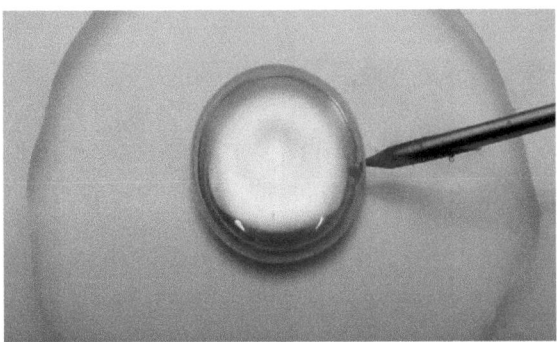

Abb. 4.11 Zuckendes Herz Ein zuckender Quecksilbertropfen. (Bild: Stilles Bild aus Video https://www.youtube.com/watch?v=m6631u7d4E0 von www.periodictableru)

reduziert. Der Tropfen zieht sich zusammen, unterbricht dabei den Kontakt zum Nagel, und es wiederholt sich. Das Herz zuckt und pulsiert und ist eine fragile Uhr. In diesem Beispiel ist die Gegenkopplung der beiden Prozesse eindrücklich sichtbar, im Falle der inneren Uhr der Lebewesen sind es genetische, nahezu abstrakte Prozesse mit Proteinen.

Der Physiker und Biologe André Klarsfeld erklärt (Klarsfeld, 2013):

> Die molekularen Mechanismen der zirkadianen Uhr, oder zumindest einer ihrer wesentlichen Aspekte, kann man sich sinnvollerweise als negative Rückkopplungsschleifen vorstellen. In diesen Schleifen wechseln sich Aktivierung und Hemmung ab. Die letztere wird durch die erstere ausgelöst und umgekehrt.

Die Natur verwendet zwei nichtlineare, gegeneinander laufende chemische Prozesse, um eine Schwingung zu erzeugen. Der erste Schritt zur Aufschlüsselung der circadianen Vorgänge wurde 1971 mit der Entdeckung des ersten «Uhr-Gens», benannt *Period*, gemacht bei der Fruchtfliege Drosophila. Damit war die Wissenschaft von Zeitphänomenen in lebendigen Organismen etabliert: die *Chronobiologie*[5], genannt nach der

---

[5] Nicht zu verwechseln mit den esoterischen und fiktiven kosmischen Biorhythmen.

griechischen personifizierten Zeit *Chronos*. Die Suche nach dem Ort dieses zirkadianen Oszillators war 1990 erfolgreich. Beim Menschen sind es zwei Cluster von Neuronen im Kerngebiet der Hypothalamus im Gehirn.

Der Hypothalamus im Gehirn ist die «intelligente Steuerungs- und Koordinationszentrale» des Körpers. Er sitzt unter (altgriechisch *hypo* «unter») dem Thalamus, (griechisch *thálamos*, «innere Kammer, Bett»), einer grauen Hirnmasse, die schon vom antiken Arzt Galen von Pergamon (129–216 n.Chr.) identifiziert und benannt wurde. Der Thalamus wird auch als «Tor zum Bewusstsein» bezeichnet, da die Sinneseindrücke hier gesammelt werden.

Die Aufgabe des Hypothalamus ist die automatische Regelung von Wärme, Kälte, Sicherheit und allem, was für ein erfolgreiches Funktionieren des Körpers in der Umwelt benötigt wird. Er hält das autonome Nervensystem und das System der Hormone im Gleichgewicht. Das Organ hat nur die Grösse einer Mandel und ein Gewicht von einem halben Gramm (das rote Herz in Abb. 4.12)! Vorgelagert sieht man die Hypophyse.

Die zentrale Uhr und der Meister-Zeitgeber für den Körper ist der *Nucleus suprachiasmaticus*, zwei Neuronenansammlungen von Reiskorngrösse gerade über der Verzweigung des Sehnervs (Abb. 4.13). Die wissenschaftliche Bezeichnung mit dem altgriechischen Kern *chiasmos – über Kreuz* drückt genau diese Lage aus. Zwei Mal etwa 10 000 selbstoszillierende Neuronen bilden dieses winzige Organ, das die Physiologie unseres Körpers und unsere Stimmung beeinflusst. Die wichtigste Grösse, die die circadiane Uhr beeinflusst, ist das Licht. Für das Lichtsignal gibt es einen direkten Kanal von der Retina zum Nucleus.

> «Jedes Mal, wenn wir eine Lampe anschalten, nehmen wir, ohne dass wir es bemerken,
> eine Droge zu uns, die unseren Schlaf beeinflusst.»
> Charles A. Czeisler, amerikanischer Arzt, geb. 1952.

Das Arbeiten der Uhrengene und Proteine mit- und gegeneinander im Nucleus erzeugt das dynamische Wechselspiel der Hormone im Körper, vor allem das Melatonin für die Nacht und das Cortisol für den

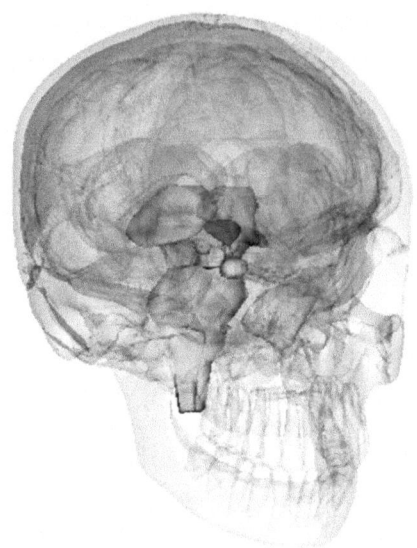

Abb. 4.12 Der Hypothalamus Der Hypothalamus in Rot hervorgehoben. Einzelbild aus Hypothalamus.gif, Wikimedia Commons, Life Sciences Data Bases

Tag. Der Mechanismus ist wie eine Art von innerer Wasseruhr, die etwa einen Tag lang laufen kann; die Rolle des Wassers haben im Nucleus erzeugte Proteine. Die innere Uhr ist flexibel; wir wissen, dass der Jetlag nicht ewig dauert. Dies ist ein erfreulicher Nebeneffekt der Evolution. Die Evolution hat uns an den Wechsel der Tageslängen in den Jahreszeiten angepasst und damit auf den Jetlag präpariert.

Die resultierenden zirkadianen Rhythmen bereiten den Körper auf die zu erwartenden Veränderungen in der Umwelt vor und bestimmen beispielsweise den Zeitpunkt für Aktivität, Schlaf und Essen und die Temperatur im Innern des Körpers. Probleme in den Zeitgebern führen zu Störungen im seelischen Befinden bis hin zu bipolaren Störungen und anderen Depressionen oder einfach zu schlechter Laune. Geht die innere Uhr eines Menschen zu schnell, schneller als die physikalische

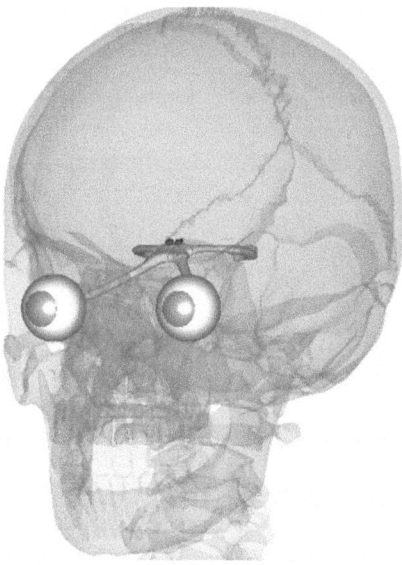

Abb. 4.13 Der Suprachiasmatic nucleus Der Suprachiasmatic nucleus in Rot. Einzelbild aus Suprachiasmatic nucleus.gif, Wikimedia Commons, BodyParts3D/ Anatomography by DBCLS

Uhr, so ist dies ein Frühaufsteher, im Volksmund eine Lerche. Umgekehrt ist der Spätaufsteher eine Eule.

Die Disziplin der Chronobiologie, die Wissenschaft von lebenden Uhren und ihren Rhythmen und Effekten, ist von einer Idee (oder Pseudowissenschaft) zu einem aktuellen Feld der Medizin und Psychiatrie geworden, in Zusammenarbeit mit Genetikern, Neurobiologen, Psychologen und Mathematikern zur Modellierung der Prozesse. Der Nobelpreis für Medizin für das Jahr 2017 wurde für die Aufklärung molekularer Mechanismen im Innern der zirkadianschen Uhr verliehen.

Die zirkadianschen Uhren sind eine tiefe Verbindung der astronomisch-physikalischen Zeit mit dem Leben. In esoterischer Sprache bedeutet es eine Harmonie in der Zeit mit Erde und Sonne, wenigstens näherungsweise und bei hinreichendem Licht!

4.2.3 Die gefühlte Zeit

> Die Zeit, die wir jeden Tag zur Verfügung haben, ist elastisch; die Leidenschaften, die wir fühlen, dehnen sie aus, die, die wir erregen, ziehen sie zusammen; und Gewohnheit füllt den Rest aus.
> Marcel Proust, französischer Autor, 1871 – 1922.

Wir fühlen unsere Lebenszeit, irgendwie fühlen wir die physikalische Zeit beim Anblick der Wolken und der anrollenden Brandungswellen am Meer, die nachrichtentechnische Zeit beim Weitergehen des Sekundenzeigers der Bahnhofsuhr und die körperliche Zeit, wenn es Abend wird oder umgekehrt der Tag sich ankündigt. Wir haben aber auch andere, leichtere Beziehungen zur *Zeit*, die nicht ohne weiteres messbar sind. Die Zeit bestimmt unser Wohlbefinden und die Art, wie wir die Welt und unser Leben empfinden. Aber wie empfinden wir die Zeit?

> Der Zusammenhang Leben und Zeit drückt sich in vielen Redensarten aus, etwa
> *Die Uhr rennt und die Zeit vergeht im Flug – die Zeit kriecht und zieht sich [in die Länge].*

Das Gefühl des Vergehens oder Fliessens oder Schleichens der Zeit wird im Gehirn konstruiert. Die Konstruktion zu verstehen ist eine aktuelle Aufgabe der experimentellen Psychologie. Den Anfang der Forschung der Beziehung von physikalischen Signalen zur psychologischen Empfindung machten vor zwei Jahrhunderten der Anatom Ernst Weber und der Physiker Gustav Fechner. Sie fanden eine grossartige und einfache Beziehung zwischen der Stärke eines Reizes und der Empfindung: Die Empfindung steigt nur linear, auch wenn der Reiz exponentiell zunimmt. Für die Helligkeit einer Lichtquelle gilt dieses «Weber-Fechner-Gesetz» über zehn Zehnerpotenzen, vom schwächsten Stern bis zur Lichtstärke des Sonnenlichts.

Die Entstehung der subjektiven Zeit ist im Vergleich dazu ein komplexer Vorgang. In die momentane Empfindung unserer Gegenwart geht vieles ein:

- unsere Vergangenheit und die Zukunftserwartungen,
- die Signale von aussen, insbesondere wenn es etwas Besonderes, Interessantes, Gefährliches ist,
- die Signale aus unserem Körper, etwa Pulsschlag, Körpertemperatur, Durst und Hunger.

Zur Wahrnehmung der Welt von aussen, der Perzeption, tritt die Wahrnehmung der Signale aus dem Körper selbst, die *Interozeption* (Wittmann, 2014). Auch die innere Wahrnehmung hat ein Zentrum im Gehirn, nämlich in der *Insula* oder Inselrinde. Die Insula ist ein von aussen am Gehirn kaum sichtbarer Teil der Grosshirnrinde. Hierher gelangen die Körpersignale vom Juckreiz bis zu Signalen aus den Eingeweiden und werden verarbeitet. Diese körperlichen Signale lassen uns die Zeit wahrnehmen, selbst wenn wir in einem Isolationstank schweben (Abb. 4.14). Dieses Zeitgefühl wird zu einem Gefühl der Zeitlosigkeit, das Zeitgefühl geht verloren.

Der amerikanische Biologe und Erfinder John C. Lilly hatte 1954 eine Art Badewanne in eine schalldichte und dunkle Kabine eingebaut. Sein Ziel war es, das Bewusstsein zu untersuchen, wenn so viele äussere Signale wie möglich abgeschirmt werden und ein Zustand des Entzugs

Abb. 4.14 Der Isolationstank Zeitgefühl ohne äussere Reize. (Bild: I-sopod Flotation Tank, Wikimedia Commons, Floatguru)

der Sinne (sensorische Deprivation) erreicht wird. Die Versuchsperson schwebt dazu in einer konzentrierten Salzlösung, etwa Magnesiumsulfat, in einer neutralen Temperatur und ohne die Wände zu berühren. Durch das scheinbare Verschwinden der Gravitation gehen weitere Reize und körperliche Aufgaben fort, etwa den Körper aufrecht zu halten und die Bewegungen zu kontrollieren. Es bleiben Atmen und Herzschlag.

Das Bild zeigt eine moderne kommerzielle Version eines Tanks der Firma Floatworks für Wellness und Gesundheitszwecke.

> Die meisten Menschen berichten, dass sie ein starkes Gefühl der Ruhe und Entspannung erleben. Einige Floater berichten, dass sie sich sehr kreativ fühlen oder über tiefgründige Themen nachdenken.
> Aus einer Werbebroschüre.

«Tiefgründig» kann die Zeitempfindung sein. Aus der Aufnahme und Weiterverarbeitung von Körpersignalen entsteht das Zeitgefühl. Der Psychologe Marc Wittmann schliesst daraus:

> Subjektive Zeit bildet sich, wie die Erfahrung im Isolationstank anschaulich macht, eben nicht durch das Wahrnehmen äußerer sensorischer Reize, sondern durch einen selbst: Jeder Mensch ist mit seinen Körpergefühlen seine eigene innere Uhr.

Die Zeitlosigkeit ist das grosse Erlebnis, wenn wir nicht abgelenkt werden. Zeitlosigkeit spüren als Gegengewicht zum verbreiteten Zeitgeist «Alles wird immer schneller»! Techniken der Zeitlosigkeit oder umgekehrt Achtsamkeits- oder Mindfulness-Techniken sind im Aufwind wie Yoga, Tai-Chi, Meditation. Zeitlosigkeit und Konzentration auf den Augenblick gehen ineinander über. Wittmann bezeichnet die Wirkung des körperlichen Einstiegs in den Floating-Tank treffend als Instant-Meditation. Der Effekt der Isolation und das Gefühl der Zeitlosigkeit ist sofort da und muss nicht durch langes Üben antrainiert werden.

«Messungen» durch Befragungen von Menschen und deren Einschätzungen sind nicht mit physikalischen Messungen zu vergleichen. Es sind primär menschliche Ansichten über die Effekte und keine Messwerte.

Die Aussagen können sich sogar widersprechen und damit kann schon das Vorzeichen der Beschreibungen zweifelhaft sein. Ein Beispiel ist die Wirkung der Meditation auf das Zeitgefühl. Die meisten Meditierenden berichten wie die Schwebenden im Tank, dass die Zeit schneller vergeht (Gritters, 2019). Aber die Berichte sind widersprüchlich: «Das habe ich mal so, mal so erlebt». «Sie geht gefühlt langsamer. Wer verträumt abschweift, dem vergeht sie schneller». «Man ist jenseits der Zeit. Man fühlt keine Zeit».

Ein einfacheres Zeitgefühl betrifft unsere Einschätzung der Zeit in der Erinnerung. Einige Aussagen sind gut bestätigt und allgemein akzeptiert, etwa das Gefühl, dass die Zeit langsamer verläuft, wenn viel geschieht, oder aber allgemein schneller läuft, wenn wir alt werden. Diese beiden Effekte haben eigene Bezeichnungen. Das besondere Ereignis verändert das Zeitempfinden durch den *Oddball-Effekt* und das Alter zeigt den *Reminiszenz-Effekt* mit dem Reminiscence Bump oder Erinnerungshügel.

Das Wort Oddball wurde erstmals in den 1940er Jahren verwendet, zunächst für einen eigenwilligen Baseballwurf und später für eine exzentrische Person. Ein Oddball ist eine Person, die etwas Kurioses, aber Harmloses macht. In der Psychologie bezieht sich der Name Oddball auf das Auftreten eines besonderen Reizes. Im Alltag liefern die Sinne einerseits laufend gleiche oder ähnliche Ereignisse, die «normal» sind und ungefährlich. Derartige Ereignisse müssen schnell und zuverlässig verarbeitet werden, im einfachsten Fall ignoriert. Anders mit Ungewöhnlichem, von dem ja eine Gefahr ausgehen kann. Taucht Besonderes auf, so muss schnell eine Priorität festgestellt werden: Wie wichtig ist dies? Oddball-Versuche simulieren genau diese Situation. Die Teilnehmer sehen eine Reihe von ähnlichen Bildern. Zufällig werden immer wieder ganz andere Bilder eingefügt (Abb. 4.15). Alle Bilder erscheinen gleich lang am Bildschirm, aber die Zeit der speziellen Bilder wird von den Versuchspersonen als länger angegeben. Parallel dazu erscheinen im Gehirn besondere elektrische Potenziale, je seltener das Ereignis, desto stärker die Reaktion.

Ungewöhnlichkeit verändert unsere Zeitwahrnehmung, unser Zeitempfinden hängt auch von anderen Erlebnissen ab.

Abb. 4.15 Der Oddball-Effekt In die Folge von Standard-Reizen mischt sich ein anderer Reiz, ein «Oddball»

Unsere Zeitwahrnehmung über lange Zeitabschnitte, etwa über unser bisheriges Leben hinweg, hängt von der Bedeutung der Ereignisse für uns selbst ab. Die Erinnerungen aus unserem Leben sind nicht gleichmässig über die Lebensjahre verteilt. Bei älteren Menschen ergeben verschiedene Erhebungsmethoden das Bild einer Anhäufung von Erinnerungen aus der Zeit des Erwachsenwerdens. Die Grafik der Abb. 4.16

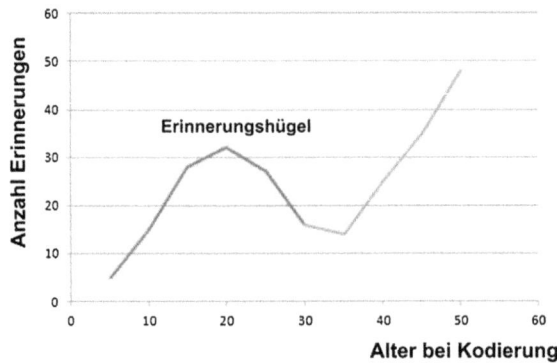

Abb. 4.16 Der Erinnerungs-Hügel Grafik inspiriert von Conway und Haque, 1999. https://doi.org/10.1023/A:1021672208155. (Nach Bild Lifespan Retrieval Curve, Wikimedia Commons, Psyc3330 w11)

zeigt diesen «Erinnerungs-Hügel» um das Lebensalter von 20 Jahren, auf Englisch der «Reminescence Bump».

Die Erinnerungen an Gerüche werden sogar schon in der Kindheit geprägt. Nur die ersten drei Jahre sind bei nahezu allen Menschen leer. In dieser Lebensphase sind die Sprache und die Persönlichkeit (das «Selbst») noch nicht genügend entwickelt. Der Hügel der Erinnerung bedeutet eine Abweichung von der Regel, dass Erinnerungen mit der vergehenden Zeit immer schwächer werden.

> Die Zeit vergeht, immer schneller werden ihre eiligen, kleinen Schritte.
> Maxim Gorki, russischer Dichter, 1868–1936.
> Die Zeit vergeht. Die Zeit vergeht jedes Jahr schneller. Die Zeit vergeht, ob man Spaß hat oder nicht, ob man sein Leben im Großen oder im Kleinen lebt, ob man sich mit Angst oder mit Lachen umgibt.
> Claire Cook, amerikanische Autorin, geb. 1955.

Menschlich versteht man diese Weisheit erst mit dem Alter, aber die Aussage, die Zeit vergehe schneller im Alter, ist recht allgemein akzeptiert. Da es sich um einen umgangssprachlichen Ausdruck handelt, ist die Aussage nicht zwingend wissenschaftlich, weder physiologisch noch psychologisch. In der Tat schreibt der Psychologe Ferdinand Kosak (Kosak, 2020):

Empfinden ältere Menschen das Zeitvergehen tatsächlich als schneller? Das ist gar nicht so eindeutig. Erst die Antwort auf die letzte Frage nach «10 Jahren» ist eindeutig:

> Wie schnell ist die letzte Woche für Sie vergangen?
> Wie schnell ist das letzte Jahr für Sie vergangen?
> Wie schnell sind die letzten 10 Jahre für Sie vergangen?

Erst bei Zeiträumen über 5 Jahre und höherem Alter wird es eindeutig: Die Erlebniszeit ist schneller vergangen als die physikalische Zeit. Die Erlebniszeit verzeichnet naturgemäss in der Jugend mehr Ereignisse, wenn die Persönlichkeit aufgebaut und die Welt erfahren wird. Umgekehrt nimmt die Frequenz der Erinnerungen ab. Je weniger Inhalte wir im Gedächtnis aktualisieren können, desto schneller kommt uns die Zeit in der Erinnerung vor.

Abb. 4.17 Physikalische Zeit und Psychologische Zeiten Erleben und Empfinden der Zeit in verschiedenen Lebensaltern. Grafik nach Adrian Bejan, DOI: https://doi.org/10.1017/S1062798718000741

Die Abb. 4.17 illustriert die gleichförmig fliessende physikalische Zeit (Mitte), die abnehmende Frequenz an neuen Inhalten (oben) und damit umgekehrt die kürzer scheinende Zeit pro Tag oder Jahr (unten). Damit wäre auch ein Gegenmittel offensichtlich, um im Alter aus der Lebenszeit mehr zu machen und sie als länger zu empfinden: Neues beginnen, Unkonventionelles machen.

Der Erlebnisbegriff ist auch zentral für das Erfahren anderer längerer Zeiträume, die durch ihre innewohnenden Wiederholungen Gefahr laufen, zeitlich in der Gleichförmigkeit zu versinken. Sei es die Ferienzeit, eine längere Präsentation oder ein langer Prozess mit Zeugenvernehmungen – die einzelnen Tage, die verschiedenen Punkte der Argumentation oder die Zeugenvernehmungen verschwimmen. Die beste Position haben die ersten Ereignisse (wegen der Neuheit) und die letzten (wegen der Frische der Erinnerung). Die ersten Ereignisse werden besonders intensiv verarbeitet, die letzten sind noch im Arbeitsgedächtnis abgreifbar. Es ist der serielle Positions-Effekt der praktischen Psychologie (Abb. 4.18 a). Im Extremfall reduziert sich die Gesamtmenge der Erlebnisse oder Vorgänge auf ein Ereignis und der ganze Urlaub wird zu diesem einen Konzert oder Unfall (Bild b).

Diese Effekte oder Berichte in der psychologischen Literatur sind wissenschaftsmethodisch gesehen an der Grenze der Wissenschaftlichkeit. Dies wird deutlich an einem weiteren berichteten Effekt, dem *zeitlichen Doppler-Effekt* (temporal Doppler effect). Der physikalische Doppler-Effekt ist in verschiedenen Medien präzise messbar, etwa bei

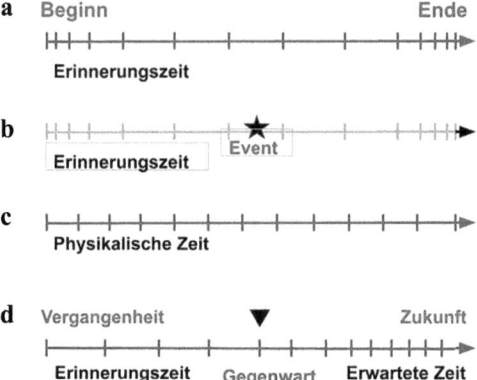

Abb. 4.18 Zeitempfinden über den Zeitstrahl hinweg a) der Serielle Positionseffekt, b) ein dominierendes Ereignis, c) die gleichförmige physikalische Zeit, d) der zeitliche Doppler-Effekt. Eigene Grafiken

Lichtquellen oder bei Schallquellen. Bei einer Bewegung auf die Quelle zu nimmt die gemessene Frequenz zu, umgekehrt dagegen ab. Den Effekt kann man leicht im Alltag bestätigen, wenn ein Polizei- oder Ambulanzfahrzeug mit Sirenenheul vorbeifährt. Der hohe Ton des ankommenden Fahrzeugs schlägt in einen tieferen Ton um. Der psychologische Doppler-Effekt behauptet, dass die zukünftigen, gedachten Ereignisse schneller auf uns zu gehen als vergangene, erlebte (Abb. 4.18 d). Der Effekt scheint allerdings nicht unumstritten zu sein, vorsichtig ausgedrückt «er scheint nicht robust zu sein» (Ostojic, 2022). Der Leser bilde sich sein eigenes Urteil.

Besondere, normale Zeitempfindungen: Zeit als Flow

> Im tiefen Flow ist das normale Zeitgefühl aufgehoben. Es kommt im Erleben zu Zeitraffungen und Zeitdehnungen: Eine Minute fühlt sich an wie eine Stunde, Stunden vergehen wie im Flug.
> Mihaly Csikszentmihalyi, ungarisch-amerikanischer Psychologe, 1934 – 2021.

Eine besondere Zeitempfindung ist der Flow, englisch für „fließen, rinnen, strömen". Es ist eine Zeitempfindung, in der die Zeit vergessen wird, aber paradoxerweise als höchst befriedigend empfunden wird. Der Zustand des Fliessens tritt bei Tätigkeiten auf, deren Ausführung eine Befriedigung vermittelt und die dadurch zum Weitermachen animieren. Der Erfolg bei der Tätigkeit muss klar definiert sein und es muss bei der Tätigkeit einen positiven Feedback geben, eine Art von Belohnung. Die Tätigkeit muss im Bereich des Machbaren liegen, aber doch eine Herausforderung darstellen, um die Belohnung zu rechtfertigen. Im Flow fliesst dann Aktion auf Aktion von selbst.

Dies schliesst ein, dass die Tätigkeit im Prinzip keine Belohnung von aussen mehr benötigt. Die Frage nach dem Sinn des Ganzen ist weit weg.

Etwas zu tun, ohne nach dem Sinn zu fragen, ist «autotelisch» vom griech. *autós* selbst und *telos* Sinn. Ein populärer Ausdruck für dieses Zeitgefühl, zumindest im Angelsächsischen, ist «in der Zone zu sein» (quoteinvestigator, 2016). Dieser Ausdruck stammt vom Tennisspieler und Wimbledonsieger Arthur Ashe (1943–1993):

> Björn Borg [schwedischer Tennisspieler] kann in der Zone spielen, d. h. er spielt wie in einer anderen Welt, ihm gelingt einfach alles.
> Arthur Ashe im Interview Dallas Morning News, 1975.

Gemeint ist die Zone des Zwielichts zu einer anderen, vielleicht sogar übernatürlichen Welt. Der wissenschaftliche Ausdruck *Flow* ist um 1970 vom ungarisch-amerikanischen Psychologen Mihaly Csikszentmihalyi (1934–2021) geprägt worden, existiert jedoch als Idee schon seit Langem und war und ist weit verbreitet. Csikszentmihalyi schildert viele Beispiele vom Erleben des Flow bei verschiedenen kreativen Menschen, hier bei einem Schriftsteller:

> Der Romanautor Richard Stern gibt eine klassische Beschreibung, wie es ist, wenn man sich im Prozess des Schreibens verliert und fühlt, dass Handlungen in dieser speziellen Welt, die man selbst erschaffen hat, perfekt stimmen. Wenn man sein Bestes gibt, denkt man nicht: Wie komme ich in der Welt weiter voran, indem ich dies tue? Nein. Du bist konzentriert auf

deine Figuren, auf die Situation, auf die Form des Buches, auf die Worte. die kommen. Sie selbst sind verloren ... Sie sind niemand. Es ist ... einfach richtig. Es passt in die Geschichte. Es stimmt einfach für diese Figur.
Mihaly Csikszentmihalyi in *Creativity*, 1996. Harper/Collins, NY.

Die Zeit hat für den Agierenden keine Bedeutung. Es ist ein Zustand des Eintauchens und einer Art von Arbeitstrance. Bei dem Berufsstand der Programmierer ist dieses Zeitgefühl häufig zu beobachten und geradezu erwünscht als Zeichen der professionellen Intensität. Die Handlung im Flow hat hier einen eigenen Ausdruck: «Hacking». Der Begriff kann positiv oder negativ besetzt sein – es ist auf alle Fälle *Flow* (nach dem englischen Wiktionary):

Positiv: Spielerische Lösung technischer Arbeiten, die tiefes technisches Verständnis verlangen, vor allem am Computer, und
 Negativ: Unerlaubte Versuche, die Sicherheitsmassnahmen eines Informationssystems oder Netzwerks zu umgehen.

Die Abb. 4.19 illustriert den Berufsstand mit dem Selbstbildnis eines Programmierers auf Wikimedia.

Abb. 4.19 Der Programmierer arbeitet optimal im Flow Programmieren, Debuggen und Hacken als Flow-Aktivitäten. Bildattribution: *The Thing that not should be*. (Bild: User until it sleeps, Wikimedia Commons. The Thing//Talk//Contribs)

Die Zeit im Flow ist die am intensivsten genutzte subjektive Zeit und damit typisch für das 20. und 21. Jahrhundert. Am anderen Ende des Spektrums steht die Zeit still oder plätschert gemütlich dahin. Dafür gibt es ein altes, schönes Wort: die Muße.

Besondere, normale Zeitempfindungen: Die Zeit als Muße

Die Europäer haben die Uhr, wir haben die Zeit.
Afrikanisches Sprichwort.
Der Betrieb und die Routine sind uninteressant und kontraproduktiv. Wir haben viel zu wenig Muße: Zeit, in der nichts los ist. Das ist die Zeit, in der die Einsteins, die kreativen Forscher, ihre Entdeckungen machen. (Beherzigen sollten wir das und uns heute einmal Zeit nehmen, gemeinsam kreativ zu sein ...)
Adolf Muschg (geb. 1934), Schweizer Schriftsteller.

Muße ist ein altdeutsches Wort, das schon im 9. Jahrhundert in der Form *muozom* im Sinne von *allmählich* belegt ist. Es ist Zeit, die man selbst nach eigenem Wunsch nutzen kann, und der eigene Wunsch von leichter Natur ist und kein innerer Drang oder gar äusserer Zwang dahintersteht. Die Idee der Muße existiert schon in der Antike. Muße zu haben macht den Unterschied aus zwischen Sklaven und Freien. Sokrates sieht in der Muße die «Schwester der Freiheit», für Aristoteles ist sie [die Muße] «das Ziel der Arbeit, wie der Friede [...] das Ziel des Krieges ist». Aber es ist klar, dass die Grundlage dafür die erledigte Arbeit durch die Sklaven ist. Er macht sich hier keine Illusionen, denn «es muss doch, um der Muße pflegen zu können, vorher schon vieles Notwendige vorhanden sein». Muße zu haben ist ein Privileg. Damit meint Muße die Freiheit von öffentlichen und privaten Geschäften. Ein Tyrann sorgt im Gegensatz dazu dafür, dass niemand Muße besitzt!

Der römische Politiker und Philosoph Marcus Tullius Cicero (106 v.Chr. – 43 v.Chr.) lobt die Muße und die Einsamkeit und veredelt den Begriff der Muße (lat. *otium*) zu *cum dignitate otium* – zu «Muße in Würde» (Bragova, 2020). Muße zu haben und zu erleben ist bei Cicero, ganz im Sinne des Aristoteles, nur eine Zeit für reiche Bürger und Politiker. Es ist auch nicht Nichtstun, sondern Zeit erfüllt von Studien.

Das Gegenteil zu einer Zeit der Muße, einem erfüllten Nichtstun, ist nicht der Flow, die vollkommene Leistung, es ist die Hetze (engl. Hustle time). Ein Förderer der Leistungsgesellschaft ist der Protestantismus.

Von Arbeit stirbt kein Mensch, aber von Müßiggehen kommen die Leute um Leib und Leben, denn der Mensch ist zum Arbeiten geboren wie der Vogel zum Fliegen.
Martin Luther (1483 – 1546), deutscher Theologe und Reformator.

Insbesondere brachte der Calvinismus eine positive, ja spirituelle Arbeitsethik, die sich zur führenden Arbeitshaltung in der modernen Welt entwickelte und uns die ausgefüllte Zeit brachte. Die Abb. 4.20 stellt die beiden Welten in einem Bild gegenüber: Die überdichte Stadt einerseits mit Tausenden von Häusern und engen Strassen und andrerseits das grüne Wiesenstück und die beiden einheimischen Indiofrauen, die

Abb. 4.20 Die Welt der geruhsamen Arbeit und die Welt der Hektik in einem Bild Indios schälen Mais und schauen dabei auf die Stadt El Quito hinab. Fotograf Diego Delso, delso.photo, License CC-BY-SA. (Bild: Indígenas contemplando Quito desde El Panecillo, Ecuador, 2015-07-22, DD 44, Wikimedia Commons, Diego Delso. zwem der Quelle ist perfekt in der Zeit)

auf die Stadt schauen. Sie sind zwar beschäftigt, aber mit einer friedlichen, lautlosen Tätigkeit: Sie schälen Maiskolben.

Die voll ausgeplante Zeit ist typisch für die moderne Gesellschaft, einschliesslich der Planung der Freizeit. Das Schlüsselwort für die organisierte Zeit ist das Zeitmanagement: Es ist die Planung und die Kontrolle der Stunden und Minuten des Tages, um seine Ziele effektiv zu erreichen. Aus der Sicht eines Freundes der Muße ist es eine Katastrophe zu wissen, wo man in fünf Stunden sein wird oder gar im nächsten Jahr am 10. April um 9 Uhr. Der chinesisch-amerikanische Philosoph Lin Yutang (1895–1976) vertrat die Muße als die «richtige» Zeit und prangerte die Hetze der amerikanisch-westlichen Gesellschaft an. Er verglich die Zeit mit dem Raum (Yutang, 1937):

> Muße innerhalb der Zeit ist wie unausgenützte Bodenfläche in einem Zimmer. Erst der unausgenützte Raum macht ein Zimmer wohnlich.

Yutang hat nicht unrecht, wenn er schreibt, dass der Mensch mit voller Agenda selbst zu einer Uhr wird, ganz im Sinne von unserer Uhrendefinition. Yutang wirbt für das Gegenteil, wenn er ein ganzes Kapitel dem Lob des Im- Bett-Liegens widmet.

Sowohl Muße wie Flow sind Zustände einer Art von Meditation. Die Meditation bedeutet Achtsamkeit auf innere körperliche Erfahrungen. Es sind Grenzfälle: Der Fluss konzentriert sich auf die Ausführung einer bestimmten Tätigkeit und lässt keine Achtsamkeit auf anderes zu, die Zeit der Muße lässt alles offen, nach Aristoteles und Cicero offen für geistige Gedanken und Studien.

Besondere Zeitempfindungen: Die Zeit in der Psychiatrie

> Es war, als ob einzelne Nächte die Dauer von Jahrhunderten hätten, sodass in dieser Zeit die tiefgreifendsten Veränderungen in der ganzen Menschheit, in der Erde selbst und im ganzen Sonnensystem hätten stattfinden können.
>
> Daniel Schreber, Schizophrenie-Patient, in seinen Denkwürdigkeiten eines Nervenkranken, 1903.

Daniel Schreber (1842–1911) ist durch seine Memoiren wohl einer der bekanntesten Patienten der Psychiatriegeschichte. Sein Fall wurde von den Psychiatern Sigmund Freud und CG Jung als Krankheitsstudie diskutiert und von Schriftstellern wie Walter Benjamin, Elias Canetti und Arnold Zweig als irritierende Geschichte oder als grandioser Fantasy-Roman gehandelt.

Das Bewusstsein ist als laufender Computer (oder gar als vielfacher Computer durch mehrere laufende Nebenprozesse) eine Zeitmaschine. Es ist unsere Verbindung zwischen der physikalischen Zeit und unserem Erleben der Zeit. Psychosen (und Drogen) verändern unser Zeitgefühl, die «Temporalität». Störungen gehen zumindest mit einer Veränderung des gefühlten Zeitflusses einher, einer Beschleunigung oder Verlangsamung der subjektiven Zeit. Die mündlichen Berichte der Patienten sind sehr indirekt und weit weg von den realen physiologischen und den informatorischen inneren Abläufen, sie sind – wie der berühmte Fall Schreber – eher Literatur. Aber die Schilderungen sind dramatisch und zeigen die innere Aufruhr mit dem gestörten Zeitgefühl, der falschen Temporalität. Die Zustandsbeschreibungen sind voller Zeitbegriffe, verstärkt mit drastischen Bildern. Hier eine Auswahl aus der Sammlung von Patientenzitaten des Philosophen Jannis Puhlmann (Puhlmann, 2020):

Geschwindigkeit der Zeit:
Die Zeit geht so langsam, wenn ich deprimiert bin. Es schmerzt.
Die Zeit, dachte ich, ist wie eine langsam sich fortschiebende Masse, von der man verschüttet wird. Das Ende steht fest, der Weg dorthin ist dunkel. Macht der Tod nicht das ganze Leben wertlos?
[Die Gedanken der] Mania fliessen so schnell wie ein Fluss, der sich einem Wasserfall nähert. Depression ist wie ein stehendes Gewässer.
Nichts geht schnell genug. In der Schule reden die Lehrer, als hätten sie den Mund voll Sirup.
Mein Geist hatte allmählich Mühe, mit sich selbst Schritt zu halten, denn die Gedanken folgten einander so schnell, dass sie sich auf alle mögliche Weise durchkreuzten.

Gegenwart und Zukunft:
Ich fühle, wie die Welt um mich herum weitergeht und wie ich stillstehe, beinahe in einem Dunstschleier.
Das Leben der anderen geht weiter, mein Leben steht still.
Du kannst nicht weit in die Zukunft sehen, deshalb siehst du keine Wünsche oder Träume.

Zeitlosigkeit:
Ich fühlte mich von der Zeit losgelöst. Sie war einfach unwichtig.

Die Synchronisation der gefühlten Zeit mit der physikalischen Zeit wird schwankend und geht verloren, die Kontinuität des Stroms der Zeit von Vergangenheit und Gegenwart zerbricht und die Zukunft wird als Ganzes zweifelhaft (Moskalewicz, 2020). Moskalewicz beschreibt eine mögliche Empfindung der Kranken so, als «sei die Zukunft schon geschehen und es gebe nur die Gegenwart». Dies ist kein Zeitgefühl im Sinne des aktiven Übergangs von Gegenwart in die Zukunft. Eine besonders extreme Verzerrung der Zeitempfindung kann bei Nahtoderlebnissen auftreten. Es scheinen Stunden und Tage zu vergehen, ja ein ganzes Leben scheint abzulaufen in den wenigen Sekunden oder Minuten der physikalischen Zeit des eingeschalteten letzten Überlebensmechanismus.

Es zeichnen sich neurobiologische Zusammenhänge zwischen gestörtem Zeitgefühl und der Masteruhr des Körpers ab. Der australische Psychiater John Cade (1912–1980) entdeckte 1948 die beruhigende Wirkung von Lithiumkarbonat auf bipolare Kranke. Allgemein binden sich Lithiumionen an die Meisteruhr des Körpers, den *Nucleus suprachiasmaticus*, und normalisieren das Zeitempfinden. Eine weitere, verwandte Wirkung des Lithiums ist der Einfluss auf die Tendenz zum Selbstmord. Die Selbstmordrate in einer Region korreliert mit der Lithiumkonzentration im Trinkwasser: je höher der Lithiumgehalt, desto geringer die Suizidsterblichkeit.

Geht die Gegenwart als Zeitfenster für das Kurzzeitgedächtnis verloren, so wird es unmöglich, Sätze und Gedanken zu Ende zu führen.

Ein mystisches Symbol für die Verzerrung der Zeit ist ein zerfliessendes Uhrenzifferblatt (Abb. 4.21). Die Idee rührt von einem der

4 Die menschliche Zeit – nüchtern

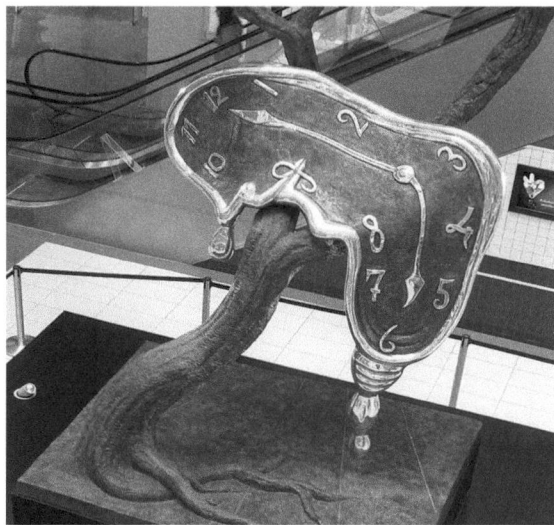

Abb. 4.21 Die schmelzende Zeit Ein weiches Uhrenzifferblatt als Symbol der Zeit. Skulptur *Profile of Time* vor einem Einkaufszentrum in Warschau. Nach Salvatore Dalí, 2008. (Bild: Salvador.Dali-Profile.of.Time, Wikimedia Commons, Julo)

bekanntesten Bilder der modernen Kunst, der «Beständigkeit der Erinnerung» *(La persistencia de la memoria)* des Katalanen Salvatore Dalí aus dem Jahr 1931. Diese weichen, traumhaften Uhren, deren Zeiger auf sechs Uhr stehen, sind zu einem Symbol des Surrealismus geworden. Ihre Weichheit trifft offensichtlich ein allgemeines Gefühl der Unsicherheit der Zeit.

Verschiedene Gedanken führten Dalí zum Bild der Verzerrung der Zeit mit schmelzenden, weichen Uhrenblättern. Salvatore Dali interessierte sich für die Relativitätstheorie Einsteins, die die klassische stabile Realität der Welt aufgelöst hat, insbesondere den absoluten Zeitbegriff. Der Physiker Ilya Prigogine vermutete, dies sei der Ursprung der weichen Uhren gewesen. Aber die Antwort Dalís ist ehrlich und ernüchternd. Es war zerlaufener Camembertkäse in der Sonne (Abb. 4.22). Die weichen Uhren sind in seinen Worten vom Jahr 1935 nichts anderes als «der paranoisch-kritische, zärtliche, extravagante und von Zeit und Raum verlassene Camembert».

Abb. 4.22 Schmelzender Camembert als Modell für die schmelzenden Uhren. (Bild: Camembert, Wikimedia Commons, NJGJ)

Die psychiatrisch gestörte Zeit, als Begleiterscheinung einer Krankheit oder künstlich mit Drogen erzeugt, berührt existenzielle Fragen des Menschen. Damit wird sie ein Gegenstand von Kunst und Literatur und verändert die Lebensphilosophie. Der zu Literatur gewordene Erlebnisbericht des bereits erwähnten Patienten Daniel Schreber ist dafür ein Beispiel, in Stil und Fantasie nahezu eine Jules-Verne-Erzählung:

> Die mit der Vorstellung eines Weltuntergangs im Zusammenhang stehenden Visionen, deren ich, wie bereits erwähnt, unzählige hatte, waren zum Theil grausiger Natur, zum Theil aber wiederum von unbeschreiblicher Großartigkeit. Ich will nur einiger weniger gedenken. In einer derselben fuhr ich gleichsam in einem Eisenbahnwagen oder einem Fahrstuhl sitzend, in die Tiefen der Erde hinab und machte dabei sozusagen die ganze Geschichte der Menschheit oder der Erde rückwärts durch.

Es ist Poesie und erinnert an die Novelle *Der Tunnel* von Friedrich Dürrenmatt. In dieser Kurzgeschichte befindet sich der Protagonist in einem Zug, der in einem nicht mehr endenden Tunnel in die Tiefe der Erde fährt.

4.2.4 Die «beschleunigte» Zeit

> Die grösste Schwäche der Menschheit ist unsere Unfähigkeit, das Wirken der Exponentialfunktion zu verstehen.
> Albert A. Bartlett, amerikanischer Physiker, 1923–2013.

Wir verlassen die Psychologie nicht ganz, werden aber technisch konkreter. Es geht um das Gefühl, dass sich alles beschleunigt. Der Physiker Bartlett denkt mit seinem Ausspruch an die Gefahr der Überbevölkerung der Erde. Er sieht dies als zwangsläufig kommende Katastrophe. Der Grund ist exponentielles Wachstum, das eine Zeit lang unspektakulär ist, über längere Zeit hinweg aber einen Vorgang über alle Grenzen wachsen lässt. Materielle Vorgänge werden schliesslich in ihrem Wachstum durch die begrenzten Ressourcen gebremst, geistige Prozesse hingegen können unbeschränkt explodieren zu einer Singularität.

Die klassische Warnung vor der Gefahr bei exponentiellem Wachstum ist die indische Legende von der Erfindung des Schachspiels und der Belohnung für den Erfinder. Der Erfinder wollte als Belohnung ein Reiskorn auf das erste Feld des Schachbretts, zwei Körner auf dem zweiten Feld, vier auf dem dritten und weiter immer das Doppelte auf jedem folgenden Feld. Nicht einmal das halbe Brett liess sich mit dem ganzen Reis des Landes füllen. In Weizen gerechnet, wäre die Belohnung mehr als die 2000-fache heutige Weltweizenernte! Je nach Version der Erzählung wird der Erfinder darauf königlicher Berater oder hingerichtet.

Wissen und Technologie der Menschheit wachsen exponentiell. In der modernen Zeit kann man dies an der zeitlichen Entwicklung verschiedener numerischen Kenngrössen sehen, etwa an der Menge der jährlich generierten Information, der wachsenden Zahl der Patente, der zunehmenden Geschwindigkeit der Kommunikation oder der Menge der gesamten existierenden Software als Mass für die geschaffenen Prozesse.

Der Beginn einer exponentiellen Entwicklung, also von «jetzt» in die Vergangenheit gesehen, ist immer sehr langsam und behutsam. In der Geschichte der Zivilisation haben sich Technologien immer nur über Zeiträume von Jahrhunderten oder Jahrtausenden geändert: Wir kennen die langen Phasen von Steinzeit, Bronzezeit und Eisenzeit. Die Informationstechnologie *Buchdruck* erweckte den Eindruck einer beschleunigten Welt und damit eines schnelleren persönlichen Lebens. Die Veränderung der Welt wurde in einer einzigen Lebensspanne spürbar. Der Dichter Johann Wolfgang von Goethe (1749–1832) hat es offensichtlich empfunden, als er das Wort «veloziferisch» schuf. Er schrieb 1825 an seinen Neffen (Osten, 2003):

> Dadurch wird alles, was ein jeder tut, treibt, dichtet, ja was er vorhat, ins Öffentliche geschleppt. Niemand darf sich freuen oder leiden, als zum Zeitvertreib der Übrigen; und so springt's von Haus zu Haus, von Stadt zu Stadt, von Reich zu Reich und zuletzt von Weltteil zu Weltteil, alles veloziferisch.

Das Wort «veloziferisch» hat Goethe erfunden aus *velocitas,* Geschwindigkeit, und *Luzifer,* dem gefallenen Engel und Symbol des Teufels. Der «Zeitvertreib der Übrigen» klingt wie eine Vorahnung der sozialen Netze, von Instagram und Tiktok, und das «Springen von Weltteil zu Weltteil» erscheint wie eine poetische Umschreibung des Internets. Das intellektuelle Kommunikationsmedium des 17. und 18. Jahrhunderts waren die eleganten Salons, die gelehrten Akademien und die «Republik der Briefe», die «République des Lettres», das Netzwerk der Wissenschaftler und Philosophen über grosse Distanzen und über die nationalen Grenzen hinweg mit Briefen. Zwar wurden sehr, sehr viele Briefe geschrieben, oft Hunderte von einer Person, aber insgesamt war es ein loses Netzwerk. Insbesondere war die Antwortzeit auf einen Brief etliche Tage oder Wochen. Damit war die Taktrate oder die «Denkzeit» dieses Korpus sehr langsam.

Die merkliche exponentielle Beschleunigung erfolgt vor allem mit der Entwicklung der elektronischen Kommunikationstechnik. Die Telegraphie, erfunden vom Kunstprofessor Samuel Morse im Jahr 1837, erlaubt, elektrische An-aus-Signale zu übertragen. Die Telefonie des Physiklehrers Philip Reis im Jahr 1861 kann dann Töne senden. Die Übertragung von einem zu vielen Menschen mittels eines elektrischen Mediums beginnt mit den ersten vollen Radioprogrammen 1920. Ab 1970 wird die Kommunikationstechnik zu Computertechnik, die

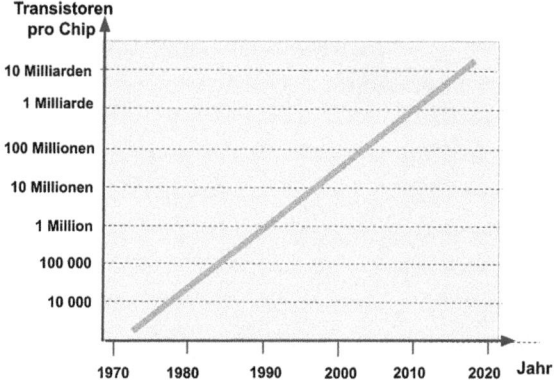

Abb. 4.23 Mooresches Gesetz Anzahl der Transistoren pro Chip seit 1970 schematisch nach Karl Rupp, https://www.karlrupp.net/2015/06/40-years-of-microprocessor-trend-data/

Relais-Anlagen der Telefonverteiler werden Computer. In der Computertechnologie hat das exponentielle Wachstum einen Namen: *Mooresches Gesetz* nach dem amerikanischen Ingenieur und Unternehmer Gordon Moore. Es ist kein hartes Gesetz, sondern eine bestätigte Prognose.

Nach Abb. 4.23 verdoppelt sich die Anzahl der Transistoren etwa alle eineinhalb bis zwei Jahre.[6]

Das Mooresche Gesetz ist ein Musterbeispiel einer beschleunigten Entwicklung: Eine erreichte Verbesserung ruft die nächste hervor usw. usw. Beim Computer treibt die Miniaturisierung die Entwicklung. Sie macht die Wege kürzer, die Leistung grösser, die Kosten geringer, die Anwendungen werden immer zahlreicher, und so fort. Das exponentielle Wachstum und die allgemeine Bedeutung des Computers machen die Grafik zur wohl bedeutsamsten Kurve in der Geschichte der Technik. Allmählich nähern wir uns allerdings den physikalischen Grenzen.

Das Gefühl «alles wird schneller» ist nicht fiktiv. Es hat eine reale Grundlage in der Entwicklung der Informationstechnologie. Überall ist Information, ihre schnellere Verarbeitung und Übertragung

---

[6] In 2023/2024 erreicht das Chip Grace Hopper des Unternehmens Nvidia 200 Mrd. Schaltkreise.

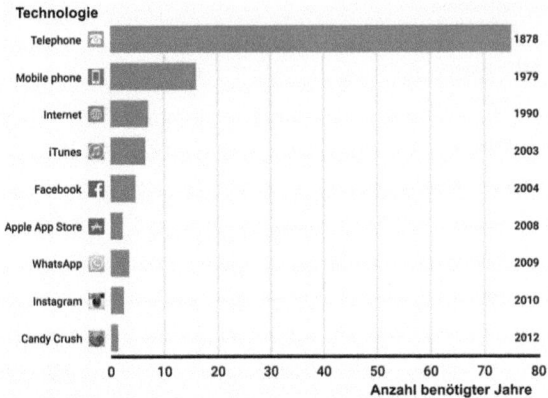

Abb. 4.24 Beschleunigung Zeit von der Einführung bis zu 100 Mio. Benutzern. Zur Ausbreitungsgeschwindigkeit neuer Technologien. Daten nach Boston Consulting Group.

beschleunigt überall. Alles hat sich gegenseitig weiter in die Verbesserung gedrängt – schneller, grösser, besser. Auch die Psychologie des Zusammenlebens ist anders geworden, denn der geographische Abstand zum anderen Menschen ist mit dem Internet effektiv verschwunden und wir sind in beliebige soziale Netze eingebunden. Die Antwortzeiten sind zu Sekunden geworden, für manche Anwendungen Mikrosekunden. In Goethes Worten vor 200 Jahren sind wir heute wirklich von einer «vom Teufel gerittenen Betriebsamkeit».

Die Abb. 4.24 demonstriert die Beschleunigung an der kürzer werdenden Zeit für die Einführung neuer moderner Technologien. Massstab ist das Erreichen von 100 Mio. Benutzern einer Technologie (Facebook u. ä. auch als «soziale» Technologie angesehen). Das Telefon am Draht brauchte danach 75 Jahre bis zur Durchdringung der Weltgesellschaft, das mobile Telefon noch 17 Jahre, das Internet nur 7 Jahre. Telefon und Mobiles Telefon kamen in die Welt gegen viel psychologischen und sozialen Widerstand:

Die Amerikaner mögen das Telefon brauchen. Wir nicht.
Wir haben eine Menge Botenjungen.
Sir William Preece, Elektroingenieur, British Post Office, 1878,
1899 zum Ritter geschlagen.

Der Grundlage für das Prinzip «Alles wird schneller» lässt sich allgemein so beschreiben:

Das Wachstum einer Grösse ist exponentiell, wenn die Geschwindigkeit ihres Wachsens gerade in dem Masse zunimmt, in dem diese Grösse schon gewachsen ist.

Dies ist die umständliche verbale Beschreibung eines einfachen Gesetzes für exponentielles Wachstum in der Zeit[7]. Eine andere Formulierung stammt vom amerikanischen Unternehmer und Erfinder Ray Kurzweil (geb. 1948). Er verallgemeinert es zum «Gesetz des sich beschleunigenden Nutzens» (Law of accelerating returns) und sieht das Wirken dieses Gesetzes ganz allgemein in der Entwicklung komplexer Systeme, beinahe unmerklich beginnend in der biologischen Evolution bis hinauf zur beängstigenden Geschwindigkeit der modernen technologischen Evolution.

Die Entwicklung der Informationstechnologie ist hier ausschlaggebend. Die Information selbst ist ja «leichtgewichtig». Sie ist physikalisch beinahe immateriell, leicht erzeugbar und verschiebbar. Sie wirkt im Technischen wie im Sozialen: Die Triebkraft *Technik* beschleunigt sich in sich. Beide Bereiche, Technik und Soziales, beschleunigen sich gegenseitig. Das mathematische Konzept einer Situation mit «unendlich» grossen und dabei nicht definierten Werten heisst *Singularität* nach dem lat. *singulus* «einzeln». Ein mathematisches Beispiel ist das Ergebnis einer angeordneten Division durch Null. Diese Operation ist nicht definiert; kommt man schon in die Nähe (d. h. man dividiert durch sehr kleine Zahlen), so explodiert das Ergebnis förmlich.

Der Physiker und Mathematiker John von Neumann (1903–1957) ahnte dies schon lange bevor das Mooresche Gesetz formuliert worden war. Es liegt bei der exponentiellen Entwicklung der Technologien und ihrer Selbstverstärkung nahe, unsere Zeit als eine Annäherung an eine Art von Singularität zu empfinden mit der Konsequenz der Ungewissheit, wie das menschliche Leben danach weitergehen kann und soll. Der

---

[7] Es ist die Differentialgleichung $y' = y$ für eine Grösse y und deren Ableitung y' nach der Zeit.

amerikanische Science-Fiction-Autor Vernor Vinge hat den Begriff der (technologischen) Singularität ab 1983 popularisiert – das Wort fiel auf vorbereiteten, fruchtbaren Boden!

Ich hatte versucht, eine einfache Extrapolation der Technologie vorzunehmen, und fand mich über einen Abgrund gestürzt. Vor diesem Problem stehen wir jedes Mal, wenn wir die Schaffung von Intelligenzen in Betracht ziehen, die größer sind als wir selbst. Wenn dies geschieht, wird die Menschheitsgeschichte eine Art Singularität erreicht haben – einen Ort, an dem die Extrapolation versagt und neue Modelle angewandt werden müssen – und die Welt wird sich unserem Verständnis entziehen.
Vernor Vinge in True Names and Other Dangers, *1987. Baen, Riverdale, Canada.*

Aber wie gesagt: Unendliches Wachstum gibt es nur in der Mathematik, nicht in der materiellen Realität und nicht mit Menschen mit ihren materiellen Körpern und ihren endlichen Reaktions- und Denkzeiten. Auch die Information benötigt ein wenig Materie zum Speichern und zum Prozessieren. Der Fortschritt ist nicht derart extrem, wie es die rohen Zahlen, etwa die Geschwindigkeiten der Datenkommunikation, vermuten liessen.

Misst man die Zahl der *gewichtigen* Innovationen, so wird der Fortschritt weniger drastisch, ja es sind Sättigungserscheinungen möglich. Das Problem, den wesentlichen Fortschritt zu messen, ist entsprechend der schwierigen Aufgabe, die Mächtigkeit einer Software zu messen. Das Mass hierfür, die Funktionspunkte, sind bei allgemeiner Technologie noch schwerer zu definieren als im Softwareengineering. Die künstliche Intelligenz ist mit ihren vielen weiteren Funktionen sicher ein grosser Schritt.

Damit bedeutet diese Entwicklung eine neue Stufe der Evolution des Lebens und der Menschheit:

1. Physikalische Entwicklung der Voraussetzungen für die Evolution (über etwa 10 Mrd. Jahre)
2. Abiogenese und Biologische Evolution (für etwa 3,7 Mrd. Jahre)

3. a) Entwicklung der Informationstechnologie durch den Menschen bis etwa zum intellektuellen Stand des biologischen Menschen (seit etwa 200 Jahren),
b) Übermenschliche Entwicklung mit ungewissem Ausgang.

Die Science-Fiction-Autoren haben die Zukunft der Stufe 3 b) meistens als Dystopie, als umfassendes Unglück, für die (fleischlichen) Menschen beschrieben, seltener als Utopie, als bessere, perfekte Welt. Ein Grund ist, dass es viel leichter ist, sich eine Welt der Zerstörung vorzustellen als eine positive Welt. Die gute Welt muss sorgfältig konstruiert werden, und ihre Glaubwürdigkeit bleibt zerbrechlich. So bleibt uns und unseren Nachfahren nur übrig, die neue Welt zu konstruieren. Zur Singularität durch die künstliche Intelligenz kommen die Herausforderungen durch den Klimawandel und die Atomwaffen.

Wir sind schon im Übergang von 3 a) zu 3 b), zumindest im abgeschwächten, menschlichen Sinn. Die Informationstechnologie hat schon unumkehrbar den Stil des Lebens der Menschen verändert. Dies ist besonders sichtbar an den jetzigen Generationen. Das Leben der Generation der Babyboomers (geb. 1946–1964) war etwa noch gekennzeichnet durch das Festnetztelefon als Kommunikationsmedium. Die Generation Z (1997–2012) ist heute immer am mobilen Telefon und über das Internet mit Millionen von Apps verbunden. Videos und Spiele sind Bestandteile des Lebens geworden. Das Leben der kommenden Generationen Alpha, Beta usf. wird wieder verschieden sein in einer ungewissen Zukunft.

Damit haben wir in unserer Epoche drei gefährliche Singularitäten zu meistern:

- Die Entwicklung der *Atombombe* war ein physikalisches singuläres Ereignis für die Menschheit. Es gibt sogar ein genaues symbolisches Datum für den Schritt in diese Singularität: Die erste nukleare Explosion war am 16. Juli 1945. Aber die Gefahr ist weiter aktuell.
- Der *Klimawandel*. Die Menschheit hat, vor allem mit der Industrialisierung seit der Erfindung der Dampfmaschine um 1769, den Gehalt der Atmosphäre an Kohlendioxid (und damit ihre Wärmeisolation hin zum Weltall) verdoppelt. Die klimatische Singularität hat gerade

erst begonnen und es drohen Kipppunkte (Tipping Points) im Klimasystem überschritten zu werden.
- Die Entwicklung der *Informationstechnologie* unter der populären Bezeichnung *Künstliche Intelligenz*, die uns intellektuell, ja geistig erschüttert. Dies ist die «richtige», klassische Singularität. Vergangene Schlüsselereignisse waren 1997 der Sieg des Computers gegen den Schachweltmeister Garri Kasparow, 2011 der Gewinn des Wissensquiz Jeopardy und 2023 die Möglichkeit von beinahe natürlichen (d. h. menschlichen), massgeschneiderten Texten durch die Software ChatGPT.

Die Abb. 4.25 zeigt die Explosion der Atombombe über Nagasaki in Japan am 9. August 1945. Nukleare Explosionen geben wohl den stärksten emotionalen Eindruck von diesen Singularitäten, unmittelbar und bedrückend. Aber alle drei Singularitäten sind aktuelle Gefahren und für die Menschheit tödliche Bedrohungen. Damit ist unser zeitliches Weltbild ganz anders als historische Zeitauffassungen: Unsicherheit überall.

Die Welt der Vorsokratiker, der Naturethnien und vieler Religionen war oder ist beständig und stabil, entweder ewig oder speziell für den Menschen geschaffen. Manche Religion fügt noch eschatologische[8] Attribute zum Schicksal der Welt hinzu, etwa ein Endziel mit einem Jüngsten Gericht für die Menschheit. Die Stabilität des Zeitgefühls früherer Menschen rührte daher, dass alles Wichtige entweder unveränderlich war oder zyklisch immer wiederkehrte. Nach jedem Winter kommt wieder ein Frühling. Diese Sicherheit gab auch Sicherheit in der Ausbildung der jungen Menschen: Alles war schon da gewesen. Hinter allem stand die stabile Ewigkeit. Die alttestamentarische Bibelstelle aus dem Buch Prediger Salomon aus dem dritten Jahrhundert vor Christi drückt dieses Gefühl der Zeit klar aus:

---

[8] Eschatologisch von altgriechisch *ta és-chata*, ‚die äußersten Dinge', ‚die letzten Dinge'.

Abb. 4.25 Die Einführung der nuklearen Waffen als politische Singularität Die Geschichte der Menschheit als Erleben von mindestens drei Singularitäten in der Zeit. (Bild: Nagasakibomb, Wikimedia Commons, US National Archives)

Was geschehen ist, wird wieder geschehen, was man getan hat, wird man wieder tun:
 Es gibt nichts Neues unter der Sonne.
 Buch Kohelet, Kap. 1, 9.

Doch, nun gibt es eine Lawine von Neuem unter der Sonne, und vieles ist nicht umkehrbar. Anstelle der Sicherheit herrscht jetzt überall unkalkulierbare und kaum korrigierbare Veränderung. Das Universum entwickelt sich als Ganzes einseitig und nicht umkehrbar, die Erde war geologisch und ist mit dem Leben, der Biosphäre, zusammen eine ständige Weiterentwicklung. Die Evolution wirkt wie gerichtet, die klassische biologische Evolution bis zu uns Menschen wie in unserer Epoche die technologische Evolution bis zur heutigen (beinahe-)Singularität der Künstlichen Intelligenz.

Die Sauerstoffatmosphäre wurde vom Pflanzenleben produziert, der Klimawandel von der Menschheit gemacht. Dass der Mensch die Erde verändern könne, war lange Zeit unvorstellbar (Goldenberg, 2015):

> Der Schwindel besteht darin, dass es einige Leute gibt, die so arrogant sind, dass sie glauben, sie seien so mächtig, dass sie das Klima verändern können. Der Mensch kann das Klima nicht verändern.
> US-Senator Jim Imhofe, Rede an den US-Senat, 2012.

Am ehesten gilt die Stabilität des Wissens noch im zwischenmenschlichen Bereich mit der Weisheit der klassischen Lebensphilosophie, etwa «ein Freund ist eine Seele, die in zwei Körpern lebt» von Aristoteles oder «was du selbst nicht wünschest, tu nicht an andern» von Konfuzius. Die Singularität oder auch schon die Beinahe-Singularität ist dabei, alles zu ändern. Sie ändert unsere Existenz. Die beruhigende und sichere Ewigkeit ist verschwunden, wir haben eine hektische Gegenwart und eine unklare Zukunft. Das Bild der Abb. 4.26 ist passend für die Zukunft der menschlichen Zivilisation. Die Zukunft ist für die Sonne und die Erde als Weltkörper bekannt: Die Sonne wird langsam heller und verwandelt sich in 5 Mrd. Jahren in einen Roten Riesenstern. Lange vorher wird die Erde ausgeglüht werden und schliesslich wahrscheinlich sogar in die Sonne stürzen.

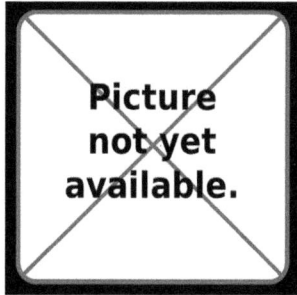

Abb. 4.26 Noch nicht verfügbar Symbolbild zur Zukunft. (Bild: Pictures Not Yet Available, Wikimedia Commons, Mkey)

5
Die menschliche Zeit – existentiell und poetisch

Inhaltsverzeichnis

5.1 Das Menschliche an der Zeit 2
5.2 Die Zeit in Kunst und Literatur 13
    5.2.1 Alter und Tod als Motiv 14
    5.2.2 Die Zeit selbst in der Lyrik – Auswahl 24
    5.2.3 Die Zeit als Objekt im Roman – Auswahl 39
    5.2.4 Die Zeit als Musik 58
5.3 Die Faszination «Zeit» und Uhren 62
    5.3.1 Die Mystik der unendlichen Zeit: Das Long-Now-Projekt . . 63
    5.3.2 Die Faszination des sehr Langsamen: Das Pechtropfen-Experiment 68
    5.3.3 Die Faszination des Unmöglichen: Zeitreisen 71

Devouring Time, blunt thou the lion's paws, and make the earth devour her own sweet brood;

Allmächt'ge Zeit, des Löwen Pranke schwächen kannst du und tilgen alle Erdenbrut,

William Shakespeare, Sonette 19, 1609.
Übersetzung Max Josef Wolff, 1903.

5.1 Das Menschliche an der Zeit

Im Grundsatz ist die Zeit der Physik auch die Zeit für uns Menschen, denn die physikalische Zeit ist die Meisteruhr für alles im Universum, für das Leben der Sterne genauso wie für das Leben der Organismen. Allerdings ist die Metapher «Leben der Sonne» in einem anderen Rahmen gesetzt als das kurze Leben eines Menschen. Die Entstehung der Sonne ist definiert von der Zündung des Atomfeuers nach dem Zusammenfall der Materiewolke bis zum ganz allmählichen Ausklingen nach den letzten wärmenden Kernreaktionen. Die allerletzten Kernreaktionen verbrauchen Energie, dann strahlt die Restsonne immer schwächer glimmend über Milliarden von Jahren Wärme ab.

Die typische Zeitkonstante für Sternenleben sind Millionen Jahre für Sterne sehr grosser Masse, Milliarden Jahre für Sterne «nur» der Sonnengrösse. Für den Physiker in «normalen» Gegenden des Universums, also etwa hinreichend entfernt von Schwarzen Löchern», gilt im Prinzip das Bild der gleichmässig laufenden Zeit. Es ist nicht von grosser Bedeutung, dass z. B. auf dem Mond seit dessen Entstehung etwa 2 Jahre mehr vergangen sind als auf der Erde.

Für uns Menschen ist der wesentliche Prozess unser Leben, von der Befruchtung und dem Beginn der Zellteilungen bis zum Tod, vor allem definiert durch den Gehirntod. Wenn Menschen über die Zeit nachdenken in der primären und fundamentalen Bedeutung für sie selbst, so sind damit vor allem gemeint

- die erwartete weitere Lebenszeit, d. h. die Zeit bis zum Tod, oder
- die erwartete weitere Lebenszeit in Gesundheit, d. h. die Zeit bis zum Verlust der körperlichen und vor allem der geistigen Gesundheit.

«Die Zeit» ist im Menschlichen das Synonym für die Lebenszeit mit der Nebenbedeutung der negativen Auswirkungen der Zeit auf Gesundheit und Funktion und letztlich dem menschlichen Zeit-Ende: dem Tod.

5 Die menschliche Zeit – existentiell und poetisch

Die negative Wirkung der Zeit drückt das geflügelte Wort vom «Zahn der Zeit» aus. Es ist vor allem durch William Shakespeare bekannt geworden, der es in der Komödie «Mass für Mass» sagen lässt:

> A forted residence 'gainst the tooth of time
> And razure of oblivion.
>
> Unwandelbar *dem Zahn der Zeit* zu trotzen
> und des Vergessens Sichel.
> William Shakespeare, Mass für Mass, 1603.
> Übersetzung August Wilhelm Schlegel, 1777.

Im lebendigen Körper laufen eine Vielzahl von Prozessen (und damit Uhren): Wir sind in der Zeit, bis unsere inneren Uhren stehenbleiben. Unsere Zeit ist ab einem Jetzt die erwartete Zahl an Jahren, die einem Menschen bleiben. Die Berechnung der Erwartungswerte begann mit dem englischen Kurzwarenhändler John Graunt (1620–1674), der aus den Sterbetafeln Londons im Jahr 1662 die Überlebenswahrscheinlichkeiten für jedes Alter berechnete (Abb. 5.1). Es war eine revolutionäre mathematische Leistung.

Die Sterbewahrscheinlichkeiten folgen im Prinzip der gleichen Kurve wie die Wahrscheinlichkeit eines Fehlers in einem Industrieprodukt als Funktion der Zeit (Abb. 5.2). Es gibt drei Lebensbereiche: die Kindheit/Jugendphase des Aufbaus, die Nutzzeit des Produkts oder das «normale» Leben, und die Abschlussphase des Produkts. Die Entsorgung ist nicht eingezeichnet, beim Menschen fehlt der Abschluss, der Tod. Es ist zunächst wichtig, die Anfangsphase zu überstehen. Die schlimmsten Produktionsfehler kommen rasch ans Tageslicht.

Die mittlere Lebenszeit ist die Zeit des schlichten Lebensgenusses, bis die Endphase naht oder ihr Nahen sich abzeichnet. Der Mensch weiss um seinen unausweichlichen Tod. Dadurch wird der Tod zu einem Begleiter für das ganze bewusste Leben und macht die Lebenszeit zu einem besonderen Wert. Sancho Pansa, der treue Knappe des Don Quijote, sagt:

> Hasta la muerte, todo es vida – Bis zum Tod, ist alles Leben.
> *Don Quixote*, Roman von Miguel de Cervantes.

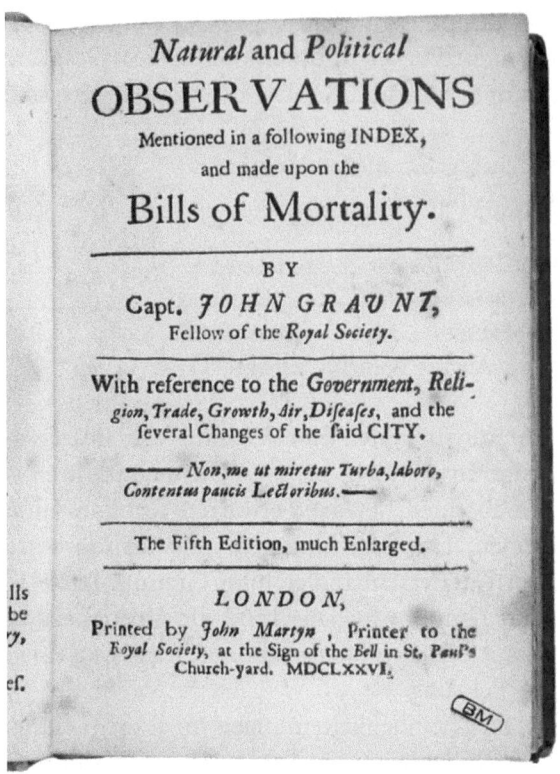

Abb. 5.1 Mathematik des Todes. (Analyse der Sterbedaten in London von 1662. Auflage 1676. Bild: Graunt – Natural and political observations, 1676–204, Wikimedia Commons, Mansutti Foundation)

Die Rede Sanchos geht weiter zur letzten, übriggebliebenen Lebensphase:

> Ich meine, ich habe es [das Leben] immer noch, zusammen mit dem Wunsch zu erfüllen,
>   was ich versprochen habe.

Es geht darum bewusst zu leben bis zum Tode einschliesslich des Sterbens. Dieses intensive Leben geschieht paradoxerweise auch unbewusst. Es zeigt sich in einer positiven Beurteilung der subjektiven eigenen

5 Die menschliche Zeit – existentiell und poetisch

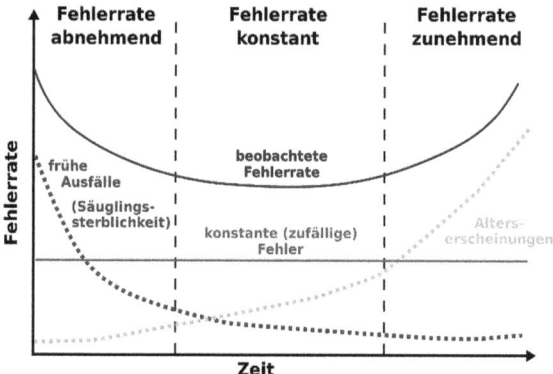

Abb. 5.2 Die Badewannenkurve für ein Produkt (oder ein Menschenleben).
(Drei Bereiche über die Lebenszeit: Jugend, Erwachsen und Alter. Bild: Bathtub curve de, Wikimedia Commons, Wyatts/McSush/El Grafo)

Befindlichkeit in der Zeit entgegen dem objektiv schlechteren körperlichen (und geistigen) Zustand. Es ist das «Paradox des Alterns». Das subjektive Wohlbefinden ist im Alter bei vielen Menschen besser als es den objektiv schlechteren Gesundheitsdaten entspricht – sogar besser als in jüngeren Jahren. Die Akzeptanz der eintretenden Einschränkungen und der Endlichkeit des Lebens verändern die Erwartungen. Die Konzentration auf Erreichbares bringt Glück. Dies gilt zumindest so lange, bis harte Schicksalsschläge wie der Verlust des Partners oder drastische Reduzierungen der Fähigkeiten das Wohlbefinden stark einschränken.

Die Lebenserwartung eines Menschen zum Zeitpunkt seiner Geburt in seiner Gemeinschaft ist eine wichtige persönliche Grösse. Sie ist als statistischer Wert eine Kenngrösse für den Zustand einer Gesellschaft oder eine Gruppe. Aber dieser Wert ist im realen Leben mit seinen Zwischenfällen viel geringer als die biologische («technische») Lebenserwartung einer Spezies aufgrund der genetischen Ausgangslage, die biologische Lebensspanne. Wir definieren die Leben*serwartung* eines Individuums als die Zeit, die es nach der Statistik dieser Gruppe mit allen Gefahren zu leben hat. Die Lebens*spanne* eines Individuums einer bestimmten Spezies ist die Zeit, für die die Prozesse des Lebens von der Evolution als Ganzes ausgelegt sind. Für den *homo sapiens* sind dies wohl 120 bis 150 Jahre. Diese Unterscheidung zwischen Statistik und

Biologie erklärt ein häufiges Missverständnis. Der Historiker und Spezialist für antike Demographie Walter Scheidel sagt (Ruggert, 2018):

Die Lebensspanne der Menschen hat sich, im Gegensatz zur Lebenserwartung, die eine statistische Konstruktion ist, gar nicht so sehr geändert [seit der Antike].

Die Lebenserwartung ist ein Mittelwert, der durch einzelne Risikofaktoren bestimmt werden kann, etwa durch eine hohe Kindersterblichkeit. Wir denken, die Lebenserwartung in der Antike lag bei 30 oder 35 Jahren, also wäre ein 35-Jähriger in seiner Gesellschaft bereits ein alter Mensch gewesen. Dies stimmt nicht. Kindersterblichkeit oder Seuchen haben die Statistik verzerrt, die Lebensalter sind geblieben. Der griechische Dichter Hesiod empfahl um 700 v.Chr., «ein Mann solle zum Heiraten nicht viel jünger als 30 Jahre sein und auch nicht viel älter». Das Lebensalter von 30 Jahren war also ein Beginn, nicht das Ende. Der römische Gelehrte Plinius der Ältere (24–73 n.Chr.) widmet in seiner Naturgeschichte *Naturalis historia* mehrere Kapitel dem Lebensalter von Tieren und Menschen, sowohl mythischen Geschichten als auch realen Berichten (Plinius, 77). Ein Kapitel widmet er den *tatsächlich* über Hundertjährigen, abgesetzt von mythischen unglaubhaften Lebensaltern wie 500, 600 oder gar 800 Jahren! Der Konsul Marcus Valerius Corvinus wurde 100 Jahre alt, die Schauspielerin Lucceia stand noch mit 100 Jahren auf der Bühne[1]. Die Lebensspanne der Menschen der Antike war etwa die unsrige.

Ein bekanntes Phänomen bei der Lebenserwartung von Menschen ist der Unterschied von Männern und Frauen. Frauen haben eine längere Lebenszeit zu erwarten als Männer. Diese Differenz ist in den letzten hundert Jahren grösser geworden, unter anderem, weil die früher hohen Geburtsrisiken für Mütter gering geworden sind. Im heutigen Deutschland sind es für Frischgeborene sechs Jahre mehr, um 1980 waren es sogar 7 Jahre (Luy, 2006). Die höhere Lebenserwartung der Frauen hat

---

[1] Dies findet sich in der *Naturgeschichte* von Plinius im Buch 7, Kapitel 158. Siehe z. B. https://www.attalus.org/translate/pliny_hn7c.html.

auch biologische Gründe, zur höheren Sterblichkeit der Männer tragen höheres Unfallrisiko, mehr Stress und ungesunde Lebensweise bei. Nach Luy sind die Klöster ein Labor für Lebenserwartungs-Experimente: Hier haben Nonnen und Mönche die gleiche soziale Umgebung und Frauen haben keine Geburten. Hier leben Männer etwa 4 Jahre länger als «draussen». Der deutsche demographische Wissenschaftler Marc Luy (geb. 1971) beendet seinen Artikel süffisant mit:

Vereinfachend könnte man die Ursachen der männlichen Übersterblichkeit so zusammenfassen, dass in unserer Gesellschaft Frauen zwar etwas länger leben, aber Männer deutlich früher sterben.

Allerdings reicht es nicht aus, «irgendwie» zu leben. Es genügt auch nicht, dass ein Produkt «ein wenig» lebt – es muss seine vorgesehene Funktionalität erfüllen. Die Beurteilung der Lebenszeit benötigt eine zweite Dimension. Beim Produkt liegt die Funktionalität formalisiert im Pflichtenheft des Produkts vor. Beim menschlichen Leben ist es eine medizinische, eine philosophische, eine ökonomische und eine ethische Frage: Welche Lebensfunktionen sind für ein «echtes» Leben notwendig? Ein Versuch, dies zu messen und numerisch zu erfassen, verwendet ein korrigiertes Zeitmass. Die qualitätskorrigierte Lebenszeit ist die physikalische Zeit mit einem Faktor zwischen 0 und 1 multipliziert. Die Einheit ist das *qualitätskorrigierte Jahr* oder QALY (das Quality Adjusted Life Year). Der Wert 1 des Gütefaktors bedeutet Lebenszeit des Menschen in voller Gesundheit, der Faktor 0 heisst Sterben. Ein «orgastischer» Faktor grösser als 1 ist offiziell nicht definiert. Umgekehrt könnte man bei manchen Krankheiten (und etwa bei Folter) an negative Qualitätsfaktoren denken, bei Folter wäre dies geradezu die Definition der Folter.

Das QALY ist ein wissenschaftlicher Versuch, die Lebenszeit und Qualität numerisch zu erfassen, aber wie bewertet man verschiedene Gebrechen oder Krankheiten? Theoretisch ist es möglich, die korrigierte Lebenszeit eines Menschen gegen die korrigierte Lebenserwartung eines anderen Menschen mit ganz anderen Krankheiten zu verrechnen und damit lebenswichtige Entscheidungen zu treffen. Dazu kommen Fragen wie «Ist eine Verbesserung um 0,1 in der Lebensqualität am oberen, gesunden Ende mehr oder weniger wert wie eine Verbesserung um 0,1 am unteren Ende, kurz vor dem Tod?» Die qualitätskorrigierte Zeit ist damit ein methodisch problematisches Verfahren mit philosophisch-ethischen Problemen. Aber es gibt im Gesundheitswesen den Zwang zu Entscheidungen, die mit oder ohne numerische Bewertung getroffen werden müssen.

Es hilft nichts: In gewissem Sinn ist jeder Mensch ein Produkt und das Leben in der Zeit ist die Grundfunktion dieses Produkts. Es sind vor allem zwei Strategien der Evolution, die uns Menschen zu einer Art moderat langlebigem Produkt machen, vergleichbar einem kommerziellen Auto, und unser endliches Leben bestimmen:

- *Die Sexualität:* Ohne Sexualität geschieht die Fortpflanzung durch Klonen aus einem Elternteil. Die Lebenspanne eines Organismus ist theoretisch sehr lange, sogar theoretisch unendlich, wenn ein Reparaturmechanismus vorliegt. Die Sexualität mischt die Gen-Karten immer wieder neu. Dafür kann sie unsere Lebenszeit begrenzen. Der Tod des Individuums durch Altern ist der Preis für evolutionären Fortschritt und Erfolg (und die persönlichen Wonnen) der Sexualität.
- *Die langsame Fortpflanzungsstrategie mit wenig Nachwuchs K^2:* Diese wendet die Natur an, wenn die Nachkommen wertvoll sind und keine Massenware (wie etwa bei Fröschen). Die Zeit bis zum Erwachsenwerden ist schon lang, und darauf folgt eine relativ lange Zeit des funktionsfähigen Lebens, um die nächste Generation hochzuziehen. Der Tod des Individuums ist in diesem Sinn recht spät und markiert den Schlusspunkt des Alterns.

Die Wissenschaft vom Prozess des Alterns ist die Gerontologie vom griech. *gérōn* alter Mann. Die Geriatrie ist im Gegensatz dazu das Teilgebiet der Medizin, das sich mit Alterserscheinungen beschäftigt. Der englische Gerontologe und Informatiker Aubrey de Grey (geb. 1963)

---

[2] «K» steht für Kapazitätsgrenze. K wird hier auch im Englischen verwendet.

vertritt die These, dass Altern eine Krankheit ist und damit behebbar. Genauer geschieht das Altern durch eine Vielzahl von Krankheiten, von denen die häufigsten einen Namen haben wie Alzheimer, Parkinson oder Krebs. Von einem «natürlichen Tod durch Altern» spricht man, wenn die letzte Todesursache keinen Eigennamen hat.

Irgendwann wird das ganze System des Menschen instabil und ein kleiner Anstoss genügt, um den Tod herbeizuführen. In den Industriestaaten geschieht dies in 90 % der Sterbefälle. Die Idee von de Grey ist, das menschliche Leben in ähnlicher Art zu verlängern wie das Leben eines Industrieprodukts. Sein berühmtes Beispiel ist ein alter VW Käfer (Abb. 5.3), den man mit Wartung und Teiletausch eigentlich nahezu unendlich lang leben lassen könne, jedenfalls viel länger als vom Werk vorgesehen und es im Garantieheft des Produkts steht.

Physikalisch ist «ewiges» Leben nicht unmöglich, auch nicht für ein höheres biologisches System. Es wäre möglich trotz des Satzes der zunehmenden Entropie, die schliesslich alle Veränderungen stoppt. Aber dieser Satz gilt nur für geschlossene Systeme. Lebende Strukturen sind ausserhalb des thermodynamischen Gleichgewichts und müssen laufend Energie und benötigte Materie (und damit niedrigere Entropie) aus der

Abb. 5.3 Ein einfaches Industrieprodukt. (Ein VW Käfer vom Jahr 1949 in 2007. Modell mit Spaltheckscheibe. Bild: 1949 VW Beetle, Wikimedia Commons, Pfan70)

Umwelt erhalten. Leben ist nicht nur Physik, sondern Systemtechnologie und Informationsverarbeitung.

De Grey leugnet nicht die Grösse des biologischen Problems insgesamt, aber er sieht die Schwierigkeit in der ungeheuren Vielzahl der verbundenen Prozesse in den Zellen und im Körper als Ganzem. Vieles, sehr vieles muss laufend repariert werden. Er sagt:

> Ich will nicht erreichen, dass Menschen 100 Jahre alt werden. Ich will, dass der Tod vermieden wird, solange die einzelnen Menschen es wollen.

Die medizinischen Kosten für einen Menschen folgen heute der Badewannenkurve: Hoch zu Lebensbeginn, lange niedrig im Leben als Erwachsener und sehr hoch zum Lebensende. Wenn der Altersforscher de Grey Erfolg hat, werden über das ganze Leben laufende Kosten entstehen. Das Ziel wird beinahe poetisch beschrieben durch einen Ausspruch der Tierärzte (Weiner, 2022):

> The bird is fine, the bird is fine, the bird is fine, it's dead –
> der Vogel lebt, der Vogel lebt, der Vogel lebt, er ist tot.

Es bedeutet, dass manche Vogelarten bis unmittelbar bis an ihr Lebensende munter, ja sogar fruchtbar sind. Dieser Spruch könnte der Leitspruch sein und der Wunsch für das Leben vieler Menschen! Aubrey de Grey hat eine Lebensverlängerung der Menschen in einem aktiven Zustand im Sinn mit dem Lebensgütefaktor nahe bei 1 bis zum Tod. Das Altwerden um jeden Preis und die Folgen eines dabei sinkenden Qualitätsfaktors schilderte schon 1726 der irische Satiriker Jonathan Swift erschreckend bei den Struldbruggs, die er auf seiner fiktiven Reise als Gulliver kennenlernt (s. u., etwa Abb. 5.19).

Die Schwere der Aufgabe, «Langlebigkeit» (longevity) des Menschen zu erreichen und die Lebensspanne des Homo sapiens zu erhöhen, wurde wohl lange unterschätzt. Der MIT-Review Artikel von Weiner von 2022 gibt eine neutrale Übersicht über zwei Jahrzehnte Forschung und Fiktion. So entwickelte Aubrey de Grey im Jahr 2004 das überaus optimistische Konzept der «Fluchtgeschwindigkeit für ewiges Leben». Der Grundgedanke folgt analog der «Kanone Newtons». Newton sagte voraus, wenn das Geschoss einer Kanone hinreichend schnell die Kanonenmündung verliesse, würde das Geschoss nicht mehr zu Boden fallen. Die niedrigste Geschwindigkeit, bei der dies geschieht, ist die Geschwindigkeit eines Satelliten von etwa 7 km/sec (das Geschoss wird Satellit), bei der Fluchtgeschwindigkeit von 11 km/sec verlässt das Geschoss die Erde ganz.

De Grey hatte den Zuwachs an statistischer Lebenserwartung durch den allgemeinen Fortschritt registriert und optimistisch zunehmend extrapoliert. Wenn die Forschung die restliche Lebenserwartung der Menschen schneller erhöht als die physikalische Zeit läuft, dann könnte man für immer leben! Diese Situation ist das Erreichen der biologischen Fluchtgeschwindigkeit *für langes Leben* (die Longevity Escape Velocity); die Zeit danach mit der Wahlmöglichkeit auf Weiterleben oder Sterben nennt de Grey die *Methuselarität*. Die Vorhersage von de Grey ist (nach Newman, 2021):

> Ich glaube, dass es eine 50-prozentige Chance gibt, dass wir bis 2036 die Fluchtgeschwindigkeit der Langlebigkeit erreichen werden. Ab diesem Zeitpunkt (der "Methuselarität") werden diejenigen, die regelmäßig die neuesten Verjüngungstherapien erhalten, in keinem Alter mehr an altersbedingten Krankheiten leiden.
> Aubrey de Grey auf Longevity Technology, 23 März 2021.

Noch optimistischer und noch weiter weg von etablierter biologischer Wissenschaft ist der Futurist José Cordeiro (geb. 1962). Er nennt sein Buch über die Verlängerung des Lebens einfach *La Muerte de la Muerte* – der Tod des Todes (Abb. 5.4). Die wissenschaftliche Grundlage des optionalen ewigen Lebens ist sehr unsicher, aber es werden trotzdem sehr grosse Beträge in die Forschung investiert. Einzelne Teilschäden des Alterns werden sich wohl verhindern lassen, aber der Tod an sich?

Jedenfalls gibt es bereits heftige Diskussionen, ob ein überlanges Leben wünschenswert sei. Schliesslich hat das begrenzte Menschenleben unsere Ethik beeinflusst und unsere Religionen. Es beeinflusst als Randbedingung wohl jegliche Religion, ob theistisch oder nicht. Manche Religionen haben einen Fluchtmechanismus entwickelt, um der Begrenzung zu entfliehen, etwa in der Form eines Lebens nach dem Tod als

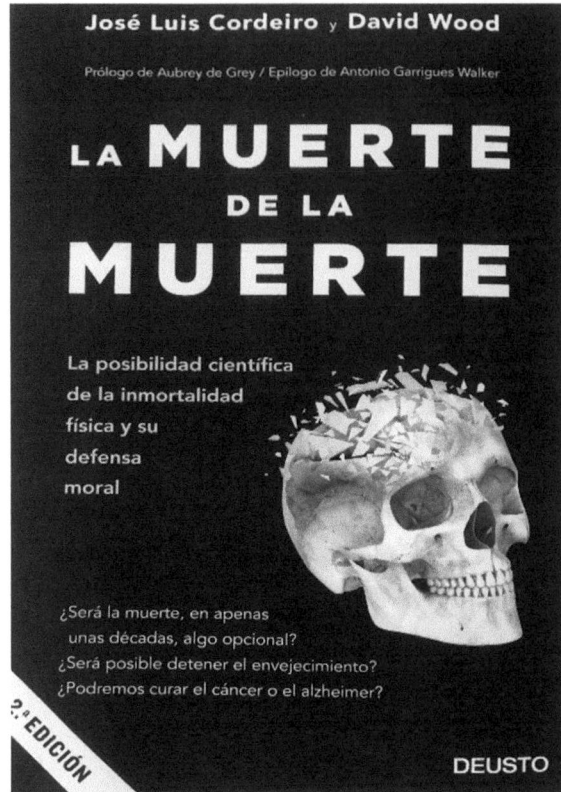

Abb. 5.4 Der Tod des Todes. (Eine optimistische Sicht zur Forschung für ewiges Leben. José Cordeiro, venezolanisch-amerikanischer Futurist. Bild: eigen)

das gleiche Wesen, eventuell als die gleiche Person mit oder sogar ohne einen Körper. Reinkarnation ist das Weiterexistieren der Seele oder Teile davon in anderen Lebewesen. Man kann die Existenz eines Fluchtmechanismus aus der menschlichen Lebenszeit sogar als Definition einer Religion ansehen. In diesem Sinn ist der Wunsch zu einer medizinisch-technischen Verlängerung des menschlichen Lebens nahezu eine Religion – sie existiert und heisst Transhumanismus.

Der (erfolgte) Tod gilt als der grosse Gleichmacher, aber die Länge des guten Lebens ist auch heute nicht für jede Gesellschaftsschicht gleich – im Wohlstand lebt man länger. Ein quasi-ewiges Leben würde oder wird diese Ungleichheit vergrössern und den Langlebigen die Möglichkeit geben, produktiver zu sein und auch mehr an Ressourcen anzuhäufen. Noch schlimmer würde die Lücke werden zwischen den Menschen, die mit der Zeit etwas anfangen können, und denen, die sie nur totschlagen, jedenfalls nichts in ihr aufbauen.

Viele Menschen behaupten, sie würden gar kein längeres Leben wollen. Dies ist unglaubwürdig. Es gibt schliesslich auch heute eine ganze Industrie um kleine (behauptete) Verbesserungen zu erreichen oder um wenigstens äusserlich etwas Zeit zu gewinnen. Auch die Moral würde wohl nicht untergehen – auch Atheisten haben erwiesenermassen keine schlechtere Moral als Theisten. Unsere Beziehung zur *Zeit* würde sich verändern – wir hätten einfach mehr davon. Wer etwas mit der kurzen Zeit anzufangen weiss, würde es wohl auch in der längeren Zeit wissen. In dem Lebensspruch gibt es nahezu beliebig mehr Iterationen, bestimmt durch die Zahl n. Dies gibt die Lebensformel:

n x (Der Vogel lebt), er ist tot.

Der Abschluss der Lebensformel bleibt gleich, im Idealfall ist es ein schneller Tod. Wieder nach Plinius dem Älteren (Plinius, 77):

Aber am wunderbarsten und doch häufig ist der plötzliche Tod. Dies ist das höchste Glück, das das Leben geben kann.

Aber dies ist für ein erfülltes Leben doch zu wenig!

Noch eine Bemerkung zur poetischen Formulierung des Tods als «ewigen Schlaf». Dies ist eine logisch unsinnige, scheintröstende Auffassung. Mit dem Tod wird die Arbeit des Computers «Bewusstsein» eingestellt. Die Person existiert damit nicht mehr.

5.2 Die Zeit in Kunst und Literatur

Werd ich zum Augenblicke sagen: Verweile doch! Du bist zu schön!

und

> Die Uhr mag stehn, der Zeiger fallen. Es sei die Zeit für mich vorbei!
> aus Goethe *Faust, eine Tragödie,* 1808.

Die Zeit ist eines der grössten Themen in Literatur und Bildender Kunst. Wir haben die schönsten und schmerzhaftesten Momente in der Zeit. Es gibt Augenblicke, die zu schön sind, und nie aufhören sollten, und sehr schwere Momente. Dazu kommen als Themen der langsame Verfall und schliesslich der Tod.

5.2.1 Alter und Tod als Motiv

> Grosse Kunst geht dort weiter, wo die Natur aufhört.
> Marc Chagall, russisch-französischer Maler, 1887 – 1985.
> Es ist immer die Aufgabe des Künstlers, das Geheimnis zu vertiefen.
> Francis Bacon, irischer Maler, 1909 – 1992.

Insbesondere der Tod ist das grosse Thema. Die zwei grossen, verschiedenen Ansätze illustrieren die Abb. 5.5. Es sind zwei Fassungen des Bildes «Aufstieg der Seligen» von Hieronymus Bosch (1450–1516).

Im Originalbild links ist der Tod das Tor zum Licht, im negierten Bild rechts das Loch der Finsternis. Das Bild von Hieronymus Bosch erscheint heute als eine künstlerische Darstellung eines Nahtod-Erlebnisses mit einem Lichttunnel, wie es ein modernes Mem geworden ist. Nahtod-Erlebnisse sind keine paranormalen Ereignisse, sondern neuronale Effekte im gestörten Gehirn, das auf den Sterbemodus umschaltet. Das Bild steht für eine Zeitauffassung, die das Leben als Prüfung und Vorbereitung ansieht und den Tod als Befreiung der Seele. Antike Beispiele sind Pythagoras und Plato, die den Körper als Gefängnis für die Seele betrachten, ein moderneres ist der Reformator Johannes Calvin, für den der Körper das Sklavenhaus der Seele ist.

> *In dieser Auffassung gibt es damit eine zweite, verschwommene Zeit im Jenseits, nur vage definiert und unbegrenzt.*

Es gibt allerdings am Ende des Tunnels nicht nur das Licht. Das irdische Leben ist ja nicht nur Vorfreude, sondern in dieser Weltauffassung

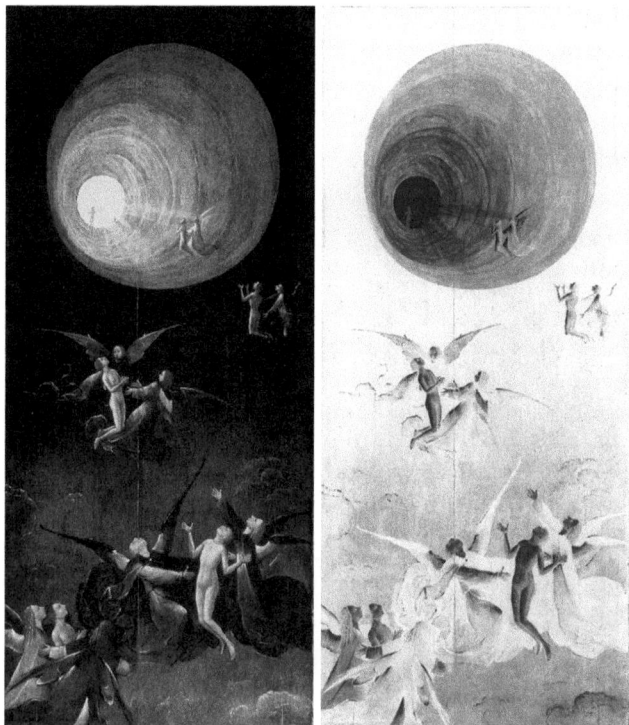

Abb. 5.5 Der Tod Licht oder als Leere. (Der Aufstieg der Seligen von Hieronymus Bosch, zwischen 1505 und 1515. Links das Original, rechts das Farbnegativ produziert mit Tech-Lagoon. Links Leben mit Übergang ins Paradies, rechts als schwarzes Ende. Bild: Hieronymus Bosch_013, Wikimedia Commons, art data base)

auch Prüfung und Vor-Angst. Das Bild mit dem Aufstieg der Seligen ist Teil eines Polyptychons, zu dem auch die Bilder vom Fall der Verdammten und der Hölle gehören. In diesem Geist ist das Leben in der physikalischen Zeit eine Vorbereitung. Der kleine Vers drückt es aus[3]:

> Und am Ende, Dir zum Lohn, schickt er dann die Lebenskron'.
> Dann wird sein in Ewigkeit, Wonne, Freud und Seligkeit.

---

[3] Anonym, gefunden bei Benjamin Henke, Christliche Gedichte auf Pinterest.

Das Licht am Ende des Tunnels ist wunderbar, aber das farbinvertierte Bild beschreibt die letztliche Realität wohl eher mit dem schwarzen Ende des Nichts. Der Computer des Lebens mit seinen inneren Prozessen hört einfach auf, sein Programm löst sich auf in ein wenig Wärme.

Die Lebenszeit ist endlich, und es gibt nur diese Zeit zum Leben. Jeder Augenblick des Lebens ist wertvoll – unter dem Druck der Endlichkeit besonders. Die Weisheit des Physikers Christoph Lichtenberg (1742–1799) gilt erst recht:

> Jeden Augenblick des Lebens, er falle aus welcher Hand des Schicksals er wolle, uns zu, den günstigen sowie den ungünstigen, zum bestmöglichen zu machen, darin besteht die Kunst des Lebens und das eigentliche Vorrecht eines vernünftigen Wesens.
> Lichtenberg, *Sudelbuch G 212*, um 1779.

Der Aphorismus erinnert an antike Stoa oder an Zen-Gedanken, das Schicksal anzunehmen. Wenn das Leben einfach verschwindet, so gibt es aber die ausgleichende Gerechtigkeit im Jenseits nicht, so wie sie der Schweizer Pfarrer Kurt Marti herbeidichtet:

> *Das könnte manchen Herren so passen/ wenn mit dem Tode alles beglichen/ die Herrschaft der Herren/ die Knechtschaft der Knechte/ bestätigt wäre für immer/ das könnte manchen Herren so passen/ wenn sie in Ewigkeit Herren bleiben im teuren Privatgrab/ und ihre Knechte/ Knechte in billigen Reihengräbern.*

Der Pfarrer und Dichter Kurt Marti spricht in seinen Gedichten von allen Facetten des menschlichen Lebens: Liebe, Sex und Tod. Hier ein Satz von ihm zur menschlichen Zeit:

> Nachts hört er, schlaflos liegend, das Ticken in seinem Körper: die Zeitbombe Zeit.

Dieser Satz drückt das menschliche Gefühl von der Bedrohung durch die Endlichkeit unserer Lebenszeit selbst bedrohlich aus.

Trotz des Glaubens an ein jenseitiges Leben in irgendeiner Form war und ist diese Angst auch bei Gläubigen da. Die irdischen Vergnügungen und Werte sind im Vergleich zu der himmlischen Erwartung sinnlose «Eitelkeiten». Dies ist der Begriff aus dem Buch Kohelet des Alten Testaments *Vanitas Vanitatum, et omnia vanitas*, auf Deutsch *Eitelkeit der Eitelkeiten, und alles ist Eitelkeit*. Das Vanitas-Gefühl drückt sich in der Kunst als makabre Kombination von Schönheit und Verfall aus. Die bildende Kunst hat es schwer, die Zeit selbst darzustellen, besonders schwer in Form einer Skulptur. In der Malerei sind es Vanitas-Motive, die die Zeit in der Form der Vergänglichkeit des Lebendigen versuchen zu zeigen.

Hunderte von Motiven und eine ausgeklügelte Symbolik vermitteln die konsequenten Botschaften des *Memento mori* (gedenke, dass du sterben wirst) und des *Carpe diem* (nutze den Tag). Das wohl schönste und treffendste Vanitas-Motiv ist die Sanduhr, die wir schon als Zeitmesser beschrieben haben. Es ist ihr Anblick mit rinnender Zeit bis zum leeren Ende, der so beeindruckt. Viele Vanitas-Motive betonen den Gegensatz von sinnenfreudigem Leben und der Stille des Tods wie ihn die Sanduhr abstrakt vorführt mit dem Fliessen des Sands bis zum toten Haufen Staub oder eine brennende Kerze mit dem Licht der Flamme und ihrem Verschwinden bis auf einen Wachsrest.

Als Gedicht drückt es dieser Reim des deutschen barocken Dichters Andreas Gryphius (1616–1664) eindrücklich aus:

Was itzund prächtig blüht, soll bald zertreten werden.
   Was itzt so pocht und trotzt ist Morgen Asch und Bein
   Nichts ist/ das ewig sei/ kein Ertz, kein Marmorstein.
   Itzt lacht das Glück uns an/ bald donnern die Beschwerden.
Lissaer Sonette, 1637.

Das unmittelbar erschreckendste Motiv ist wohl das menschliche Skelett als Ganzes, als Schädel oder als Sensenmann. Eine gelungene «leichte» Darstellung des Todes zeigt die Abb. 5.6 aus dem Kloster Michelsberg in Bamberg. Es ist ein Stuckrelief, geschaffen zwischen 1729 und 1731 vom Stuckateur Johann Georg Leinberger an der Decke einer

Abb. 5.6 **Der Tod spielt mit Seifenblasen.** (Figur im Totentanz von Bamberg. Stuckrelief von J. C. Leinberger in 1729–1731. Bild: Tod mit Seifenblasen, Wikimedia Commons, Johannes Otto Först)

Kapelle im Rahmen eines Totentanzes. Alte und junge Menschen tanzen als Skelett mit Schädeln, die unglaublicherweise sogar eine menschliche Mimik zeigen. Der Tod spielt gelassen mit Seifenblasen, den Objekten der Zerbrechlichkeit wie das menschliche Leben. Die Szene ist von einer makabren Unbeschwertheit.

Ein anderes Motiv für das Altern und für den Tod sind die welkenden Blumen, vor allem welkende Rosen. Sie gehen vom Symbol reiner, lebendiger Schönheit in einen braunen leblosen Zustand über – manchmal dann von makabrer Schönheit. Viele wunderbare Rosenarten demonstrieren das Nagen der Zeit. Eigentlich zeigt dies alles Lebendige, die Rosen allerdings mit besonderer Deutlichkeit. In Abb. 5.7 in blühender Schönheit und in Abb. 5.8 im verwelkten, toten Zustand. Der italienische Autor und Philosoph Umberto Ecco (1932–20.016) verwendet das Motiv der welkenden Rose in seinem Roman mit dem Titel

Abb. 5.7 Rose auf dem Friedhof. (In voller Pracht. Bild: -87 100 Red Roses just for You (50.542.925.793), Wikimedia Commons, Carol VanHook)

Abb. 5.8 Rose auf dem Friedhof. (Verwelkt. Bild: Plants in Grzybowo kolo Skokow (6), Wikimedia Commons, MOs810)

Il nome della rosa (Im Namen der Rose). Der Schlusssatz des Romans ist ein Vanitas-Spruch:

Stat rosa pristina nomine, nomina nuda tenemus.
Die Rose von einst steht nur noch als Name, uns bleiben nur nackte Namen.

Umberto Ecco hat hier einen Eitelkeits-Hexameter aus dem 12. Jahrhundert abgewandelt, der das gleiche schmerzvolle Ahnen auf den Untergang der Stadt Rom bezogen hatte: *Das alte Rom steht nur noch als Name, uns bleiben nur Namen.* Der Benediktinermönch Bernhard von Cluny hatte es 1140 im Rahmen seines grossen satirischen Werks *de Contemptu Mundi* (von der Verachtung der Welt) geschrieben.

Ecco deutet dazu an, dass Rosa auch als Mädchenname gedeutet werden kann und der Spruch damit als Wehmut beim Erleben und Wahrnehmen des Vergehens weiblicher (menschlicher) Schönheit verstanden werden kann. Vanitas und Wirkung der Zeit ist überall: Macht vergeht, Schönheit vergeht, Gegenwart vergeht.

Das wohl eindrücklichste Vanitas-Bild mit der Zeit als Zerstörer stammt vom englischen satirischen Maler William Hogarth (1697–1764). Der Stich *Bathos* in der Abb. 5.9 ist sein letztes Werk. Es ist das Nonplusultra-Vanitasbild: Es ist alles zerstört, selbst die Zeit selbst! Die Gestalt der Zeit ist der geflügelte Chronos, die klassische personifizierte Zeit. Chronos liegt im Sterben. Er haucht das Wort FINIS – Ende aus, alles ist zerstört: Die Pferde des Sonnenwagens sind tot, Sanduhr, Galgen und Glocke sind zerbrochen, ja selbst die Sense, das Werkzeug des Todes. Eine Akte am Boden links unten verkündet «Nature bankrupt». Die Erde brennt am Galgen und existiert nicht mehr. Das Wort *bathos*, griechisch «Tiefe», bedeutet das Herabsinken. Es ist wieder Chaos wie vor der Erschaffung der Welt.

Als physikalische Ergänzung ist zu sagen, dass es kein Anzeichen dafür gibt, dass die Zeit aufhört. Die Zeit hat vor 13,8 Mrd. Jahren wahrscheinlich einen Anfang gehabt, aber sie wird über viele Milliarden Jahre weiter gehen und das Universum wird sich weiter beschleunigt ausdehnen.

5 Die menschliche Zeit – existentiell und poetisch 253

Abb. 5.9 Tail piece – The Bathos, Endstück – Der Bathos. (Die Zeit hat alles zerstört und stirbt nun selbst. Stich von William Hogarth, 1764. Bild: William Hogarth – The Bathos, Wikimedia Commons, vermutlich BryanBot)

Der langsame Effekt der Zeit ist das Altern oder einfach das Altwerden. «Altern» enthält bereits den negativen Anklang des «schlechter Werdens», etwa weil erwartete normale Funktionen verloren gehen. Altes wird als minderwertig betrachtet. Dies gilt in westlichen Ländern sowohl für Produkte und auch für Menschen. Der Autofriedhof in Abb. 5.10 soll dies zeigen. Allerdings ist die Szenerie der Autowracks in der Wüste von dieser morbiden Schönheit, die für den Verfall typisch ist. Die Schönheit entsteht aus der Verbindung des Gefühls der verge-

Abb. 5.10 Autofriedhof in der Wüste. (Bild: Ely Rusted Cars – Flickr -Mobilus In Mobili, Wikimedia Commons, Mobilus In Mobili)

henden und nagenden Zeit mit den Formen des Objekts selbst. Dies gilt auch für das Aussehen alter Menschen. Eleanor Roosevelt, 1884–1962, Diplomatin und Ehefrau des US-Präsidenten Franklin D. Roosevelt, hat es prägnant ausgedrückt:

> Schöne junge Menschen sind Zufälle der Natur, aber schöne alte Menschen sind Kunstwerke.

Für Menschen bedeutet die Gleichung «altern = (funktionell) schlechter werden» zunächst den Wunsch, die Zeit aufzuhalten, «jung zu bleiben». Der Wunsch, jung zu bleiben, ist zunächst verbreiteter westlicher moderner Zeitgeist, aber er kann zur psychischen Störung werden. Die Unfähigkeit, sein Altern und sein Aussehen zu akzeptieren, wird als *Dorian-Gray-Syndrom* bezeichnet. Ursprung des Begriffs ist ein Roman der Weltliteratur, «Das Bildnis des Dorian Gray» von Oscar Wilde, aus dem Jahr 1890. Im Roman hat der Lebemann Dorian Gray eine Art faustischen Pakt geschlossen. Er selbst altert trotz aller Ausschweifungen nicht, stattdessen altert sein Porträt als Ölgemälde. Dorian Gray bezahlt im Roman seinen Hochmut, nicht Altern zu wollen, mit dem Leben.

Der klassische Beweis für den Wunsch, die Zeit aufzuhalten, ist das (etwas aus der Mode geratene) kulturelle Verbot, eine Frau nach dem Alter zu fragen oder ihr überhaupt ein realistisches Alter anzudeuten.

5 Die menschliche Zeit – existentiell und poetisch

Sachlich ist es der Wunsch und der Versuch – im Bild der Badewanne der Abb. 5.2 – den flachen Boden so weit wie möglich zu dehnen.

Eine andere Sicht zur *Zeit* und zum Alter symbolisiert das chinesische Bild eines Felsengebirges in Abb. 5.11. Chinesen verehren Felsenlandschaften in ihrer Mächtigkeit und (relativen) Beständigkeit. Die typische Zeit für den Abbau der Felsen zu Sand sind Millionen Jahre, für das Leben von Menschen und den Zerfall von Autos sind es einige Jahrzehnte. In der klassischen chinesischen Gesellschaft wird das Alte ver-

Abb. 5.11 Chinesisches Gebirge. *Travellers Through Mountain Passes*. **Dai Jin (1388–1462) Palace Museum, Peking.** (Bild: Dai Jin. Travelers Through Mountain Passes, Wikimedia Commons, Eugene)

ehrt, auch der alte Mensch. Als alt und adlig zählt auch ein alter Baum, vor allem die knorrige Föhre. Der chinesisch-amerikanische Autor Lin Yutang beschreibt die traditionelle Verehrung des Alters (Yutang, 1937):

> Wenn man einen Besuch macht, kommt die Frage: Und welches ist ihr ruhmreiches Alter? Die Begeisterung wächst, je höher das Alter ist, das der Befragte zu nennen hat, und ist er gar über fünfzig hinaus, so senkt der Fragende sogleich voll Achtung und Demut die Stimme.

Der westliche Ausdruck «er ist noch jung» für «er ist gesund und leistungsfähig» ist in diesem Sinn beleidigend und nimmt dem alten Mann seinen Zauber. Für Lin Yutang ist der Wettlauf des modernen Menschen mit der Zeit (oder der Wirkung der Zeit) lächerlich, denn er ist letztlich aussichtslos und führt nur zur Niederlage. Man soll auf anmutige Art und Weise alt werden, im schlimmsten Fall als «alter Ingwer». Die Lebenssymphonie soll mit einem grossartigen Finale aus «Frieden, Heiterkeit, materiellem Wohlbehagen und geistiger Befriedigung» enden und nicht mit dem «Misston zerbrochener Trommeln und zersprungener Zimbeln». Allerdings ist diese weise östliche Lebensphilosophie auch in den Ländern des Fernen Ostens Vergangenheit. Das Leben endet dazu wohl in vielen Fällen mit Misstönen eines defekten Lebensinstruments.

5.2.2 Die Zeit selbst in der Lyrik – Auswahl

Einen anderen Zugang zur menschlichen Zeit eröffnet uns die Lyrik, das Gedicht. Befasst sich Lyrik mit der *Zeit*, so ist dies der Versuch, die Zeit und unsere zeitlichen Befindlichkeiten fühlbar zu machen. Da die Zeit ein zentraler Begriff (oder ein zentrales Gefühl) unseres Lebens ist, bietet sich eine Vielzahl von Gedichten an. Es kann deshalb sehr gut sein, dass das Lieblingsgedicht des Lesers hier nicht erwähnt wird – es ist hier meine persönliche Wahl mit meinem Lebenshintergrund und mit Zufall. Ein guter Anfang können diese beiden Listen sein:

5 Die menschliche Zeit – existentiell und poetisch

- *Gedichte zum Thema Zeit.* Eine Auswahl von neun Gedichten der Bibliothek deutschsprachiger Gedichte, Realis Verlag, München.[4]
- *Ten of the Best Poems about Time.* Eine Auswahl des Anglisten Oliver Teare. Englischsprachige Gedichte. InterestingLiterature.com, Loughborough, UK[5].

Es ist die Empfindung der Zeit selbst und die Endlichkeit der menschlichen Lebenszeit, die die Verse aus aller Welt einfangen wollen. Dazu geben wir als Etikett das jeweilige Motiv der Zeit, das das Gedicht versucht auszudrücken.

Den Beginn machen wir mit einem Gedicht der Weltliteratur, von dem wir schon zwei Zeilen angeführt haben. Es ist das Sonett 19 der Sonette von William Shakespeare, hier in der Übersetzung des Juristen und Schriftstellers Max Josef Wolff aus dem Jahr 1903. Shakespeare spricht die Zeit direkt an und beschreibt sie als den grossen Destruktor, der alles zerstört oder zerstören kann:

Die Zeit als Zerstörer: Sonett 19, William Shakespeare, 1609
Allmächt'ge Zeit, des Löwen Pranke schwächen
Kannst du und tilgen alle Erdenbrut,
Den scharfen Zahn des Tigers kannst du brechen,
Den Phönix opfern in dem eignen Blut;

In deinem Laufe spende Not und Segen
Und mit der Welt und ihrem Flitterstaat
TU!, was du willst, auf deinen flücht'gen Wegen;
Nur eins verbiet' ich dir, die schlimmste Tat:

Des Freundes schöne Stirne sollst du schonen,
Vor deinem Griffel bleibe sie gefeit,
Und lasse ihn für kommende Äonen
Als Vorbild aller Schönheit unentweiht.

---

[4] Auf https://gedichte-bibliothek.de/pages/lyrik-magazin/gedichte/gedichte-zum-thema-raquozeitlaquo.php.
[5] Auf https://interestingliterature.com/2019/12/10-of-the-best-poems-about-time/

Doch tu das Schlimmste selbst, trotz deiner Macht
Hat ew'ge Jugend ihm mein Lied gebracht.

Die Zeit zerstört Strukturen, die der Zufall und der Mensch (letztlich als Folge vieler Zufälle) aufgebaut hat. Die Physik beschreibt dies gesetzmässig mit der Zunahme der Entropie. Insbesondere die lebendigen Strukturen gehen mit der Zeit in unstrukturierte Bewegung über: in Wärme. Die Zerstörung ist gefürchtet, zunächst die schleichende Form in Gestalt des Alterns und letztlich in der endgültigen Form des Todes. Die Abb. 5.12 zeigt die entsetzliche Endphase, die Verwesung, hier am 8. Tag nach dem Tod. Sichtbar ist der chemische Zerfall des Körpers mit einer «Aasfauna» aus Maden und Würmern und einem schwarzen Halo aus hochgedüngter Vegetation, der «Insel des verwesenden Leichnams». Bei der Kremierung des Leichnams werden die Strukturen und chemischen Bindungen im Körper durch die Energie des Feuers in kürzester Zeit zerstört.

Die Materie des leblosen Körpers selbst kann noch etwas von der früheren Person weitergeben, etwa als künstliche Mumie wie bei den ägyptischen Königen oder als sog. Wachsleiche, bei der die Körperfette aus-

Abb. 5.12 Tod und Verwesung. (Ein (Schweine-) Kadaver im aktiven Verwesungsstadium. Bild: Example of a pig carcass in the active decay stage of decomposition, Wikimedia Commons, HBreton19)

härten und eine natürliche Mumie bilden (s. Wikipediaartikel *Unverweslichkeit*). Die Asche in der Urne ist nur noch ein materielles Symbol dessen, was diese Atome einmal gebildet haben.

Mit dem Vergehen des Körpers vergeht auch die Schönheit des Menschen. Für Shakespeare ist es «das Schlimmste» – die Schönheit bleibt nur als Idee und als Erinnerung übrig. Eine berühmte Ausnahme ist eine junge Frau, die um das Jahr 1885 in Paris in die Seine sprang und ertrank. Ihre Totenmaske mit einem sanften, Mona Lisa-ähnlichen Lächeln wurde ab 1900 populär und zu einem morbiden Symbol der Zeit (Abb. 5.13). Die Maske ist in ihrer Kombination von Weiblichkeit und Tod ein modernes, wunderschönes Vanitas-Objekt.

> Das Gesicht der jungen Ertränkten, das man in der Morgue abnahm, weil es so schön war, weil es lächelte, weil es so täuschend lächelte. als wüsste es.
> Rainer Maria Rilke, in *Die Aufzeichnungen des Malte Laurids Brigge*, 1910.

Das Bild der Maske der Unbekannten ist so schön, dass es zur Form wurde für das Gesicht der Masken von Reanimationspuppen; in diesem

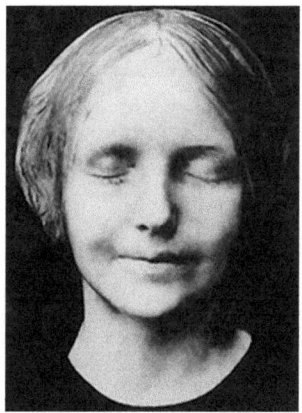

Abb. 5.13 Die Tote aus der Seine. (Die Totenmaske eines unbekannten Mädchens. Bild: L'inconnue de la Seine (masque mortuaire), Wikimedia Commons, unbekannt)

Sinn ist es das «meistgeküsste Gesicht der Welt oder gar aller Zeiten». Beide Bilder zusammen, das Bild der Verwesung in Abb. 5.12, und das schöne Mädchen in Abb. 5.13), sind ein erbarmungsloses Symbol der menschlichen Zeit. Dies gilt trotz der leisen Zweifel, ob die Maske von einer Wasserleiche genommen wurde – der Gesichtsausdruck ist zu sanft.

Noch ein Beispiel zur *Zeit* als das grosse Monster. Hier in der Form eines Rätsels des britischen Schriftstellers J.R.R. Tolkien (1892–1973). Der Hobbit Gollum, eine Fantasiefigur in der Fantasiewelt Tolkiens, stellt es als eines der *Rätsel in der Dunkelheit* (Riddles in the Dark):

Die Zeit als Zerstörer: This thing all things devours
Dieses Ding verschlingt alle Dinge:
Vögel, Tiere, Bäume, Blumen;
Nagt Eisen, beißt Stahl;
Zermahlt harte Steine zu Mehl;
Erschlägt den König, verwüstet die Stadt,
Und schlägt hohe Berge nieder.

Dass wir die Menschen die Zeit vor allem als Zerstörer sehen, liegt an unserem endlichen und kurzen Leben:

- Unser endliches Leben macht die Endlichkeit und das Ende, den Tod, zum grossen Thema,
- die kurze Zeitspanne unseres Lebens von etwa 100 Jahren und unserer Kultur von wenigen tausend Jahren ist ja nahezu eine Momentaufnahme in der Geschichte des Universums. Deshalb war die Zeit in ihrer immensen Ausdehnung bis vor ein, zwei Jahrhunderten unvorstellbar und überhaupt nicht verstanden.

Erweitert man von einer menschlichen Zeitskala (in den menschlichen Gedichten und etwa in der Bibel bei dem erwähnten Bischof Ussher) auf kosmische Zeitskalen (in der Naturwissenschaft), so ist die Zeit auch der grosse *Konstruktor*, der grosse Erbauer – und die Zeit ist dafür der Treiber und Taktgeber. Über Milliarden Jahre hinweg sind die

Sterne und die Erde entstanden, einschliesslich der chemischen Elemente, die uns aufbauen, die Gebirge und die Kontinente haben sich geformt, und schliesslich sind in der Evolution die Strukturen des Lebens aufgebaut worden. Die Endlichkeit und die Dekonstruktion betrifft vor allem uns als Einzelorganismen, als Instanzen oder Einzelkopien unserer Spezies. Die Spezies kann oder könnte länger leben.

Die Zeit als unermüdliche Angreiferin: Der Berg hält den Atem an
Ein tiefer Atemzug und dann stand der Berg da
dann standen die Berge da
und so stehen die Berge da
und neigen sich abwärts und abwärts in sich selbst
und halten den Atem an
während Himmel und Meer streichen und schlagen
hält der Berg den Atem an
   Jan Fosse, norwegischer Dichter, geb. 1959.
   Nobelpreisträger Literatur 2023.
   Übersetzung von Annette Vonberg

Dieses kurze Gedicht macht die Zeit auf zwei verschiedenen Skalen der Zeit deutlich: Einerseits die Zeit des Planeten Erde und des Universums, und andrerseits die Zeit, wie wir sie spüren und erleben. Die Berge und das Material «Stein» verkörpern die lange, planetarische oder gar kosmische Uhr, die angedeuteten sich ständig ändernden Wolken und die anlaufende Brandung unsere menschliche Zeit. Das Bild vom tiefen Atemzug, mit dem der Dichter die Berge entstehen lässt, ist allerdings etwas windschief: Auch die Zeit der Entstehung der Berge ist eine tiefe Zeit und Tausende von Jahren lang. Es geht beim Entstehen oder Vergehen der Gebirge um Millimeter pro Jahr, «schnell» wächst der Himalaya mit einem Zentimeter pro Jahr.

Die Zeit ist also Destruktor und Konstruktor, sie ist der Treiber für die Vorgänge im Kosmos. Der irische Dichter William Butler Yeats vergleicht die Zeit mit mächtigen schwarzen Ochsen, die Pflug oder Wagen ziehen und dabei alles zertreten. Dies sagen die Schlusszeilen seines Dramas in Versen *Die Gräfin Cathleen* (The Countess Cathleen).

Die Zeit als Treiber: The years like great black oxen
Die Jahre zertreten die Welt wie große schwarze Ochsen,
und Gott, der Hirte, treibt sie vor sich her,
und ich bin gebrochen von ihren vorübergehenden Füßen.
William Butler Yeats, 1892.

Weiter geht der Gedanke, dass die Entwicklung des Kosmos in der Zeit geschieht, unvorhersehbar und nicht voll determiniert wegen des Stroms an auftauchenden Zufällen. Der Lauf der Zeit erschafft die Welt, und diese Entwicklung ist einzigartig und nicht umkehrbar:

Die Zeit (und wir) als Macher: Al andar se hace camino

Wanderer, deine Spuren sind der Weg und sonst nichts. Beim Gehen macht man den Weg, und beim Zurückwenden des Blickes sieht man den Pfad, den man niemals wieder betreten wird. Wanderer, es gibt keinen Weg, sondern nur Kräuseln im Meer.	Caminante, son tus huellas el camino y nada más. Al andar se hace camino, y al volver la vista atrás se ve la senda que nunca se ha de volver a pisar. Caminante, no hay camino, sino estelas en la mar.

Antonio Machado, spanischer Lyriker, 1875–1939.

Dieses Gedicht enthält Fundamentales aus der Physik der Zeit mit der Eindeutigkeit der Richtung der Zeit und der Myriaden von Zufällen. Dazu viel Menschliches mit der Bedeutung des eigenen Tuns, der Unmöglichkeit, die Entwicklung zurückzudrehen, und der unbekannten Zukunft, die vor uns liegt. Vieles, was wir tun oder was geschieht, versinkt wieder in der Bedeutungslosigkeit, der Dichter sagt «im Kräuseln des Meeres», der Physiker «im Rauschen» oder gar «in den Quantenfluktuationen». Der gerade ausgeführte Schritt des Wanderers ist das gleitende Fenster der Zeit, der erlebte und gelebte Augenblick. Und wir gestalten in gewissen Grenzen die Zukunft, als Individuen und als Menschheit insgesamt. Das Gedicht macht uns gleichzeitig wichtig als

Akteure und unwichtig als Menschen, die nur immer weiter gehen können bis unsere eigene Zeit stoppt.

Ein anderes, eher technisches Bild für die Rolle der Zeit aus menschlicher Sicht ist der Vergleich der Entwicklung der Zeit mit einem fahrenden Zug. Das Gedicht des französischen Schriftstellers Jean d'Ormesson (1925–2017) bezieht sich auf Menschen und ihre Einbettung in den Strom der Zeit. In seinem Bild sind wir Passagiere, die in den Zug einsteigen und irgendwann wieder aussteigen. Menschen steigen zu uns ins Abteil, begleiten uns eine Wegstrecke und verlassen uns wieder.

Die Zeit als Träger von allem: Le train de ma vie
Bei der Geburt stiegen wir in den Zug.
und trafen unsere Eltern, und wir glauben,
sie werden immer an unserer Seite mitreisen.

Doch an irgendeinem Bahnhof werden unsere Eltern aussteigen.
und uns auf dieser Reise allein lassen.

Die Zeit vergeht, es werden andere Menschen den Zug betreten.
Das Geheimnis für alle ist: Wir wissen nicht, an welcher Station.
wir selbst aussteigen werden.
Jean d'Ormesson, aus:
«Das Kind, das auf den Zug wartete», 2007.

Im Sinne unseres Zeitverständnisses ist die Lokomotive des Zeitzugs als das treibende Element die eigentliche Zeit. Der Zielbahnhof des Zugs ist unbekannt, ja selbst der Verlauf der Schienen verliert sich im Ungewissen. Die Entwicklung des Kosmos in der Zeit geschieht unvorhersehbar und ist wegen des Stroms an auftauchenden Zufällen nicht voll determiniert. Erst der Lauf der Zeit erschafft die Welt, und diese Entwicklung ist einzigartig und nicht umkehrbar.

Etwas schwächer als die Zeit als grosse Macherin ist die Auffassung der Zeit als den grossen Taktgeber. Dazu ein Bild, das die Metapher darstellen soll: ein Schlagzeuger.

Abb. 5.14 Ein Schlagzeuger. (Der Schlagzeuger als kosmische Metapher. Hier: Keith Moon, englischer Schlagzeuger, Drummer der Rockgruppe *The Who*. Bild: Keith Moon 4-The Who-1975, Wikimedia Commons, Jim Summaria)

Die Zeit als Taktgeber: Der kosmische Schlagzeuger und sein Rhythmus

Dazu verwenden wir den Schlagzeuger als Metapher. Abb. 5.14 zeigt den britischen Schlagzeuger Keith Moon in Aktion mit seinen Werkzeugen, die die Zeit in der Musik markieren und das restliche Orchester synchronisieren. Die populäre Literatur und die Musiker-Blogs sind voll des Lobs für die Bedeutung des Schlagzeugers für das Orchester. So schreibt ein Schlagzeuger stolz:

> *Unser Dirigent sagt immer, ich sei eigentlich der wichtigste Mann im Verein; was mich erstens ehrt und zweitens korrekt ist, da ich als Drummer der "verlängerte Arm" des Dirigenten bin und dafür zu sorgen habe, dass z.B. jeder mitbekommt, dass der Dirigent z.B. das Tempo wechseln will oder z.B. mit dem Dirigenten zusammen die Bläser wieder auf ein Tempo bringe, wenn diese (mal wieder) zu schnell werden oder schleppen.*
>
> *DieterH im Blog Musiktreff Info/ausbildung-probenarbeit/359, 2004.*

Im biologischen Körper gibt es ebenfalls Taktgeber, etwa den *Nucleus suprachiasmaticus* (SCN) beim Menschen. Leider endet das Leben üblicherweise damit, dass körperliche Instrumente und insbesondere das Hauptinstrument «Herz» nicht mehr mit der physikalischen Zeit mithalten können.

Die Zeit ist in der Physik wie in der Literatur und im Leben eine der «Wichtigsten im jeweiligen Verein», vielleicht sogar die Wichtigste. Es ist nach all dem Vorhergehenden ein passendes poetisches (und religiöses) Bild, die Zeit als den «verlängerten Arm des grossen Dirigenten» im kosmischen Orchester zu sehen.

Aus der Herrschaft der Zeit mit der Endlichkeit des Lebens folgt das Gebot, die Lebenszeit zu nützen und zu schätzen.

Die begrenzte Zeit gibt dem Leben Wert: The morning glory and the giant pine
Die Prunkwinde, die eine Stunde lang blüht, unterscheidet sich im Herzen nicht von der Riesenkiefer, die tausend Jahre lang lebt.
nach Alan Watts, englischer Philosoph, 1915 – 1973.

In anderen Worten: eine Stunde ist lang für die Prunkwinde, 1000 Jahre sind für die grosse Kiefer lang. Unsere Lebensspanne von 100 bis 120 Jahren scheint von der Evolution gut gewählt zu sein. Der Religionsphilosoph Alan Watts zitiert den Spruch nach einem japanischen Zen-Gedicht[6]. Die Zen-Weisheit will sagen, dass das Leben in der Zeit das Wesentliche ist. Es ist der Sinn des Lebens, zu leben.

Die begrenzte Zeit gut verwenden: Carpe Diem

Der Sinnspruch *Carpe Diem* bedeutet wörtlich «Pflücke den Tag». Er stammt aus der Schlusszeile des Liedtexts des römischen Dichters Horaz, entstanden um 23 v.Chr.

---

[6] Hier auf Youtube https://www.youtube.com/watch?v=fTTrME15eP0.

> *Sei nicht dumm, filtere den Wein und verzichte auf jede weiter reichende Hoffnung!*
> *Noch während wir hier reden, ist uns bereits die missgünstige Zeit entflohen:*
> *Genieße den Tag, und vertraue möglichst wenig auf den folgenden!*

Die übliche deutsche Übersetzung des *Carpe diem* als «Geniesse den Tag» ist etwas zu plump. Im Original enthält der Spruch auch die Aufforderung, etwas zu tun; es ist eine aktive Art des Geniessens. Die englische Übersetzung «*seize the day*» trifft eher die aktive Seite des Spruchs. Der plumpe Aufruf zum Geniessen ist typisch für die Zeit des Barock, etwa so:

> *Bitte meine guten Brüder*
> *auf die Musik und ein Glas!*
> *Kein Ding schickt sich, dünkt mich, bass,*
> *als gut Trank und gute Lieder.*
> *Lass ich gleich nicht viel zu erben,*
> *ei, so hab ich edlen Wein!*
> *Will mit andern lustig sein,*
> *muss ich gleich alleine sterben.*
> *Martin Opitz, deutscher Dichter des Barock, 1624.*

Das kurze moderne Gedicht *Tage* des englischen Bibliothekars Philip Larkin (1922–1985) deutet unsere Lebenssituation in der Zeit an; die Tage sind der Inbegriff der Zeit verbunden mit dem normalen, sich wiederholenden Leben.

> *Wofür sind Tage gut? In Tagen leben wir.*
> *Sie kommen, wecken uns, immer von neuem.*
> *Sie sind zum Glücklichsein: Wo könnten wir sonst leben als in Tagen?*
> *Ja, die Lösung dieser Frage ruft nach dem Priester und dem Arzt,*
> *in langen Mänteln kommen sie über die Felder gelaufen.*
> *Philip Larkin, moderner englischer Lyriker, 1953.*

Die normalen Tage sind der Rahmen für ein glückliches Leben. Wer ausbricht, lebt gefährlich. Der Arzt und der Priester, die gelaufen kom-

men, stehen für das Resultat: körperliche und geistige Krankheit und Tod. Mit ihrem Doppellauf in langen Mänteln bringen sie eine Note von Komik in den Ernst der ersten Zeilen.
Es hilft nichts: Die Zeit läuft.

Die Zeit wirkt überall, auch unsichtbar: L'heure qui est – die Zeit, die ist

Der französische Schriftsteller Robert Mallet (1905–2002) beschreibt in seinem Gedicht die Allgegenwart der Bewegung und damit der sichtbaren Zeit, wie es schon Platon als *pánta chorei* beschrieben hat. Philosophisch ist alles Uhr ohne Zeiger. Messtechnisch hält man sich besser an Aristoteles und an sich regelmässig wiederholende Bewegungen!

> *Die Uhr läuft. Aber ohne Zeiger.*
> *Sie geht weder vor noch nach.*
> *Zeit geteilt, aber unbemerkt. Zerteilt, aber*
> *im Ungewissen.*
> *Aufgespürt, aber nicht fassbar. Gerecht, aber ungerechtfertigt.*
> *Das so regelmäßige Schlagen der Unruh lässt sagen:*
> *"Es ist Zeit". Es ist immer die Zeit. Aber*
> *die Zeit für was.*
> *So mein Körper, meine Mechanik, meine Feder,*
> *mein Uhrenbeweger, mein weißes Zifferblatt, meine Ziffern*
> *schwarze Uhren haben keine Zeiger.*
> *Und ich, der ich die Uhr herstelle, weiß nicht die Zeit, wie spät es ist.*
> *Robert Mallet, Les signes de l'addition, 1953.*

Mallet versteht es, den Leser die Zeit fühlen zu lassen mit der Beunruhigung, dass die Zeit ständig läuft, ohne dass er weiss, was die Uhr anzeigt, insbesondere nicht den Zeitpunkt des eigenen Todes. Die Uhr ohne Zeiger (Abb. 5.15) ist etwas Merkwürdiges. Die Prachtuhr der Abbildung ist ein grossartiges Objekt, deshalb darf sie im Museum auch ohne Zeiger noch französischen Adel repräsentieren. Ihre Unruhe mag sogar ticken, aber sie zeigt die Zeit nicht und verschweigt alles. Sie zeigt, dass die Zeit ein Geheimnis ist, insbesondere verstärkt sie unsere Un-

Abb. 5.15 Uhr ohne Zeiger. (Metapher der menschlichen Zeit und der Zeit überall. Bild: Residenz München, eigene Aufnahme)

wissenheit, wie lange wir noch leben dürfen. Die Uhr ohne Zeiger illustriert die Surrealität der Zeit, nicht die Illusion der Zeit! Auch der Titel der Gedichtsammlung, *Die Additionszeichen*, ist voller Ironie. Die Additionszeichen stehen für die Kreuze der Gräber. Mallet addiert die Toten und subtrahiert die Lebenden.

Die Zeit als Gefühl: Wir müssen hindurch, wenn wir leben

Viele Gedichte beschreiben, wie unser Leben in die Zeit eingebettet ist. Berühmt und bekannt sind die Gedichte von Hermann Hesse (deutscher Dichter, 1877–1962) und Rainer Maria Rilke (deutscher Dichter, 1875–1926), etwa mit den bekanntesten Zeilen

5 Die menschliche Zeit – existentiell und poetisch

Und jedem Anfang wohnt ein Zauber inne,
  Der uns beschützt und der uns hilft, zu leben......
  Des Lebens Ruf an uns wird niemals enden...
  Wohlan denn, Herz, nimm Abschied und gesunde!
  Hermann Hesse, Stufen, 1941.

und

Ich lebe mein Leben in wachsenden Ringen,
  die sich über die Dinge ziehn.
  Ich werde den letzten vielleicht nicht vollbringen
  aber versuchen will ich ihn.
  Rainer Maria Rilke, aus dem Stundenbuch, 1905.

Der Lauf der Zeit bedeutet nicht nur die Weiterentwicklung des Körperlichen, sondern der ganzen Persönlichkeit und das wachsende Verstehen der Welt, im Gedicht durch die «wachsenden Ringe» ausgedrückt. Eigentlich ist ein Stundenbuch oder Horarium das Buch für die Gebete und privaten Andachten zu bestimmten Zeiten des Tages. Die Bezeichnung *Stundenbuch* für die Gedichtsammlung Rilkes zeigt die enge Verknüpfung des Themas *Zeit* mit der Religion. Die weltlichen Gedichte Rilkes bekommen durch die geheimnisvolle und bedrohliche Zeit einen de facto religiösen Charakter.

Wir sind dem Lauf der Zeit ausgeliefert. Der Schweizer Dichter Gottfried Keller (1819–1890) kehrt die Sicht auf die Zeit, die mit uns und durch uns läuft, zunächst um.

Die Zeit geht nicht, sie stehet still,
  Wir ziehen durch sie hin;
  Sie ist die Karawanserei,
  Wir sind die Pilger drin.

Stehende Zeit ist ein schöner poetischer Gedanke, aber wir haben ihn schon mehrfach abgelehnt. Die Zeit wächst dynamisch und kann nur wachsen. Zufälle springen einfach so in die Welt. Die Zeit ist in der Bildsprache des Dichters Keller eher die ganz grosse Karawane, und wir laufen mit! Der nächste Vers ist ganz im Sinn des Augustinus: «Wenn

keiner mich fragt, weiß ich es; wenn einer mich fragt und ich es erklären soll, weiß ich es nicht mehr».
Keller schreibt:

> *Ein Etwas, form- und farbenlos,*
>   *Das nur Gestalt gewinnt,*
> *Wo ihr drin auf und nieder taucht,*
> *Bis wieder ihr zerrinnt.*

Eindrücklich ist das Bild im letzten Vers:

> *Es ist ein weißes Pergament*
>   *Die Zeit, und jeder schreibt*
> *Mit seinem roten Blut darauf,*
> *Bis ihn der Strom vertreibt.*

Es ist die Aussage des poetischen Wanderers von Machado, der Spuren im Boden hinterlässt, nun drastisch in Blut geschrieben: Wir machen die Geschichte selbst, solange wir leben. Wir machen die Geschichte nicht allein, sondern im Verbund mit der Natur und mit allen Menschen. Damit kommen wir in die Nähe der Politik.

Die Zeit als Aufgabe: Wir müssen sie akzeptieren.

Der deutsche Lyriker Erich Fried (1921–1988) sieht im Leben die Aufgabe, die Zeit mit ihren Umständen und Befindlichkeiten zu akzeptieren, so schwer es auch fallen mag:

> *Da habe ich einen gehört, wie er seufzte: "Du liebe Zeit!".*
> *Was heißt das, "Du liebe Zeit"? "Du unliebe Zeit", muß es heißen.*
> *"Du ungeliebte Zeit!" von dieser Unzeit, in der wir leben müssen.*
> *Und doch sie ist unsere einzige Zeit, unsere Lebenszeit.*
> *Und wenn wir das Leben lieben,*
> *können wir nicht ganz lieblos gegen diese unsere Zeit sein.*
> *Wir müssen sie ja nicht genau so lassen, wie sie uns traf.*
> *Erich Fried, Zur Zeit und zur Unzeit, 1981.*

Lyrik ist eine kompakte Methode, einige Eigenschaften der Zeit in Gefühl umzusetzen und das Leben zu fühlen. Die Zeit bleibt zwar ein Mysterium, aber ihr Geheimnis wird unter den Worten erahnt. Die Empfindungen sind überzeugend und ohne Misston, wenn das Gedicht im Prinzip mit der Physik der Zeit im Einklang steht. Wendungen wie «Pfeil der Zeit», «Umkehrung der Zeit», «Stillstand der Zeit» oder «Tod als Schlaf» sind zu vermeiden oder nur als Widerspruch zu verwenden. Die Zeit ist kein Pfeil, kann nicht zurück oder auch nur stillstehen, und der Tod ist kein Schlaf, sondern das Nichts. Gedichte zur *Zeit* können Kunstgenuss sein und zur gleichen Zeit erahnen lassen, was *Zeit* für uns Menschen bedeutet.

5.2.3 Die Zeit als Objekt im Roman – Auswahl

> Das Thema Zeit ist eines der großen Themen der Literatur. Es ist mit so vielen Aspekten des Menschseins verbunden – der Vergänglichkeit der Schönheit, dem Verlust und der Trauer, der Bedeutung der Erinnerung, den Hoffnungen für die Zukunft und dem Wesen des kreativen Akts selbst.
>
> Sue Stuart-Smith, englische Anglistin und Psychiaterin, in *Time in Literature, 2003*[7].

Die Zeit ist in jedem Roman. Es gibt sogar den «Zeitroman». Im Zeitroman versucht der Schriftsteller, die Menschen und ihre Welt zu einer Epoche und in einem Land darzustellen und den «Zeitgeist» zu verstehen, das Typische jener Zeit. Im «Gesellschaftsroman» wird das gesellschaftliche Leben einer Epoche geschildert und ihre Wechselwirkung mit der Natur und den Machtverhältnissen in der Gesellschaft. Der «historische Roman» hat die Zeit schon in der Gattungsbezeichnung. Es ist ein Roman, der mit erlaubter Fantasie in einer historischen Umgebung angesiedelt ist. Es sind alles Geschichten oder «Narrative», die in einer bestimmten Zeit spielen.

---

[7] In Sagejoiirnals, Vol. 36,2. https://doi.org/10.1177/05333164030036002006.

Hier interessieren mehr Romane, in denen die *Zeit* selbst eine fundamentale Rolle spielt. Es ist eine kleine, persönliche Auswahl von Büchern zur *Zeit* und zum Menschen.

Die Zeit als grundlegende Empfindung: *Der Zauberberg* von Thomas Mann

Nicht nur für den deutschen Sprachraum ist klar: *Der Zauberberg* des Schriftstellers und Nobelpreisträgers Thomas Mann (1875–1955) ist ein grosser Roman über die Empfindung der Zeit (Mann, 1924). Mann wurde durch den Sanatoriumsaufenthalt seiner Frau auf die besondere, abgeschlossene Welt eines Sanatoriums im Gebirge aufmerksam.

Es war in Raum und Zeit ein besonderer Ort, durch die Abgeschiedenheit von den grossen Ereignissen des Weltkriegs, der Gefahr der tödlichen Krankheit Tuberkulose und die Nähe des Todes durch beides. Es war die perfekte Grundlage für den Chronotopos seines Romans.

Chronotopos (griech. chrónos Zeit und tópos Ort) kennzeichnet eine enge charakteristische Verbindung von Raum und Zeit in einer Erzählung. Es ist die literarische Entsprechung der physikalischen Verbindung von Raum und Zeit.

Manns konkretes Vorbild für den Schauplatz seines Romans war das Sanatorium Schatzalp bei Davos auf 1860 m Höhe. Es wurde 1900 eröffnet, seit 1953 ist es das Hotel Schatzalp; der nostalgische Jugendstilbau blieb erhalten.

In der gesellschaftlichen Abkapselung in Luxus, aber laufend bedroht durch die Krankheit Tuberkulose und damit durch den Tod, wird die Zeit wertlos und wertvoll zugleich. Die Abb. 5.16 zeigt noch eine Originaluhr aus einem Gang des Sanatoriums. Der Patient erklärt seinem Besucher die *Zeit*:

„Ja, Zeit", sagte Joachim und nickte mehrmals geradeaus, ohne sich um des Vetters ehrliche Entrüstung zu kümmern. „Die springen hier um mit der menschlichen Zeit, das glaubst du gar nicht. Drei Wochen sind wie ein Tag vor ihnen. Du wirst schon sehen. Du wirst das alles schon lernen", sagte er und setzte hinzu: „Man ändert hier seine Begriffe."

5 Die menschliche Zeit – existentiell und poetisch 273

Abb. 5.16 Sanatoriums-Uhr. (Originaluhr aus einem Gang im Sanatorium Schatzalp, Davos.Heute Hotel Schatzalp. Bild: Davos Schatzalp Gang 1OG 1K4A4528, Wikimedia Commons, Bobo11)

Der Zauberberg wird als Bildungsroman angesehen, also als «ein Roman, indem der Protagonist [und der Leser] sich fortbildet». Sicher ist es ein Buch voller Bildung, Zitate und Fremdsprachen, doch die Weiterbildung des Protagonisten ist zweifelhaft. Aber das Buch ist voller menschlicher Philosophie zur *Zeit*. Es ist offensichtlich, dass für Thomas Mann die Zeit ein Kernthema des Lebens und Schlüsselthema für den Roman war.

So schreibt Thomas Mann in modernen Bildern, in einem langen Satz, aber ganz im Sinne des Augustinus:

> Die Zeit, die nicht von der Art der Bahnhofsuhren ist, deren großer Zeiger ruckweise, von fünf zu fünf Minuten fällt, sondern eher von der jener ganz kleinen Uhren, deren Zeigerbewegung überhaupt untersichtig bleibt, oder wie das Gras, das kein Auge wachsen sieht, ob es gleich heimlich wächst, was denn auch eines Tages nicht mehr zu verkennen ist; die Zeit, eine Linie, die sich aus lauter ausdehnungslosen Punkten zusammensetzt (wobei der unselig verstorbene N. wahrscheinlich fragen würde,

wie lauter Ausdehnungslosigkeiten es anfangen, eine Linie hervorzubringen): die Zeit also hatte in ihrer schleichend untersichtlichen, geheimen und dennoch betriebsamen Art fortgefahren, Veränderungen zu zeitigen.

Mann beschreibt wunderbar das Paradoxon der beliebigen Teilbarkeit der Zeit und des Weitergehens in die Veränderung, wie aus dem «untersichtlichen», dem zu kleinen, die grossen Veränderungen der Welt entstehen. Das kleinste Zeitmass sind die Minuten beim Fiebermessen, es ist auf genau sieben Minuten festgesetzt:

> „Ja, wenn man ihr aufpaßt, der Zeit, dann vergeht sie sehr langsam. Ich habe das Messen, viermal am Tage, ordentlich gern, weil man doch dabei merkt, was das eigentlich ist: eine Minute oder gar ganze sieben, – wo man sich hier die sieben Tage der Woche so gräßlich um die Ohren schlägt." „Du sagst ‚eigentlich'. ‚Eigentlich' kannst du nicht sagen", entgegnete Hans Castorp [der Protagonist des Buchs]. Die Zeit ist doch überhaupt nicht ‚eigentlich'."

Ansonsten sind die wesentlichen Zeiten Monate, ja Jahre. Der Schriftsteller weist auch wissenschaftlich korrekt darauf hin, dass die Gleichförmigkeit der Zeit nicht-trivial ist:

> Um messbar zu sein, müsste sie doch gleichmäßig ablaufen, und wo steht denn das geschrieben?

Heute wissen wir, dass die Zeit an einem Ort gleichmässig abläuft, gemessen an einer dort ruhenden Uhr. Der Roman ist voll von klugen oder gar weisen Aussagen zur *Zeit* und in grossartiger Sprache verfasst. Auch banale Objekte werden philosophisch gehoben, etwa wenn das Weckglas im Vorratsregal als *der Zeit entzogen* beschrieben wird, *hermetisch von ihr abgesperrt. Es hat keine Zeit, die Zeit geht an ihm vorüber, es steht ausserhalb ihrer auf seinem Bord.*

Oder wenn der Schriftsteller sich die Aufgabe stellt, die Zeit zu erzählen, als solche selbst, an und für sich?

5 Die menschliche Zeit – existentiell und poetisch

Wahrhaftig, nein, das wäre ein närrisches Unterfangen! Eine Erzählung, die ginge: „Die Zeit verfloß, sie verrann, es strömte die Zeit" und so immer fort, – das könnte gesunden Sinnes wohl niemand eine Erzählung nennen.

Eine solche «Erzählung der Zeit an sich» in Worten ist für Thomas Mann undenkbar – aber die minimalistische Musik von Philip Glass und John Cage ist genau dies musikalisch (s. u.).

Die Kernfrage für Thomas Mann und für uns ist «Was ist die Zeit?»

> „Was ist denn die Zeit?" fragte Hans Castorp und bog seine Nasenspitze so gewaltsam zur Seite, dass sie weiß und blutleer wurde. „Willst du mir das mal sagen? Den Raum nehmen wir doch mit unseren Organen wahr, mit dem Gesichtssinn und dem Tastsinn. Schön. Aber welches ist denn unser Zeitorgan? Willst du mir das mal eben angeben? Siehst du, da sitzest du fest. Aber wie wollen wir denn etwas messen, wovon wir genau genommen rein gar nichts, nicht eine einzige Eigenschaft auszusagen wissen!

Wir können die Zeit messen, sogar präziser als alle anderen physikalischen Grössen – und dies, ohne zu verstehen. Im Sanatorium ist die wichtigste Messgrösse die Temperatur der Patienten. Um ein Mogeln der Patienten zu verhindern, wird sie mit Fieberthermometern gemessen, die keine Skala haben, mit «Stummen Schwestern». Dies soll etwa verhindern, dass Patienten ihre Heilung verheimlichen, weil sie noch im Sanatorium bleiben wollen. Dem Protagonisten Hans Castrop wird damit klar, was die Zeit ist:

> Die Zeit ist nichts anderes als einfach eine Stumme Schwester, eine Quecksilbersäule ganz ohne Bezifferung, für diejenigen, welche mogeln wollten.

Die Bezifferung fügen wir mehrdeutig in der Astronomie und in der messenden Physik dazu. Diese Zeit ist unbestechlich und unvorstellbar präzise, es ist die «eigentliche» Zeit. Aber die menschliche Zeit ist anders, sie ist nicht «eigentliche Zeit».

„Du sagst ‚eigentlich'. ‚Eigentlich' kannst du nicht sagen", entgegnete Hans Castorp. „Die Zeit ist doch überhaupt nicht ‚eigentlich'. Wenn sie einem lang vorkommt, so ist sie lang, und wenn sie einem kurz vorkommt, so ist sie kurz, aber wie lang oder kurz sie in Wirklichkeit ist, das weiß doch niemand."

Das Fiebermessen im Sanatorium, viermal am Tag, ist eine Zeitorgie mit dem bewussten Empfinden der Zeit. Die Zeit ist «das Element des Lebens, unlösbar damit verbunden, wie der Raum mit den Körpern.» Aber Thomas Mann weist auf das Problem hin: Es gibt kein von aussen identifizierbares Zeitorgan. Das Erlebnis der Zeit ist «seelisch» und mit dem Leben und dem Gefühl zu leben eng verbunden. Beim Gleichmass des Lebens im Sanatorium droht das Zeitgefühl verloren zu gehen und das Lebensgefühl wird «kümmerlich beeinträchtigt, die grossen Zeiten verflüchtigen sich bis zur Nichtigkeit».

Zum Erlebnis der Zeit kommt im Sanatorium die Nähe des Todes. Der Tod ist der Verstärker des Empfindens des Lebens. Thomas Mann lässt sagen:

> Ich finde, ein Sarg ist ein geradezu schönes Möbel, schon wenn er leer ist, aber wenn jemand darin liegt, dann ist es direkt feierlich in meinen Augen.

Gerade durch das Verbergen des Todes wird seine Drohung fühlbar:

> Sie [die Todesfälle] werden diskret behandelt, verstehst du, man erfährt nichts davon oder nur gelegentlich, später, es geht im strengsten Geheimnis vor sich, wenn einer stirbt, aus Rücksicht auf die Patienten und namentlich auch auf die Damen, die sonst leicht Zufälle bekämen.

Im Original steht in der Tat «Zufälle», es sollte wohl «Anfälle» heissen.

Das Haus hat sogar einen Leichenaufzug (Abb. 5.17) für die Diskretion des Abtransports der Verstorbenen. Die Nähe des Todes erzeugt eine besondere «Grundstimmung des Gemüts».

Damit wird der Zauberberg zu einer literarischen Synthese von Plato, Aristoteles und Augustinus mit einer Fülle philosophischer Gedanken.

5 Die menschliche Zeit – existentiell und poetisch

Abb. 5.17 Leichenaufzug. (Lift, mit dem die Verstorbenen im Sanatorium Schatzalp, Davos, abtransportiert wurden. Bild: LeichenaufzugSchatzalp, Wikimedia Commons, Medea7)

Der Roman ist auch literarisch ein Erlebnis. Hier als Beispiel die Beschreibung einer Sanduhr als

> ein Gestell, im leicht gefügten Rahmen das dünne Doppelhohlgebläse, darin ein wenig Sand, dem Ewigen entnommen, als Zeit sein heimlich und heilig beängstend Wesen treibt.

So ist die Umschreibung des Wartens bei Thomas Mann:

> Warten heisst: Voraneilen, heisst: Zeit und Gegenwart nicht als Geschenk, sondern nur als Hindernis empfinden, ihren Eigenwert verneinen und vernichten und sie im Geist überspringen.

Wunderbar ist seine Beschreibung des Laufs des Zeigers der Uhr, der trippelt ohne auf die Ziffern des Zifferblatts zu achten, Ziffern erreicht und weitergeht, wieder und wieder, und damit zu verstehen gibt, dass er mit den Ziffern nichts zu tun hat, sie sind der Zeit nur «untergelegt». Die Schweizer Bahnhofsuhr ist eine Ausnahme, sie verweilt jeweils bei der vollen Minute für eine gute Sekunde, um sich im ganzen Land zu synchronisieren. Aber diese Uhr (im stillen Bild wie in der Abb. 3.4) entstand erst 20 Jahre später, im Jahr 1944, und der Minutensprung des Sekundenzeigers hatte technische Gründe. Thomas Mann hätte sie, wenn es sie schon gegeben hätte, bestimmt im Roman verwendet.

Der Dichter fasst die Zeit zusammen: Die Zeit ist das Element der Erzählung, die Zeit ist das Element des Lebens, und sie ist das Element der Musik. Besonders weitsichtig ist seine Beschreibung der Zeit als Macher. Macher ist das moderne, hässlich-reale Wort, er sagt:

> Die Zeit ist tätig, sie hat verbale Beschaffenheit, sie „zeitigt". Was zeitigt sie denn? Veränderung!

Und noch mehr: Die Zeit ist Taktgeber und Treiber für den Kosmos. Sein Wort «zeitigen» heisst sachlich, einen Prozess treiben. Ein Prozess ist das Wachsen eines Baumes oder die Arbeit eines Computers. In diesem Sinn haben wir die Zeit «metabolisch» bezeichnet. Wir leben in einer Zauber-Welt. Dazu ein Schlusswort von Thomas Mann, wieder aus dem «Zauberberg»:

> Was ist die Zeit? Ein Geheimnis, – wesenlos und allmächtig. Eine Bedingung der Erscheinungswelt, eine Bewegung, verkoppelt und vermengt dem Dasein der Körper im Raum und ihrer Bewegung.

Die Zeit aus der Erinnerung: *Suche nach der verlorenen Zeit* von Marcel Proust

> Die Zeit [für Marcel Proust] besteht aus diesen Assoziationen, die Zeit ist eine lebende Materie, sie ist eine lebendige Substanz, ein Symphonieorchester, in dem jedes Ereignis seine Partitur spielt und in dem alles in einer Art Anmutung übereinstimmt, jenseits der Abfolge, die den Wert der Ewigkeit hat, wie er sagt, aber in reinem Zustand.
>
> Jacques Darriulat, französischer Philosoph, geb. 1946.

5 Die menschliche Zeit – existentiell und poetisch

Marcel Proust (1871–1922) ist der Autor eines monumentalen literarischen Werks des 20. Jahrhunderts. Es ist eine fiktive Erzählung im autobiographischen Stil in 7 Bänden mit insgesamt etwa 4500 Seiten. Das Werk *A la recherche du temps perdu* oder Auf der Suche nach der verlorenen Zeit (Proust, 1927) hat den Dichter von 1909 bis zum Tod im Jahr 1922 immer wieder beschäftigt. Es ist ein kolossales Werk, ein *Romanfleuve*, ein Roman wie ein (gewundener) Fluss. Er ist in Stil und Einzelheiten, positiv ausgedrückt, unglaublich subtil und in diesem Sinn ein grosses Kunstwerk. Durch die Unmenge an Informationen von Kindheitserinnerungen bis zum Werden als Künstler oder den Gedanken im Müssiggang entsteht ein Bild der Vergangenheit aus der Menge der verschiedensten, auch kleinsten Empfindungen. Es können die Stadien des Einschlafens sein oder die Gerüche bei einem Brand, die sich eingraben. Auch das berühmteste Beispiel ist trivial. Der Dichter erzählt von seinen Empfindungen beim Essen einer Madeleine, dem klassischen französischen Feingebäck.

> Sie [seine Mutter] liess daraufhin eines jener dicklichen, ovalen Sandtörtchen holen, die man 'Petites Madeleines' nennt und die aussehen, als habe man als Form dafür die gefächerte Schale einer Jakobs-Muschel benutzt. Gleich darauf führte ich, ohne mir etwas dabei zu denken, doch bedrückt über den trüben Tag und die Aussicht auf ein trauriges Morgen, einen Löffel Tee mit einem aufgeweichten kleinen Stück Madeleine darin an die Lippen. In der Sekunde nun, da dieser mit den Gebäckkrümeln gemischte Schluck Tee meinen Gaumen berührte, zuckte ich zusammen und war wie gebannt durch etwas Ungewöhnliches, das sich in mir vollzog.

Es ist zunächst ein Beispiel für den detaillierten Stil, der, über den Bericht eines Lebens geführt, den Mammut-Umfang des Werks erklärt. Eine knappe Seite weiter wird das Gefühl als ein besonderer Zeit-Effekt erklärt: «Und mit einem Mal war die Erinnerung da». Es ist eine Erinnerung an die gleiche Szene der Kindheit. Proust beschreibt es als Glücksgefühl, das Erlebte nochmal zu empfinden, jetzt losgelöst von der chronologischen Zeit. Die Abb. 5.18 illustriert den Prozess. In der vergangenen Gegenwart (graues Zeitfenster) wurde das Erlebnis gespeichert, sachlich und emotional-sinnlich. Durch den Geschmack und Ge-

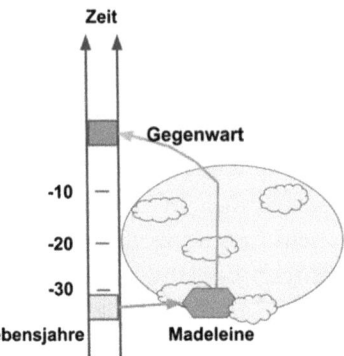

Abb. 5.18 Die Zeit bei Proust. (im Modell des gleitenden Fensters mit Madeleine-Effekt Die subjektive Zeit ist die grosse Wolke von (vergessenen) Momenten)

ruch, der im aktuellen Fenster der Gegenwart wieder auftritt, wird die Erinnerung der Madeleine ausgelöst.

Proust beschreibt diese Augenblicke der Erinnerung als Glücksmomente, als jeweils *un peu de temps à l'état pur*- ein wenig reine Zeit. Momente sind im Roman kleine, banale Erinnerungen wie eine Madeleine im Tee, zwei ungleiche Pflastersteine oder das Auftauchen eines Kirchturms am Horizont. Der Effekt des Auslösens einer lebendigen Erinnerung durch einen gespürten Geschmack und vor allem durch einen vergessenen Geruch ist als Proust-Effekt in die Psychologie eingegangen (van Campen, 2014).

Einen anderen, unbewussten Erinnerungseffekt beobachtet der Autor selbst. Die Versuchsperson erhält z. B. den Auftrag, spontan an eine erlebte Strassenkurve zu denken, irgendwann und irgendwo. Aus der Vergangenheit kommt die lebendige Vorstellung einer Strasse und einer früheren Fahrt und es beginnt damit eine Kette an Rückerinnerungen.

Damit besteht für Marcel Proust die subjektive Zeit eines Menschen in der versunkenen Welt von Erinnerungen und Empfindungen, insbesondere auch der banalen Kleinigkeiten. Im Bild der Abb. 5.18 ist die Proustsche Zeit die Gesamtheit der Wolken im Unterbewusstsein. Aber die Abb. 5.18 enthält auch die normale menschliche Zeit in Gestalt der Doppelachse nach oben.

5 Die menschliche Zeit – existentiell und poetisch

Im Fenster der Gegenwart, im Augenblick, findet das wirkliche Leben statt.

Es ist natürlich auch Marcel Proust bewusst, dass er nicht ausserhalb der Zeit steht, sondern ihren Gesetzen unterworfen ist. Doch die Zeit ist nicht zu spüren. Proust zieht den Vergleich mit der nicht zu spürenden Erddrehung:

> Theoretisch weiß man, dass sich die Erde dreht, aber in Wirklichkeit merkt man es nicht, der Boden, auf dem man geht, scheint sich nicht zu bewegen, und man lebt ruhig vor sich hin. So ist es auch mit der Zeit im Leben.
> In: *A la recherche du temps perdu.*

Man könnte die Drehung der Erde durchaus spüren, aber dazu müsste man das Weltall als Ganzes zur Referenz nehmen. Wir können es nicht und brauchen dazu Hilfsmittel. Das Pendel im Versuch von Foucault tut es und macht damit die Erddrehung sichtbar. In der Zeit ist alles, auch wir und unser Fühlen, unmittelbar an den Takt des Kosmos gebunden.

Unliterarisch betrachtet sind die Schilderungen von Proust banal und, wie ein zeitgenössischer Kritiker sagte, eine «Collage von ruhelosen Grübeleien». Literarisch betrachtet ist es eine «Sinfonie der Worte» nach einem anderen Kritiker. Bemerkenswert ist das Urteil des deutschen Schriftstellers Martin Walser (1927–2023):

> «Wer Proust aufmerksam gelesen hat, der sieht genauer hin, hört präziser hin, durchschaut mehr und, tatsächlich, liest nicht nur intensiver, sondern lebt intensiver».
> in: *Leseerfahrungen mit Marcel Proust*, in *Liebeserklärungen*. Suhrkamp, 1983.

Dies gilt allerdings eher für den Fluss der kleinen Dinge des Lebens, nicht für die grossen: Diese waren kaum in der behüteten Welt des Marcel Proust angekommen. Für das Verstehen der Zeit ist Proust der Grenzfall extremer Einfühlsamkeit, weit weg von der physikalischen Zeit.

Die Endlichkeit als Bedingung: *Alle Menschen sind sterblich* von Simone de Beauvoir

> Hätten sie das Glück gehabt, als Unsterbliche in die Welt zu treten, so würden sie die elendesten Wesen sein. Ein Leben, dessen Verlust sie nie zu befürchten brauchten, würde ihnen wertlos erscheinen.
> Jean-Jacques Rousseau, Schweizer Philosoph, in *Emile*, 1762.

Jean-Jacques Rousseau ist überzeugt, dass wir, wenn wir unsterblich wären, «höchst unglückliche Wesen» wären. Allerdings ist seine Überzeugung verzerrt vom Glauben, dass die Unsterblichkeit auf Erden ja nur das bessere Leben im Jenseits verhindern würde. Ein Satz von Rousseau aus dessen Hauptwerk *Emile oder über die Erziehung* von 1762 dient als Einleitung und Résumé für den Roman der Simone de Beauvoir *Alle Menschen sind sterblich* von 1946:

> Si l'on nous offrait l'immortalité sur la terre, qui est-ce qui accepterait ce triste présent?
> Wenn uns die Unsterblichkeit auf der Erde angeboten würde, wer würde dieses traurige Geschenk annehmen?

Simone de Beauvoir glaubt seit dem 14. Lebensjahr nicht an Gott und an ein ewiges Leben der Seele; damit ist der Tod das Ende und es gibt für sie keine Verheissung oder Verlockung auf ein Leben danach. Sie schenkt im Roman einem Menschen, nur einem, die Eigenschaft der Unsterblichkeit. So ergibt sich ein ausserordentlicher philosophischer Roman über Endlichkeit oder Unendlichkeit des Lebens als zentrales Thema. Dazu ist das Buch voller (mittelalterlicher) Geschichte und Psychologie. Der Held des Buchs, ein toskanischer Prinz namens Fosca, nimmt im Jahr 1279 einen Zaubertrank und wird damit unsterblich. Er treibt als Unsterblicher durch die Jahrhunderte und erlebt die Grauen der mittelalterlichen und modernen Geschichte.

Die Autorin will den Leser durch das Buch zum Schluss führen: Unsterblichkeit ist ein Fluch. Aber der Fluch des unsterblichen Helden liegt vor allem in der Tatsache, dass die Menschen um ihn herum alle sterben, auch diejenigen, die er geliebt hat:

> Katharina war tot, und Antoine, Beatrice, Carlier, alle, die ich kannte, waren tot, und ich hatte weitergelebt; ich war immer noch da. Ich war hier, seit Jahrhunderten derselbe. Ich steckte meine Finger in die Erde und sagte verzweifelt: "Ich will nicht."

Ein überlanges Leben verlängert nur die Situation des Normalsterblichen in der Beziehung zu seiner Lebenszeit. Wer eine Lebensaufgabe sieht, würde weitere Aufgaben sehen. Wer die Zeit nur tot schlägt, würde dies auch weiter tun. Wer des Lebens überdrüssig ist, würde es länger sein. Eine weitere Künstlichkeit, die Simone de Beauvoir in den unsterblichen Helden eingebaut hat, ist, dass er auch keinen Selbstmord begehen kann. Ohne die Gefahr des Todes besteht das höchste Risiko des Lebens nicht. Für den Sterblichen gibt es einen höchsten Einsatz, den er oder sie bringen kann: das eigene Leben. Aber eine totale Unsterblichkeit ist zu künstlich. Eher realistisch ist, wie oben gezeigt, eine Verlängerung der Lebenszeit. Dann lehrt uns der Roman von Simone de Beauvoir:

> *Gäbe es keinen Tod, so fehlten Drohung und Schrecken und Spannung.*
> *Ist das Leben jedoch endlich – normal oder überlang – dann gibt der Tod Spannung und Wert, aber auch Schrecken und vielleicht manchmal auch Erlösung.*

Dabei definieren wir als *überlang:* Zeitspannen, die länger sind als die von der Evolution für den *Homo sapiens* eingestellte Ziellebenszeit. Der Roman zeigt nicht, dass das überlange, aber noch mit Sterben behaftete Leben unmenschlich ist oder sein wird. Das Leben wäre weiter menschlich, denn auch dann würde man vom unvermeidlichen Tod wissen. Damit würde eine der Regeln des Heiligen Benedikts weiter gelten: sich jeden Tag des unvermeidlichen Todes bewusst zu werden.

Die extreme Form dieses Gedankens, sich des eigenen Todes bewusst zu sein, führt zur Überbetonung des Todes, der widersinnigerweise letztlich zum Sinn des Lebens erklärt wird. So misst etwa der deutsche Philosoph Martin Heidegger (1889–1976) dem Tod eine zu grosse Bedeutung zu. In seiner Sprache schreibt er in *1926* «Der Tod ist die eigenste Möglichkeit des Daseins». Der Tod ist nicht der Zweck des Lebens. Auch der Sinn des Laufes eines Computers ist nicht das Beenden des Programms, sondern der Lauf selbst, und Organismen sind ja letztlich komplexe Computer. Das Leben zwischen Geburt und Tod ist der Träger des Sinns des normalen Lebens des Individuums, es ist *das* Leben.

Im Roman altern alle Menschen um den Protagonisten Fosca, nur er selbst bleibt jung. Aus klassischer antiker Perspektive ist Fosca Halbgott oder gar Gott geworden und wäre zu beneiden. Das Altern als Vorphase des Todes schon im Leben ist ein grosses menschliches Problem mit der Zeit. Eine medizinische Definition ist:

> *Altern* ist die Verschlechterung der physiologischen Funktionen, die zum Leben und für die Fortpflanzung notwendig sind, mit der Zeit. Im Gegensatz zu Krankheiten betrifft das Altern alle Lebewesen einer Art.
> Scott Gilbert, Developmental Biology, Sinauer Associates, 2000.

Unsterblichkeit ohne ewige Jugend wäre ein Fluch. Dies ist die Botschaft des fantastischen und satirischen Romans des Iren Jonathan Swift aus dem Jahr 1726.

Swift erfindet dafür die fiktiven Struldbruggs, eigentlich normale Menschen, die nur nicht sterben. Aber sie altern körperlich und geistig beständig weiter (Abb. 5.19). Swift sieht eine pragmatische Konsequenz der Menschen mit sehr langem Leben: Sie häufen Reichtum und Macht an. Tendenziell ist dies ja auch in der modernen Gesellschaft sichtbar. Um dem vorzubeugen, werden die Struldbruggs mit dem Erreichen des 80. Lebensjahr entmündigt. Sie werden zu Unpersonen, können nichts besitzen und nichts kaufen.

Es gibt eine Gruppe von Wissenschaftlern und Futuristen, die daran glauben, dass noch in diesem Jahrhundert Menschen wesentlich länger bei hinreichender Gesundheit werden leben können als heute; etwa der Erfinder und Futurist Ray Kurzweil, der Wissenschaftler Aubrey de Grey oder der Futurist José Cordeiro. Die Struldbruggs von Swift haben keine Zähne, keine Haare und sehen kaum noch etwas: Diese Probleme lassen sich immerhin jetzt schon weitgehend lösen. Die bis heute bestä-

5 Die menschliche Zeit – existentiell und poetisch

Abb. 5.19 Gruppe von Struldbruggs. (Unendliches Leben mit unaufhörlichem Altern). Stich von Jean Grandville aus der französischen Ausgabe 1838 von *Gullivers Reisen* von Jonathan Swift. Bild: Struldbruggs by Grandville, engl. Wikipedia, Andrew Davidson (presumably).

tigt älteste Person der Welt ist die Französin Jeanne Louise Calment, die im Alter von 122 Jahren verstarb.

Der Drang zur Unendlichkeit: *Cox oder der Lauf der Zeit* von Christoph Ransmayr

> Es war Selbstmord, eine Uhr für die Ewigkeit zu bauen, eine Uhr, die ihre Stunden aus dem Inneren der Zeit in die Zeitlosigkeit schlug.

Diesen Satz lässt der Autor Christoph Ransmayr den chinesischen Betreuer sagen in einer wunderbaren, wenn auch gewagten Formulierung.

Der englische Uhrmacher Alistar Cox soll im Roman die ewige Uhr bauen.

Im 18. Jahrhundert dominierte England in der Uhrenherstellung. Den Konstrukteur der genauesten Uhren für die Schifffahrt, den Erfinder John Harrison, haben wir schon erwähnt. Der Uhrmacher und Juwelier James Cox (1723–1800) baute Automatenuhren vor allem als Schmuckstücke zum Export – nach Indien und China. Eine seiner Uhren ist ein physikalisch und philosophisch besonderer Zeitmesser. Es ist «beinahe» ein Perpetuum Mobile. Cox gibt vor, es sei ein Perpetuum Mobile und nennt es *The Perpetual Motion*, die ewige Bewegung. Der Cox-Zeitmesser erzeugt keine Energie aus dem Nichts. Seine Uhr (Abb. 5.20) bezieht ihre Energie aus Luftdruckschwankungen, die den Stand einer Quecksilbersäule verändern. Man nennt diese beiläufige Energiegewinnung «Energieernten» (Harvesting). Dazu enthält die Uhr etwa 5 Liter Quecksilber, das sind rund 68 kg. Die Uhr kann in einer normalen, natürlichen Umgebung damit im Prinzip ewig laufen[8].

Der Uhrmacher James Cox erhält im Roman als «Alistair Cox» noch eine zweite Beziehung zur Unendlichkeit: Er nimmt den Auftrag an, für den *Herrn der Zeit*, den chinesischen Kaiser, Uhren zu bauen. Dies jedenfalls im Roman des österreichischen Schriftstellers Christoph Ransmayr (Ransmayr, 2016). Der historische Uhrmacher Cox hatte in der Tat Uhrenautomaten nach China exportiert und es gab andere jesuitische westliche Uhrmacher am Hof des Kaisers. Uhren und Automaten verbinden die Mystik der Zeit mit der Kunst, im Westen wie in China.

Cox war selbst nie in China. Der Schriftsteller Ransmayr lässt ihn auf Einladung des Kaisers nach China gehen. Ransmayr schreibt sehr wirklichkeitsnah: Wahre Geschichte, echte Cox-Uhren und lebendige Dichtung führen uns die Bedeutung der Zeit vor Augen. Die Zeit in ihrem Lauf und eine lange Zeitdauer als Zeichen der Macht haben eine zentrale Rolle im chinesischen Kaisertum. Der chinesische Kaiser trägt den Titel des *Herrn der zehntausend Jahre*. Zehntausend Jahre ist nach Wikipedia eine in ostasiatischen Sprachen oft verwendete Umschreibung

---

[8] Die käuflichen ATMOS-Uhren (seit 1928) von Jaeger LeCoultre arbeiten mit ähnlichem Prinzip, allerdings ohne Quecksilber.

Abb. 5.20 Der Chronometer von Cox. (Die «ewige» Uhr, genannt *Perpetual Motion*. James Cox, englischer Uhrmacher, um 1760. Stich J. Lodge, 1774. Bild: James Cox's "perpetual motion" self-winding clock, Wikimedia Commons, weellcome Images)

für «unzählig», «unendlich» oder «ewig». Der fiktive Cox soll in Peking für Qiánlóng, den vierten Kaiser der Qing-Dynastie, besondere Uhren bauen. Es gab auch einen wahren Kaiser Qiánlóng – er regierte China von 1735 bis 1796.

Der erste Wunsch des Kaisers im Roman war, dass Cox Uhren baute,

> die gemäss dem Zeitempfinden eines Liebenden, eines Kindes, eines Verurteilten und anderer, an den Abgründen ihrer Existenz gefangenen oder über den Wolken ihres Glücks schwebenden Menschen das wechselnde Tempo der Zeit anzeigen sollten.

Die Uhr soll etwas unmögliches messen, eine «seelische Zeit», die den Zustand der Menschen einschliesst. Für den Uhrmacher ist es kein Problem, die Zeiger der Uhr schneller oder langsamer laufen zu lassen; es ist nur eine Frage der Zahl und der Grösse der Zahnräder. Ein Erzähler kann schneller oder langsamer reden, aber die physikalische Zeit läuft unbeirrt gleichförmig weiter. Der Kaiser überlässt es Cox, mit welcher seelischen Anwendung er starten will: Cox beginnt mit einer Uhr in Form eines Segelschiffs, die durch den Wind getrieben wird. Es ist ein Kunstwerk für Kinder, das über den wechselnden Wind ein Gleichnis für die Wechselfälle der Zeit bildet. Die Uhr ist eine Dschunke, die die Zeit durchpflügt.

Der zweite Wunsch des Kaisers ist eine «Glutuhr», eine Uhr, die die Zeit eines Sterbenden misst und von der Hitze verglühender Kräuterasche getrieben wird.

Der finale Wunsch des Kaisers an Cox ist auch der Traum des Uhrmachers Cox, ja aller Uhrmacher:

Ein Uhrwerk, das die Sekunden, die Augenblicke, die Jahrhunderttausende und weiter, die Äonen der Ewigkeit messen konnte, und deren Zahnräder sich noch drehen würden, wenn seine Erbauer und alle ihre Nachkommen längst wieder vom Angesicht der Ede verschwunden wären.

Diese Uhr wäre eine Ahnung der Ewigkeit. Der echte Uhrmacher Cox hat ja eine Uhrentechnologie mit beinahe der Ewigkeits-Eigenschaft entwickelt, seine *Perpetual Motion*. Dies ist die Lösung für den Cox des Romans. Er braucht allerdings ausserordentliche 190 Pfund oder 86 kg Quecksilber für die ewige Uhr. Das Quecksilber wird dem grossen Modell des Kaiserreichs entnommen. In diesem Heiligtum strömen Flüsse in der Gestalt der Windungen der grossen chinesischen Ströme aus silbrig glänzendem Quecksilber, getrieben von Maschinen. Diese Flüsse sind wie die grossen Flüsse selbst auch Symbole des Strömens der Zeit. Quecksilberbäche und Pfützen als Abbild von chinesischen Flüssen und des Meers sind bei einem kaiserlichen Grabmal historisch verbürgt. Ein namensloser chinesischer Historiker berichtet dies vom ersten chinesischen Kaisers Qin Shi Huangdi. Seine Grabkammer bei Xi'an wurde bisher jedoch nicht geöffnet. Quecksilber sollte Unsterblichkeit verleihen. Die Querverbindung zum Zeitmesser von Cox passt.

Der fiktive Cox erhält für sein Projekt Quecksilber aus dem Heiligtum, indem dafür die Ströme Chinas versiegen. Der Bau einer ewigen Uhr am Hof des Kaisers hat für Cox ein fundamentales und gefährliches Problem. Der Kaiser ist selbst der Herr der Zeit und der Ewigkeit. Cox als Konstrukteur einer ewigen Uhr ist ein Rivale im Besitz der Ewigkeit und damit in tödlicher Gefahr, hingerichtet zu werden, spätestens, wenn die Uhr anfängt zu laufen. Der Ausweg: Cox präpariert die Uhr derartig, dass der Kaiser sie allein bedienen kann. Dann hat er Glück. Der Kaiser aktiviert sie nicht, er will allein der Herr der Zeit bleiben. Die Uhrmacher dürfen zurück nach England.

Es ist ein farbenprächtiges Buch mit vielen Gedanken und viel Wissen zu China und zum Uhrenbau. Ransmeyr mischt Fantasie und Historie. Makaber ist seine fantastische Idee einer Friedhofsuhr oder «Lebensuhr». Es wäre eine Uhr, im Grabstein eingelassen, die von der Verwesung des begrabenen Körpers ihre Energie beziehen würde und «einen Rest des Lebens des Verstorbenen auf ein Zifferblatt übertragen würde.»

Ein beinahe zu ästhetisches Zitat zur *Zeit* sei noch erwähnt. Es sind die Worte, die Ransmayr den chinesischen Kaiser sagen lässt (leicht gekürzt):

Wenn es ein Geräusch geben konnte, das dem Flug der Zeit am ehesten entsprach, dann sei es wohl das gleichförmige Rauschen des Regens, das den Himmel mit der Erde verband. Jede Wasserschnur sei ein Faden, der die Wolken ... mit dem Dunkel der Erde ... vernähte.

5.2.4 Die Zeit als Musik

Öffnungen und Schließungen, Anfänge und Enden. Alles, was dazwischen liegt, vergeht so schnell wie ein Augenzwinkern. Eine Ewigkeit geht der Eröffnung voraus und eine weitere, wenn nicht dieselbe, folgt der Schließung. Irgendwie scheint alles, was dazwischen liegt, für einen Moment lebendiger zu sein. Was für uns real ist, wird vergessen, und was wir nicht verstehen, wird auch vergessen werden.
Philip Glass in Mad Rush Words without Music, 2015.

Musik ist die Kunstform, die am engsten mit der Zeit verbunden ist. Musik, instrumental und als Gesang, ist ein Prozess in der Zeit. Das Fundament dieser menschlichen Künste ist physikalisch. Musik und Gesang sind letztlich gezielte Erzeugung und Variationen von Schwingungen. Die Aufzeichnung von Musik durch den Komponisten zeigt den Zusammenhang zur *Zeit* in der Bedeutung der klassischen westlichen Notenschrift. Die fünf Notenlinien sind zusammen mit der vorgegebenen Richtung nach rechts Zeitlinien. Die Noten und die begleitenden Informationen bezüglich Tempo und Dynamik, wie *largo* langsam, *andante* ruhig gehend bis *vivace* lebhaft, sind dann Anweisungen zur Realisierung in der wahren Zeit.

Damit ist jede Musikaufführung ein Zeiterlebnis. Dies gilt zunächst für die laufende physikalische Zeit während des Spiels und für ihre zeitlichen Kenngrössen wie Tempo und Dauer, mehr oder weniger fest eingebaut in den Ablauf. Das musikalische Erleben erfordert zum Erfassen mehr als nur einzelne Momente, sondern die Integration. Dies ist die verstehende Aufsammlung der Musik über die Zeit, von wenigen Sekunden bis zum ganzen Musikstück. Das Zeitgefühl, die Temporalität, ist ein entscheidendes Element. Dazu einige hörenswerte Beispiele.

Die *Goldberg Variationen von Johann Sebastian Bach* aus dem Jahr 1781 vermitteln dem Hörer die Zeit durch die Wiederholung eines Musikstücks (einer «Aria») mit Veränderungen. Das Basisthema der Aria wird 30-mal nach einer durchdachten Struktur variiert. Schon die Motivation zu den Goldberg Variationen hat einen zeitlichen Grund. Ihr Spiel soll den Grafen von Keyserlingk durch schlaflose Nächte führen und aufmuntern. Der bedienstete Cembalist Johann Gottlieb Goldberg hat sie gespielt. Das Wechselspiel von Variation und Repetition lässt die Zeit spüren. Eine einfache Zeitgrösse ist die Spieldauer der einzelnen Variationen sowie die Gesamtdauer des Werks – etwa beim Pianisten Glenn Gould mit 36 min oder bei Lang Lang mit 93 min, bei Jean Rondeau sogar 107 min. Einen Kommentar dazu liefert der Arzt und Musikkritiker Helmut Puschmann (Puschmann, 2023):

> Ruhe kehrt ein, alle Hektik weicht, wir erkennen Details, die wir bisher übersehen haben. Den geplanten Kurs «Autogenes Training» können wir absagen.

5 Die menschliche Zeit – existentiell und poetisch

Ein wunderbares klassisches Musikstück, das die Zeit im Beinamen trägt, ist die *Sinfonie 101 von Joseph Haydn* von 1793. Sie hat vom Verleger den werbeträchtigen Namen «Die Uhr» erhalten. Haydn hat das Ticken der Uhr in die Noten der Streicher und Fagotte im zweiten Satz hineinkomponiert. Es ist eine musikalische Zeitspielerei. Ein zeitgenössischer Kritiker schreibt humorvoll, dass Haydn in seinem musikalischen Uhrenladen «Tick-Tocks in den verschiedensten Farben» habe.

Ein besonderes Musikstück um das Erlebnis der Zeit ist das *Poème Symphonique von György Ligeti*, erfunden im Jahr 1962. Es ist am Rande der Definition von Musik, eigentlich ein mathematisch-physikalisches Experiment in der Zeit. 100 Metronome, also starre Taktgeber, werden verschieden eingestellt und ihr Laufwerk aufgezogen. Sie werden durch eine Gruppe von Assistenten (etwa) gleichzeitig gestartet. Physikalisch ausgedrückt, sind es 100 starre, unabhängige und ungekoppelte Oszillatoren von leicht verschiedener Frequenz. Das Zeiterlebnis ist beeindruckend. Zu Beginn erscheint der Klang des Durcheinanders der Metronomgeräusche ein Kontinuum zu sein, man hört im Rauschen das ruhige Vergehen der Zeit. Wenn die ersten Metronome stehenbleiben, erscheinen die ersten Rhythmen, bis nur noch ein einzelnes Metronom tickt. Es ist ein bedrohliches Ticken mit der Ahnung des baldigen Todes. Das Poème ist auch ein physikalisch-psychologisches Experiment. Ligeti besteht darauf, es sei «Musik».

Ein anderes Musikstück, das auch oder sogar vor allem als Zeitexperiment betrachtet werden kann, stammt vom amerikanischen Komponisten John Cage (1912–1992). Es ist die Komposition *Organ²/ASLSP*, zunächst für Klavier, dann 1987 für Orgel. Die Abkürzung steht für *As Slow aS Possible*, «so langsam zu spielen wie dem Interpreten möglich». John Cage bezieht die Ruhe der Langsamkeit seines Stücks auf eine Stelle am Ende von *Finnigan's Wake* von James Joyce: Stille über den Häusern von Dublin, kein Wind, kein Ton.

Orgel hat als Instrument für langsames Spielen einen Vorteil zum Klavier: ein Ton kann beliebig lange gehalten werden. Eine «natürliche» Spieldauer für die 8 Seiten Partitur von ASLSP ist etwa 30 min,

Abb. 5.21 Der Ort des musikalischen Langzeitexperiments Organ²/ASLSP. (Die Spezialorgel im Kloster St. Buchardi in Halberstadt, Deutschland. Bild: Halberstadt_2015–08-04zn, Wikimedia Commons, Holbein66)

aber die längste Aufführung soll 639 Jahre dauern[9]. Sie hat bereits im Jahr 2001 angefangen und soll erst am 5. September 2640 enden! Der gleiche Klang hält jeweils für Monate an, ja manchmal sogar für Jahre. Eine Handvoll Orgelpfeifen brummt in dieser halb renovierten Kirche in Sachsen-Anhalt mit ständig demselben Klang, meistens nur für sich und ohne Besucher. Die Abb. 5.21 gibt den Eindruck vom Ort des Experiments mit dem Charme der alten Steinmauern und der Spezialorgel in der Raummitte.

---

[9] Die Dauer 639 Jahre in die Zukunft soll die Entstehung der ersten Orgel in Halberstadt im Jahr 1361, also 639 Jahre in der Vergangenheit, reflektieren.

5 Die menschliche Zeit – existentiell und poetisch

Ganz anders die seltenen Klangwechsel! Es sind (nahezu) spirituelle Grossereignisse um das Fortschreiten der *Zeit*. Allerdings ist das Ganze keine Musik mehr – über die Jahre hinweg gibt es keinen erlebten Zusammenhang, der Musik ergeben würde. Es ist nur Zeitempfindung oder, wie ein anderes, technisches Projekt beschreibt, ein langes Jetzt (s. u.). Vom Komponisten John Cage rührt die Analyse dazu im Stil der Zen-Philosophie:

> Wenn etwas nach zwei Minuten langweilig ist, versuchen Sie es vier Minuten lang. Wenn es immer noch langweilig ist, versuchen Sie es acht, sechzehn, zweiunddreißig Minuten lang, und so weiter. Irgendwann stellt man fest, dass es gar nicht langweilig ist, sondern sehr interessant.

Ein Beispiel für moderne Musik, die die Zeit selbst fühlbar macht, ist die Musik für den Film *Koyaanisqatsi* des Jahres 1982 vom amerikanischen Komponisten Philip Glass (geb. 1937). Nach der Bedeutung des Filmtitels «Leben aus dem Gleichgewicht» in der Indianersprache der Hopi soll die Musik beunruhigen. Elemente mit intensivem Zeitgefühl sind Wiederholungen und lange Strecken von Arpeggien mit minimalen Änderungen. Manchmal bleibt die Zeit stehen, manchmal fühlt man sie unerbittlich vergehen. Die Wiederholungen der Grundmuster intensivieren den Eindruck. Insgesamt entsteht (zumindest bei den Freunden minimalistischer Musik) eine soghafte, ja hypnotische Wirkung. Der amerikanische Theaterregisseur Peter Sellars (geb. 1957) beschrieb den Zeiteffekt der minimalen Änderungen in der Musik so:

> Bei Glass ist es ein bisschen wie bei einer Zugfahrt einmal quer durch Amerika: Wenn Sie aus dem Fenster sehen, scheint sich stundenlang nichts zu verändern, doch wenn Sie genau hinsehen, bemerken Sie, dass sich die Landschaft sehr wohl verändert – langsam, fast unmerklich.

Diese Beobachtung gilt auch für die zeitliche Entwicklung unserer sozialen und der natürlichen Umwelt, jedenfalls meistens. Von Jahr zu Jahr ergibt sich eine Vielzahl kleiner, kaum merklicher Änderungen – nach einer Dekade ist die Welt eine andere.

Allerdings spürt nicht jedermann die Faszination der minimalistischen Musik eines Philip Glass. Für den katalanischen Cellisten Pablo Casals (1876–1973) ist diese Musik eine «Wüste mit gelegentlich einer Dattel».

5.3 Die Faszination «Zeit» und Uhren

Die Zeit und ihre Messinstrumente sind an sich schon faszinierend, die komplizierten mechanischen Uhren sind es in besonderem Mass. Mit edlen Materialien und raffinierter Feinstmechanik sind einige davon sogar ausgesprochene Wertanlagen. Zum normalen Gehwerk kommen Zusatzfunktionen, die im Jargon die *Grande Complication* genannt werden. Diese Funktionen um und mit dem Zeitlauf sind selbst wieder mehr oder weniger tiefsinnige Zeitgeber, etwa die Darstellung der Mondphase, die Anzeige der Gangreserve und das Kalenderdatum bis hin zur Jahrhundertanzeige. Der deutsche Wikipediaartikel *Grande Complication* zählt über zwei Dutzend solcher Funktionen auf. Aus (beinahe) philosophischer Sicht auf die Zeit ist der durch die Mechanik abgedeckte Zeitbereich erstaunlich. Bei der Jahrhundertanzeige wird die Bewegung vom Sekunden-Zeiger zur Jahrhundertscheibe um den Faktor 6 315 840 000 untersetzt.

> Während ein Punkt auf der Unruh rund 1,6 Millionen Kilometer zurücklegt, bewegt sich die Anzeige des Jahrhunderts um 1,2 Millimeter.
> Deutsche Wikipedia Grande *Complication, gez. Sept. 2023.*

Es sind erstaunliche Zahlen, aber wir haben die ähnlichen Zahlen und Relationen in unserem Körper: Unser Herz macht etwa einen Schlag pro Sekunde, dies ergibt in einem langen Leben mit 80 Lebensjahren etwa 2,5 Mrd. Schläge. Eine ebenfalls erstaunliche Zahl für einen hohlen Muskel, der nicht aus Titan oder Edelstahl besteht, sondern aus «Fleisch». Wir Menschen können mit dieser Zahl eigentlich zufrieden sein.

5.3.1 Die Mystik der unendlichen Zeit: Das Long-Now-Projekt

Die Idee des chinesischen Kaisers resp. von Christoph Ransmayr von einer Uhr, die zehntausend Jahre läuft, jedenfalls sehr viel länger als ein Menschenleben, ist faszinierend. Sie hat den Reiz, über die menschliche Beschränktheit hinauszureichen, wie es die grossen von Menschen erstellten räumlichen Monumente der Welt in Raum und Zeit tun, etwa Stonehenge, erbaut vor etwa 5000 Jahren, oder die Pyramiden von Gizeh, erstellt vor etwa 4500 Jahren. Eine solche Zehntausend-Jahre-Uhr würde die Menschen dazu bringen, über die Zeit nachzudenken. Die moderne Idee des Projektes einer solchen Uhr entstand schon dreissig Jahre vor dem Roman des Christoph Ransmayr als Traum des Computeringenieurs Danny Hillis (geb. 1956):

> Ich möchte eine Uhr bauen, die einmal im Jahr tickt. Der Jahrhundertzeiger rückt alle hundert Jahre vor, und der Kuckuck kommt zur Jahrtausendwende heraus. Ich möchte, dass der Kuckuck die nächsten 10.000 Jahre lang jedes Jahrtausend herauskommt. Wenn ich mich beeile, sollte ich die Uhr rechtzeitig fertigstellen, um den Kuckuck das erste Mal herauskommen zu sehen.
> Danny Hillis, in *The Millenium Clock*, 1985.

Der Erfinder und Informatiker Hillis sieht dies als ein Projekt an wie die Aktion eines Gärtners, der eine Eiche pflanzt, die vielleicht ein Jahrtausend leben soll (Hillis, 1985). Für die Geologen ist ein Jahrtausend oder sind auch zehn Jahrtausende noch keine lange oder «tiefe» Zeit. Diese etwas widersprüchliche Bezeichnung «Tiefenzeit» stammt vom schottischen Geologen James Hutton, der Ende des 18. Jahrhunderts erkannte, dass die Erde vor wesentlich längerer Zeit entstanden sein musste als den damals akzeptierten biblischen 6000 Jahren. In der Geologie geht es bei «Tiefenzeit» meistens um Jahrmillionen oder gar Jahrmilliarden. Aber für Menschen sind zehntausend Jahre eine «tiefe» Zeit.

Die Zehntausend-Jahre-Uhr soll das weltliche Monument der Zeit sein, in der Ausstrahlung vergleichbar den religiösen Denkmälern und

Kultstätten, aber nicht getrieben von Religion und Mythologie, sondern eher von Philosophie und von dem Wunsch, die Zeit an sich fühlbar zu machen. Die Religion aktivierte riesige soziale Energien zum Bau der Pyramiden oder der Kathedralen. Für die Stiftung zum Erstellen der «philosophischen» Zehntausend-Jahre-Uhr wurde als Geldgeber der Milliardär Jeff Bezos, Gründer von Amazon, gefunden[10]. Kritiker des Projekts meinen, es gebe wichtigere Probleme für die Menschheit zu bearbeiten, etwa den Klimawandel. Aber selbst der Klimawandel ist in die Zeit eingebettet. Die geschichtlichen Änderungen des irdischen Klimas in der Natur liefen über Zehntausende oder Hunderttausende von Jahren ab, der Klimawandel durch den Menschen erfolgt in den 300 Jahren der Industrialisierung.

Die Zehntausend-Jahre-Uhr ist gewissermassen eine Provokation, eine Aufforderung, langfristig zu denken, richtig langfristig. Angesichts von zehntausend Jahren, was ist da schon der heutige Tag, was ist die laufende Woche?

Das erste Modell, nur 2,4 m hoch (Abb. 5.22), «erlebte» wenigstens das Millenium, den Übergang vom Jahr 1999 in das Jahr 2000. Um Mitternacht des 31. Dezember 1999 schlug das Läutwerk zwei Mal als Zeichen für einen Jahrtausend-Wechsel. Die wahre Uhr dagegen wird eine Kathedrale, verborgen in einen Berg: 60 m hoch in etwa 200 m Tiefe. Der erste Ort für eine Zehntausend-Jahre-Uhr ist ein Berg im westlichen Texas. Die Uhr soll einmal im Jahr mit einem Tick weitergehen, einmal im Jahrhundert schlagen und am Ende des Jahrtausends einen Kuckuck zeigen.

Langfristiges Denken über Zehntausende von Jahren hinweg ist ein Paradigmenwechsel. In der Natur verschwinden in derartigen Zeitspannen stabil aussehende Berge, verlanden ganze Meere. Ein Beispiel aus der Natur war die heute bestätigte Hypothese einer Bewegung und Verformung der Kontinente durch den jungen Meteorologen Alfred Wegener im Jahr 1911. Die Landkarte der Kontinente ändert sich im Laufe

---

[10] Das Budget beträgt 42 Mio. Dollar.

Abb. 5.22 Clock of the Long Now. (Erstes Modell der Uhr des «Ewigen Jetzt» im Science Museum London, 1999. Bild: Clock of the Long Now, Wikimedia Commons, PKirlin at en.wikipedia)

der Zeit. Insbesondere entfernt sich Amerika von Europa und Afrika um etwa 2,5 cm/Jahr.

Die Uhr des *Long Now* ist eine gigantische, präzise mechanische Maschine, die mindestens zehntausend Jahre genau laufen soll. Das Material darf sich nicht abnützen und soll nicht durch sehr grossen Wert Diebe anlocken. Der Aufbau soll so einfach sein, dass die Funktion verständlich und transparent ist. Die zum Lauf benötigte Energie liefert das gleiche Prinzip wie bei der Uhr des John Cox oder bei der modernen *Atmos*-Uhr des Schweizer Unternehmens Jaeger-LeCoultre, erfunden vor etwa hundert Jahren. Technisch ist es *Energy Harvesting*, beiläufiges Energie-«Ernten» aus einem immer ablaufenden physikalischen Vorgang wie Ebbe und Flut oder Tagwärme und Nachtkälte. Sonnenlicht fällt dazu durch ein Saphirfenster, liefert die Energie und erlaubt eine letzte Synchronisation über den Lauf der Sonne. Der Arbeitsstoff ist nicht Quecksilber wie bei Cox, sondern Luft oder ein anderes Gas, etwa Chloräthan. Dazu kommt ein manueller Mechanismus: Besucher können durch Bewegen von Rädern zusätzlich Energie in die Uhr einbringen.

Die Bestimmung der Zeit erfolgt mechanisch. Die Uhr ist eine sehr, sehr langsam laufende und sehr grosse mechanische Rechenmaschine. Der primäre Zeitgeber ist das Schwingen eines schweren Drehpendels mit fussballgrossen Kugeln aus Titan. Das Geräusch des Tickens der Unruhe alle zehn Sekunden wird die sonst stille Kathedrale im Fels erfüllen. Das Läutwerk ertönt nur, wenn Menschen genug Energie dafür bereitstellen, indem sie manuell die grossen Räder drehen.

Die Zeit wird durch eine komplexe Nockenwelle mechanisch korrigiert (Kabil, 2018). Dieses Objekt enthält die Zeitgleichung und andere Korrekturen, Jahr für Jahr vorausberechnet und materiell «um eine Achse gewickelt». Das Ergebnis ist ein käufliches ästhetisches Objekt aus Bronze, im Jargon wegen der geschwungenen Formen auch *Zeitvenus* genannt. Die Abb. 5.23 zeigt die Arbeitsversion aus Edelstahl in der Umgebung des Räderwerks. Diese Zeit-Nockenwelle ist zehn Zoll lang (etwa 26 cm), etwa *ein Zoll pro Jahrtausend.*

Um das Denken in lange Zeiten zu betonen, werden im Longnow-Projekt die Jahreszahlen mit fünf Ziffern geschrieben, also etwa 02.024 für das Jahr 2024. Die Schreibweise in diesem Dekamillenium-Format vermeidet die Zweideutigkeit in Datenangaben, wie sie sonst in etwa 8000 Jahre auftreten würden entsprechend dem Jahr2000-Problem. Im 20. Jahrhundert waren Jahresangaben in Computern mit nur zwei Ziffern üblich gewesen, etwa «44» für «1944», die im neuen Jahrhundert (und Jahrtausend) zweideutig waren und Fehler hätten auslösen können.

Die Uhr und ihr Ort auf einem Berg sollen ein globaler Wallfahrtsort werden, ein Ort für ein tiefes Zeitgefühl. Es ist eine Gratwanderung zwischen globalem Tourismus und einem Ort der Stille. Der mühsame Aufstieg zum Eingang der Uhr und im Felsen an der Uhr selbst werden den Zustrom mässigen.

5 Die menschliche Zeit – existentiell und poetisch

Abb. 5.23 Die Zeit-Nockenwelle. ((Time Cam oder Time Venus) eingebaut im Räderwerk. Bild: Fig. 12 in *Keeping Good Time*,   Kabil, 2018.   Long Now Foundation)

In der Absichtserklärung der Long-Now-Stiftung heisst es:

> Eine solche Uhr, wenn sie hinreichend beeindruckend und technisch ausgereift ist, würde für die Menschen eine tiefe Zeit verkörpern. Sie sollte charismatisch sein, um besichtigt zu werden, interessant, um darüber nachzudenken, und berühmt genug, um im öffentlichen Diskurs zu einer Ikone zu werden. Im Idealfall würde es für das Denken über Zeit das tun, was die Fotos der Erde aus dem Weltraum für das Denken über die Umwelt getan haben. Solche Ikonen können das Denken der Menschen verändern.
>
> aus *about long now*, in longnow.org/about/ von 01996, gez. 02023.

Für den Leser dieses Buchs wäre ein Besuch dieser physikalisch-philosophischen Zeitkathedrale ein passender ergänzender Höhepunkt. Leider ist zum Zeitpunkt des Schreibens das Datum der Fertigstellung noch nicht festgesetzt.

Seit dem Jahr 1864 existiert eine unscheinbare historische Standuhr, die effektiv ein «langes Jetzt» darstellt. Im Physikinstitut der neuseeländischen Universität Otago läuft seit jenem Jahr mit Unterbrechungen, aber ohne je aufgezogen worden zu sein, die Uhr des schottischen Uhrmachers Arthur Beverly (1822–1907). Das Arbeitsprinzip ist ebenfalls das Prinzip des Energy-Harvesting, des «Energieerntens», von den täglichen Temperaturschwankungen. In der Beverly-Uhr sind es die Bewegungen von 28 Litern Luft. Aber die Uhr musste für die Reinigung angehalten, sogar repariert werden, sie musste umziehen und transportiert werden. Die neue Long-Now-Uhr soll ohne Unterbrechung ticken, ja selbst wenn es keine Menschen für eine Wartung mehr gäbe.

5.3.2 Die Faszination des sehr Langsamen: Das Pechtropfen-Experiment

> Die Ewigkeit dauert lange, besonders gegen Ende.
> Woody Allen, amerikanischer Autor und Komiker, geb. 1935.

Auch Berge ändern sich und der Lauf der Flüsse, aber zunächst leben wir naiv in einer fixen Welt. Da ist der Atlantik, da die Alpen, und die Sterne sind sogar wörtlich Fixsterne – aber auch sie sind nicht wirklich fix. Diese offensichtliche, aber falsche Vorstellung einer festen Welt führte auch zur Illusion einer plötzlichen Schöpfung von allem. Ein Befehl und alles wäre fix und fertig da. Seit Darwin wissen wir, dass auch wir Menschen als Spezies der Zeit unterworfen sind und eine Vergangenheit haben und eventuell (hoffentlich) auch eine Zukunft mit Neuem.

Aber es gibt Experimente, die die Veränderung und die Langsamkeit *zusammen* sichtbar machen. An der Schnittstelle von unserem kurzen «Jetzt» und der langen Zeit stehen einige Experimente, deren Dauer über einen Arbeitstag im Labor (oder eine Woche) weit hinausgehen. Naturgemäss sind Experimente, die die Evolution simulieren, langzeitig angelegt, um über möglichst viele Generationen hinweg Organismen zu erzeugen und zu beobachten.

Abb. 5.24 Das Pechtropfen-Experiment. (Scheinbar feste Stoffe fliessen und tropfen über lange Zeiten hinweg, z. B. Pech. Das University of Queensland-Experiment, begonnen 1927. Bild: University of Queensland Pitch drop experiment-6–2, Wikimedia Commons, John Mainstone)

Ein besonders eindrückliches und einfaches Experiment wurde 1927 an der Universität von Queensland in Australien aufgesetzt: Das Tropfen von Pech (Abb. 5.24). Pech ist eigentlich ein spröder, brüchiger Festkörper, den man mit dem Hammer zertrümmern kann. Aber er kann fliessen und tropfen, wenn man genügend lang wartet. Im Jahr 1930 wurde der gefüllte Trichter im Bild mit Pech freigegeben und es tropfte acht Jahre später das erste Mal; von nun an alle 7–12 Jahre unregelmässig und bis zum neunten und bisher letzten Tropfen im Jahr 2014 unbeobachtet. Er war immer einfach da! Das Experiment hat als Long View, als lange Schau, einen Platz im Guinness Buch der Rekorde erhalten als das „am längsten andauernde Laborexperiment" der Welt. Es hat bereits zwei Physikprofessoren überlebt; es ist schon der dritte Physikprofessor, der das Experiment überwacht. Das Pech im Trichter reicht für Tropfen für etwa weitere 100 Jahre. Der aktuelle Stand des Experiments ist per Webkamera jederzeit einzusehen in http://thetenthwatch.com/feed/.

Festkörper mit glasiger innerer Struktur können über sehr lange Zeiten hinweg fliessen wie Gletscher oder wie richtige Flüssigkeiten, sogar normales Glas.

«Wenn Sie länger als das Alter des Universums warten, würde auch das flüssig werden», sagte der Festkörperphysiker Kostya Trachenko und klopfte auf das Glas. «Dann wäre es aus damit.»
Im BBC Interview nach Webb, 2014.

Gespürte lange Zeiträume sind charismatisch, ob nervenzermürbend gleichmässig getaktet und gemessen wie in der Long-Now-Uhr, oder ob unberechenbar unterbrochen und voller Spannung wie im Pechtropfen-Experiment, dem Long-View-Experiment.

Derartige Installationen lassen uns spüren, wie die Welt um uns unerbittlich weiter geht.

Oder wie es der libanesisch-amerikanische Dichter Khalil Gibran (1883–1931) im Gedicht «Zeit» ausdrückt, sehen wir die Zeit als *einen Strom, an dessen Ufer wir sitzen und dem Fliessen zuschauen.* Dazu kommt aber das beunruhigende Wissen, dass wir nicht nur Zuschauer sind. Wir driften mit und werden auf ein persönliches Ende unserer Zeit mitgenommen und hingetrieben. Der Dichter Gibran drückt dies poetisch, treffend und berührend so aus:

Doch das Zeitlose in euch
ist sich der Überzeitlichkeit des Lebens bewusst und weiß,
dass das Gestern nichts anderes ist als die Erinnerung des Heute,
ebenso wie das Morgen der Traum des Heute ist.

5.3.3 Die Faszination des Unmöglichen: Zeitreisen

> Sogar wenn es sich zeigt, dass Zeitreisen unmöglich sind, ist es doch wichtig zu verstehen, warum.
> Stephen Hawking, englischer Physiker, 1942 – 2018.

Es ist leicht zu verstehen, warum die Vorstellung von Zeitreisen so verbreitet entstehen konnte. Eine gedankliche Reise ist sowohl in die Vergangenheit als auch in die Zukunft faszinierend. Die Möglichkeit sieht plausibel aus, denn die Zeit wurde (oder wird) als eine Art Raum betrachtet. Dies symbolisiert auch die Zeit als Pfeil! Einen Pfeil kann man in jede Richtung schicken. Im Raum kann man sich bewegen, geradeaus, nach oben und nach unten. Es gibt Maschinen dafür, Autos oder Kutschen in der Ebene, Fahrstühle und Ballone in der Vertikalen. Anschaulich lassen sich ja einfache mechanische Vorgänge umkehren, etwa eine mechanische Uhr zurückdrehen.

Es ist nicht so einfach, die Zeit zurück zu drehen: *Die Zeit, die Zeit* **von Martin Suter**
Der Schweizer Schriftsteller Martin Suter versetzt in seinem Zeitroman (Suter, 2012) einen Versuch, die Zeit zurückzudrehen, in eine kleinbürgerliche Umgebung. Die Protagonisten, zwei alte Herren, versuchen, einen Mord aufzuklären, ja zu verhindern, indem sie die Zeit um zwei Jahrzehnte zurückstellen. Die philosophische Idee ist, dass Zeit nur die Gesamtheit der Veränderungen der Umwelt ist, oft populär ausgedrückt als «die Zeit ist nur eine Illusion». Baut man alle Veränderungen aus diesen zwei Jahrzehnten zurück, so wäre man wieder in der Vergangenheit und hätte einen neuen Versuch, weiterzuleben und seine Fehler zu korrigieren.

Das Versetzen «von allem» um 20 Jahre zurück ist naturgemäss nicht möglich. Im Roman werden trotz vieler Mühe doch nur einige oberflächliche Objekte zurückgesetzt. Suter schildert detailliert den Rückbau:

> Vor allem die unzähligen Kleingegenstände bereiteten ihnen Mühe. Der Winkel der Schere, die offen auf dem Nähtischchen gelegen hatte, der Faltenwurf des Tischtuchs an den Ecken. Das Verhältnis zwischen dem runden Aschenbecher und dem ovalen Tischfeuerzeug.

All dies sind nur vage Ähnlichkeiten. Auch die neu gepflanzten Bäume sind nur ungefähr so wie auf dem alten Foto, es ist sicher kein Blatt identisch mit einem vergangenen Blatt. Dazu ist die Welt nicht nur eine Welt der statischen Dinge, sondern der Prozesse: Es gibt Herzschlag und Atem, Wind und Wolken. Dieser Versuch einer Rückreise in der Zeit krankt schon daran, dass das Zurücksetzen nur grob auf menschlicher Ebene ist, denn müsste nicht alles bis in die Bewegung der Atome hinein zurückgesetzt werden, einschliesslich der Information in der Welt? Dazu gehörten auch die inneren Zustände der Menschen.

Der Rückbau in die Szenerie der Vergangenheit ist sowieso sinnlos, denn die Zeit ist keine Illusion, sondern eine unerbittliche Maschinerie. Selbst während des Aufbaus vergangener Äusserlichkeiten läuft sie weiter und nimmt die ganze Welt mit – nach vorn. Die künstliche Vergangenheit nützt physikalisch nichts. Höchstens werden wir Menschen durch die Erinnerung melancholisch. Die Welt hat nur einen Pfad in der Zeit: den, den wir gehen.

Der Bestsellerautor Suter schildert die Vorbereitungen seiner Protagonisten wunderbar, aber sein Romanende – der Zeitsprung zurück gelingt im Buch nämlich – ist ein falsches Märchen. Die Zeit zurückzudrehen geht nicht.

Die Lust, in der Zeit zu reisen: *The Time Machine* von H G Wells

Dies ist ein klassischer Science Fiction-Roman, sowohl ein Werk der viktorianischen Literatur wie der zeitgenössischen Wissenschaft (Wells, 1895). Es ist die erste Beschreibung einer Zeitreise mit einer Maschine. Autor ist der Historiker Herbert George oder H.G. Wells (1866–1946).

5 Die menschliche Zeit – existentiell und poetisch

Er nennt es eine «wissenschaftliche Romanze». Das Vorgehen zum Zeitreisen beschreibt er als ganz einfach:

> Jetzt möchte ich, dass du klar verstehst, dass dieser Hebel, wenn er gedrückt wird, die Maschine in die Zukunft gleiten lässt, und dieser andere die Bewegung umkehrt. Dieser Sattel stellt den Sitz eines Zeitreisenden dar. Gleich lege ich den Hebel um, und los geht's.
> aus «Die Zeitmaschine» von H G Wells, 1895.

Es bleibt offen, wie die Maschine funktionieren soll. Das konkrete Aussehen der Zeitmaschine ist dann Sache der viktorianischen Fantasie, die Verfilmungen zeigen die Maschine als eine Art von altmodischer Kutsche oder Fahrstuhl mit Nickel-, Elfenbein- und Bergkristallelementen (Abb. 5.25). Der Roman wird damit zum Schlüsselwerk einer ganzen Kunst- und Lebensstilrichtung, dem Steampunk. Diese Subkultur verbindet Futuristisches mit den Mitteln der viktorianischen Epoche.

Die Bedienung der Maschine ist einfach: Anschnallen, Zieldatum wählen, Starten. Aber es gibt keinen Hinweis auf die Funktionsweise. Auch aus heutiger Sicht nicht. Für den politisch und soziologisch interessierten Wells ist diese Lücke kein Problem. Die Zeitmaschine ist für ihn nur ein Vehikel, um utopische (gutartige) oder dystopische (bösartige) Zukunftsszenen für die Gesellschaft zu schildern. So lässt er den Zeitreisenden im Jahr 802 701 auf eine zusammengebrochene menschliche Gesellschaft treffen. Er extrapoliert dabei die herrschende Klasse der Reichen und die arbeitende Klasse der Armen zu zwei sich bekämpfenden menschlicher Rassen. Da sind die eleganten, kindähnlichen Menschen einerseits, die Elois, und die affenähnlichen, brutalen Untermenschen, die Morlocks, andrerseits. Schliesslich lässt Wells seine Reisenden bis an das Ende der Existenz der Erde vordringen und eine sterbende Sonne und vor Kälte erstarrende Erde sehen[11].

---

[11] Nach der modernen Astrophysik nimmt die Leuchtkraft der Sonne zu und die Erde wird heisser. Nach mehreren Milliarden Jahren wird die Sonne ein roter Riesenstern werden. Sie wird sich dabei ausdehnen und die Erde ausglühen oder gar verschlucken.

Abb. 5.25 Eine «Zeitmaschine» im Stil von HG Wells. (Künstlerische Darstellung im Retro- oder Steampunkstil. KI-generiert. Bild: pixabay/art dreams, zeitmaschine-steampunk-zeit-uhr-7.515.583/ Mit freundlicher Genehmigung)

H.G. Wells hat 1895 von der Zeit als vierter Dimension gesprochen, zehn Jahre vor Einstein, und Raum und Zeit zusammen gesehen, 13 Jahre vor Minkowski. Er schreibt in der Novelle:

5 Die menschliche Zeit – existentiell und poetisch

> Es gibt eigentlich vier Dimensionen, drei davon nennen wir die drei Ebenen des Raums,
> und eine vierte, die Zeit. ...

Aber dann fügt er hinzu

> Es gibt keinen Unterschied zwischen der Zeit und irgendeiner der drei Dimensionen des Raums ausser – dass unser Bewusstsein mit der Zeit geht.

Wells sieht dies bereits im 19. Jahrhundert richtig. Unser Bewusstseinsfenster gleitet in der Zeit und gibt uns die menschliche Zeit.

Zeit und Raum gehören zusammen, aber sie sind sehr, sehr verschieden. Dies zeigt gerade die Unmöglichkeit einer Zeitmaschine. Ein Ballon im Raum kann steigen und wieder zur Erde zurückkehren, aber dies lässt sich nicht auf die Zeit übertragen. Raum und Zeit lassen sich zwar mathematisch verbinden und in der Speziellen Relativitätstheorie gemeinsam elegant transformieren. Aber diese Zusammengehörigkeit bedeutet nur eine weitere Schwierigkeit für Zeitreisen. Wenn man in der Zeit reist, reist man dann zwangsläufig auch im Raum? Während die Zeitmaschine arbeitet, bewegt sich der Stuhl z. B. mit vielleicht 1000 km/h durch die Erdrotation, mit 100 000 km/h um die Sonne, und mit weiteren 900 000 km/h dazu um die Milchstrasse? Wo würde der Ausflug mit der Zeitmaschine wieder landen?

Die Zeit ist mehr als Raum. Wells trifft einen wichtigen Punkt: Die ganze Welt geht mit der Zeit und wir mit.

Zeit ist mit der Kausalität verknüpft, der Reihenfolge von Aktionen. Die physikalischen Mikrogesetze sind symmetrisch in der Zeit. Wir haben dies am Billardspiel erläutert. Klassisch könnte die Zeit zurücklaufen. Man kann einen Stoss und alle Kugeln rückwärtslaufen lassen, ohne die Physik zu verletzen. Quantenmechanisch wird die Physik unsymmetrisch. Eine Messung bedeutet den Kollaps einer Wellenfunktion, aus den fiktiven Möglichkeiten wird die konkrete, gemessene realisiert. Anschaulich beobachten wir einen auftauchen-

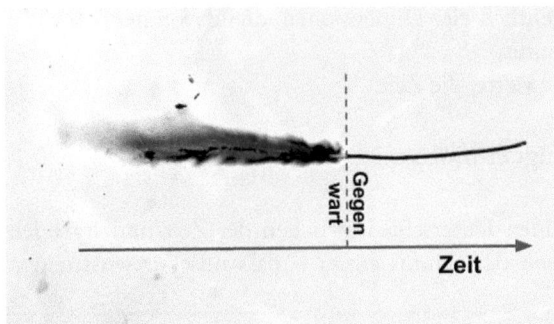

Abb. 5.26 Die Zeit als brennende Zündschnur. (Analogon zur metabolischen Zeit (an einem Ort). Die Brennzone und die Zeit bewegen sich nach rechts)

den Zufall. Mit dem Auftreten von Zufällen wird der Lauf der Welt einseitig und die Zeit wird nicht umkehrbar. Das klassische Anzeichen dafür ist die bereits besprochene Entropie, die von sich aus nur zunehmen kann.

Damit hat die Zeit eine besondere Rolle in der Welt: Die Front der durchlaufenden Zeit, die Gegenwart, versiegelt den Zustand der Welt hinter sich.

Die vergangene Welt ist ein nicht mehr veränderbares vernetztes System – aber eben nur die Vergangenheit. Die Zukunft entsteht durch die Weiterentwicklung der Naturgesetze, aber zusätzlich mit der Freiheit der Unschärfe durch die auftretenden Zufälle *im Rahmen der Naturgesetze*. Auch die Zufälle entstehen kausal aus der Vergangenheit. Dies schliesst die menschlichen Handlungen mit ein. Die Abb. 5.26 zeigt eine brennende Zündschnur als ein anschauliches Analogon für die Front der Zeit. Die Brennzone ist die Gegenwart; die Brenngeschwindigkeit gibt den Takt vor für alle Prozesse, physikalische wie biologisch-chemische. Die Vergangenheit ist fest, die Zukunft existiert noch nicht (im Analogon existiert die Zündschnur schon und wartet auf die Verbrennung).

Ein anderer Ort oder eine andere Geschwindigkeit entsprechen nach den Relativitätstheorien einer anderen Zündschnur, zumindest einer anderen Brenngeschwindigkeit. Ein Objekt oder Mensch hat seine eigene

Zeit-Zündschnur (d. h. seine eigene Uhr). Das Zwillingsparadoxon zeigt, wenn man sich schneller bewegt, brennt die eigene Schnur langsamer und man kehrt bei der Rückkehr «in die Zukunft» zurück und ordnet sich in die zurückgebliebene Welt ein. Dies ist kein Widerspruch, kein Problem und experimentell bewiesen.

Es ist möglich, in die Zukunft zu reisen, aber sie muss wie beim Zwillingsparadoxon dann schon existieren – es geht nicht «von heute auf übermorgen». Die Zukunft muss sich erst entwickelt haben.
Es ist unmöglich, in die Vergangenheit zu reisen. Die Vergangenheit ist fest.

Der populäre Beweis (oder Hinweis) für die Unmöglichkeit, in die Vergangenheit zu reisen, ist das *Grossvater-Paradoxon*. Die philosophische Idee erschien zuerst in verschiedenen Schundheften. In der Geschichte des anonymen Autors C.J.D. von 1927 ist es der Erfinder der Zeitmaschine selbst, der in seine Vergangenheit zurückkehrt, sich selbst begegnet und sich schon als junger Student erschiesst. Er kann die Erfindung damit nicht machen, aber er hat doch die Pistole und kann schiessen, aber nicht Zeitreisen, er wäre zwar dort, aber auch nicht, er klagt, es sei ein Teufelskreis-Karussell (Sheidlower, 2022). Der luxemburgisch-amerikanische Science Fiction-Autor Hugo Gernsback (1884–1967) formulierte den Gedanken im Jahr 1929 als Kritik an der Idee einer Zeitmaschine und ist der Erfinder der eigentlichen Grossvater-Meme mit seiner klaren Aussage zum nichtlösbaren Paradox (Sheidlower, 2022):

> Ich könnte ja mit meiner Zeitmaschine sechzig Jahre in die Vergangenheit reisen, meinen Großvater vor der Zeugung meines Vaters töten und mich so in die Vergessenheit begeben. Die Idee einer Zeitreise in eine Vergangenheit, in der die Zeitreisenden frei an den Aktivitäten eines früheren Zeitalters teilnehmen können, wird ad absurdum geführt.

Gernsback ist auch Herausgeber dieser Science-Fiction-Zeitschrift im Heftchen-Format. Er gilt als Begründer der modernen, technisch orientierten Science-Fiction.

Abb. 5.27 Tyrannosaurus Rex. (Historisches, überholtes Bild von 1919 von Charles Knight (1874–1953). Bild: T. rex old posture, Wikimedia Commons, National Geographic.

Es geht nicht. Man kann nicht zurückgehen und sich selbst als jungen Menschen treffen. Nahezu gleiche Auswirkung hätte es, eine Information in die Vergangenheit zu schicken, etwa vor einem kommenden Unfall zu warnen. Nicht die kleinste Änderung der Vergangenheit ist erlaubt und möglich, kein Schlag eines Schmetterlingsflügel darf verändert werden.

Die Gefahr, in der Zeit zu reisen: *A sound of Thunder* **von Ray Bradbury**

Die Betrachtung dieser Novelle, auf Deutsch *Ferner Donner*, schieben wir ein, denn sie zeigt eindrucksvoll das Problem von Zeitreisen, wenn sie möglich wären. Diese Zeitreise wird vom amerikanischen Autor Ray Bradbury (1920–2012) im Jahr 1952 geschrieben[12]. Das berühmteste Werk dieses Schriftstellers ist *Fahrenheit 451*, eine düstere Zukunftsvision ähnlich der Dystopie von George Orwell im Roman *1984*.

---

[12] Siehe z. B. Google books *A Sound of Thunder* – pdf.

5 Die menschliche Zeit – existentiell und poetisch

Die Grundannahme in der Novelle ist, dass Zeitreisen im Stile von H.G. Wells möglich und normal sind. Es gibt Zeitmaschinen, man setzt sich hinein, wählt die gewünschte Jahreszahl, und die Maschine röhrt los in die Vergangenheit. Es gibt kommerzielle Zeitreisen-Firmen, ja sogar Safaris in der Vergangenheit, etwa Saurier in der Jurazeit (Abb. 5.27). Ihr Werbespruch heisst in der Novelle:

TIME SAFARI, INC. SAFARIS TO ANY YEAR IN THE PAST.
YOU NAME THE ANIMAL, WE TAKE YOU THERE.
Sagen Sie uns das Tier, wir bringen Sie hin.

Aber die Zeitreise ist gefährlich: Es darf in der Vergangenheit (nahezu) nichts verändert werden. Die zum Abschuss erlaubten Tiere würden auch am gleichen Tag von allein sterben, sie verändern den Lauf der Welt nicht. Die Maschine steht im Dschungel vor 60 Mio. Jahren. Die Reisenden befinden sich auf einem separaten Weg über dem Boden, der sie vom Dschungel trennt. Da bekommt der zahlende Reisende Panik vor dem gigantischen Tyrannosaurus Rex, flieht zurück zur Zeitmaschine, aber: er tritt dabei in den Schlamm des Dschungelbodens.

Sie reisen zurück in ihre Gegenwart, unsere Zukunft (2055). Aber die Welt ist anders geworden. Es riecht anders, die Farben sind irgendwie anders, und das Schild mit dem Werbespruch heisst jetzt:

TYME SEFARI, INC. SEFARIS TU ANY YEER EN THE PAST.
YU NAIM THE ANIMALL, WEE TAEK YU THAIR.

Die Sprache ist anders. Schlimmer als dies: Das Regime des Landes ist jetzt keine Demokratie mehr, sondern eine böse Diktatur. Der Schrei des Reisenden hilft nicht. Was ist geschehen? Er hat einen Schmetterling in der Vergangenheitswelt zertreten und mitgebracht:

"Nein, das kann nicht sein. Nicht so eine Kleinigkeit. Nein!" Im Schlamm steckte ein grün-gold-schwarz glitzernder Schmetterling, sehr schön und sehr tot. "Nicht so ein kleines Ding! Nicht ein Schmetterling!"

Der Lauf der Welt ist durch diese Kleinigkeit verändert worden. Der Schmetterling ist 20 Jahre später zum Symbol für eine winzige Ursache geworden, die etwas Gewaltiges erzeugt oder verändert. Es ist der populäre Schmetterlings-Effekt oder wissenschaftlicher die Chaostheorie. Der Meteorologe Edward Lorenz hatte zunächst vom Flügelschlag einer Möwe gesprochen, aber dann im Titel eines Vortrags zum Flügelschlag eines Schmetterlings gewechselt und das Mem geschaffen.

Der Autor der Geschichte achtet darauf, dass die Zeitreisenden nichts Grösseres, vor allem nichts Lebendiges verändern oder gar mitnehmen (oder zurücklassen). Ein Erinnerungsfoto würde Ray Bradbury noch erlauben. Aber die Physik erlaubt keinen materiellen Eingriff und keine Informationsübertragung, auch nicht im Mikroskopischen. Die Beziehung der Gegenwart zur Vergangenheit ist versiegelt. Jede Änderung in der Vergangenheit würde eine neue, geänderte Zeitlinie der Welt erzeugen, die anders verläuft wie die Originalentwicklung. Die Änderungen könnten wieder abklingen und im allgemeinen Rauschen versinken, aber im Unbelebten und erst recht im Belebten können sie immer weiter auseinanderlaufen. Erstaunlicherweise entspricht dies der Weisheit des griechischen Dichters Aischylos (525 v.Chr. – 456 v.Chr.), der vor zwei Jahrtausenden bereits vermutete:

> Es gibt nur eine Leistung, die sich der Macht und der Gnade der Götter entzieht. Sie können die Vergangenheit nicht so gestalten, als hätte es sie nie gegeben.

Es gibt sicher historische Ereignisse, die viele Menschen ungeschehen machen würden, am einfachsten, indem der Protagonist dieser Ereignisse nie existiert hätte. Dies resultiert in einer ethischen Variante des Grossvater-Paradoxons, dem *Hitler-Paradox*: Was wäre, wenn man heute in die Vergangenheit reisen und ein erfolgreiches Attentat auf den jungen Hitler machen könnte (Abb. 5.28)? Dann hätte es wohl den 2. Weltkrieg und den Holocaust so nicht gegeben? Aber es resultiert ein logischer Widerspruch, denn wenn es diese Ereignisse nicht gegeben hätte, wieso hätte jemand den jungen Hitler töten wollen? Hitlers Schuld hätte es ja nicht gegeben…

5 Die menschliche Zeit – existentiell und poetisch

Abb. 5.28 Hitler und Chamberlain 1938. (Was wäre, wenn wir rückwirkend auf Hitler ein erfolgreiches Attentat machen könnten? Bild: Chamberlaim e Adolf Hitler, sem data, Wikimedia Commons, Arquivo Nacional. (Schreibweise Chamberlaim im Bildnamen ist korrekt))

Das Grossvater-Paradox und das Hitler-Paradox führen es drastisch vor Augen: Man kann sich nicht duplizieren, weder in der Vergangenheit, um seine eigene Abiturfeier zu besuchen, noch um in der Zukunft an seinem Grab zu stehen – das ist alles nur in der Literatur möglich.

Die einzige physikalisch erlaubte Zeitreise wäre, in die Vergangenheit zu reisen und nichts zu verändern und keine Information in die Gegenwart zurückzubringen. Dies ist aber sinnlos. Eine Zeitreise in die Vergangenheit ist erlaubt, die als natürliches Ergebnis die Wirklichkeit herstellt, z. B. Grossmutter und Grossvater zusammenbringt. Aber derartige unsichtbare Zeitreisen sind müssig.

In die Zukunft ist selbst so eine heimliche Reise, also ohne Wechselwirkung mit der Welt, unmöglich, denn die Zukunft existiert an einem Raumpunkt noch nicht. Der Zeitfaden endet in der Gegenwart. Ein Beispiel, dass diese harte Aussage verständlich machen soll, sind die Lottozahlen der nächsten Ziehung:

Das Resultat der nächsten Lottoziehung existiert (hoffentlich) nicht. Es existiert nur die Menge aller teilnehmenden Zahlen. Damit existieren die Resultate aller vergangenen Ziehungen, die Vergangenheit, aber die Zukunft existiert nicht, nur die Rahmenbedingungen für die Zukunft (die Lottomaschine und ihre Zahlenkugeln).

Literarisch lassen sich mit physikalisch unmöglichen Zeitreisen wunderbare Geschichten konstruieren. Insbesondere können (verbotene) Eingriffe aus der Gegenwart in die Vergangenheit spezielle literarische Effekte hervorrufen. Sie erscheinen in der Vergangenheit aus dem Nichts und haben Auswirkungen in die Gegenwart: Es ergeben sich Zeitschleifen. Neben der Originalität der Situationen ergeben sich manchmal auch philosophische Effekte, die zum Nachdenken anregen.

Ein Beispiel ist der märchenhafte Film *Und täglich grüßt das Murmeltier* (Originaltitel *The Groundhog*) aus dem Jahr 1993. Eine Grundidee ist wie im Roman von Simone de Beauvoir *Alle Menschen sind sterblich* die Problematik eines unaufhörlichen Lebens. Bei Simone de Beauvoir ist der nicht enden könnende Lebensfaden des Protagonisten in die Geschichte der Menschheit eingebettet. Im Film findet sich der Held der Geschichte in einer endlosen Zeitschleife: Er erlebt einen Tag wieder und wieder. Jeden Morgen ist die Welt aufs Neue vorbereitet für seinen Tag. Er empfindet es zunächst einfach nur quälend. Dann beginnt er, seine Tage mit kulturellen («sinnvollen»), ja menschenfreundlichen Tätigkeiten füllen – und wird dadurch erlöst. Er erwacht im normalen, nun fortlaufenden Leben. Die genaue Länge der Zeitschleife im Film ist unklar. Sind es menschliche 100 Jahre oder gar 10 000 Jahre wie in der buddhistischen Lehre die Zeit der Reinkarnationen? Aber der Film macht keine religiöse Aussage, er verwendet die Zeit als dramatisches und spirituelles Hilfsmittel.

Die deutsche Wikipedia zählt etwa 30 Filme mit Zeitschleifen als Träger der Handlung, erweitert man auf Zeitreisen, so sind es etwa 200 Filme. Dieser ungeheuren Fülle von Fantasien und Wunschvorstellungen steht die nüchternen Physik gegenüber, in der nichts geht: Die Vergangenheit ist fest, die Zukunft wird durch die Front der Zeit erst erschaffen.

Neue Physik und neue Spekulation
Eine Physik der Zeit gibt es eigentlich erst seit Einstein, vorher war die Zeit nur die stillschweigende Grundlage für alles. Alles, was zu sagen war, hatte Newton schon gesagt. Seit Einstein wissen wir sicher, dass sich der Lauf der Zeit ändert, wenn wir auf einen Berg steigen oder uns in einem Fahrzeug bewegen. Ereignisse sind im Bewegten nicht mehr gleichzeitig, obwohl sie zu Hause gleichzeitig sind, und Rückkehrer von einer Reise sind weniger alt geworden als die Daheimgebliebenen. All diese Effekte der speziellen Relativitätstheorie sind bisher für Menschen selbst unmerklich winzig, weil menschliche Geschwindigkeiten sehr klein sind gemessen an der Lichtgeschwindigkeit und weil irdische Gravitation nicht sehr stark ist. Erst in der Nähe der Lichtgeschwindigkeit würden sich relativistische Zeit-Effekte für Menschen bemerkbar machen. Um eine Rakete dermassen zu beschleunigen, würden gigantisch hohe Energiemengen benötigt. Es ist keine realistische technische Lösung in Sicht, ein Raumschiff mit Menschen so schnell zu bewegen.

Die allgemeine Relativitätstheorie erlaubt kuriose physikalische Objekte, die den Lauf der Zeit in sich und ihrer Objekte drastisch ändern. Schwarze Löcher haben wir schon erwähnt. Kommt man in ihre Nähe, so bleibt die Zeit nahezu stehen (durch die Zeitdilatation) und man wird zerrissen (durch die Gezeitenkräfte). Schwarze Löcher sind reale, beobachtete Objekte, einige Dutzend allein in unserer Milchstrasse.

Die allgemeine Relativitätstheorie lässt Änderungen der Zeit zu: Massen und Energien dehnen und verbiegen nicht nur den Raum, sondern damit gekoppelt auch die Zeit. Das Langsamerwerden einer Uhr beim Besteigen eines Berges ist ein triviales, kleines Beispiel dafür. Eine Reise im Raum wird damit zu einer in Raum und Zeit gekrümmten Bahn verbogen oder «ge-warped».

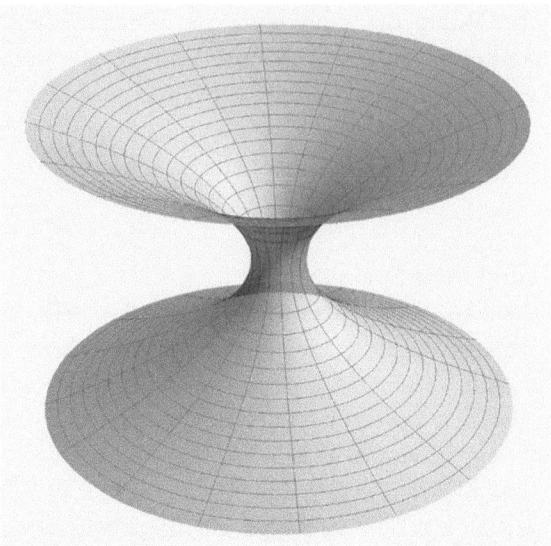

Abb. 5.29 Ein Wurmloch. (Ein vierdimensionales Schwarzschild-Wurmloch in drei Dimensionen. Bild: LorentzianWormhole, Wikimedia Commons, Allen McC)

Was wäre, wenn die Bahn in sich gekrümmt wäre und zu sich zurückführen würde? Die Gleichungen erlauben sogar eine mögliche Abkürzung der langen Bahn mithilfe einer speziellen Raum-Zeit-Konstruktion, einem Wurmloch. Ein Wurmloch verbindet (würde verbinden, wenn es existierte) zwei verschiedene Raum-Zeit-Regionen wie ein Tunnel. Das Ausgangsportal ist an einem anderen Punkt im Raum oder in einer anderen Zeit oder beidem, ja (noch spekulativer) in einem ganz anderen Universum. Die Abb. 5.29 illustriert in einem Bild ein dreidimensionales Äquivalent eines Wurmlochs in der vierdimensionalen Raum-Zeit.

Es gibt Spekulationen, dass damit im Prinzip Zeitreisen möglich wären (und auch interstellare Reisen tief in den Weltraum). Der amerikanische theoretische Physiker Kip Thorne (geb. 1940) und Nobelpreisträger für seine Arbeiten zur Entdeckung der Gravitationswellen ist hier ein Vertreter zwischen hochmathematischer Physik und fantasievollen Hollywoodfilmen wie dem Film *Interstellar* von 2014, für den er wissenschaftlicher Berater war (Carrol, 2013). Es ist ein Bereich der Physik, in dem die Mathematik zu wilden Spekulationen führt, die alle «irgendwie» möglich sein könnten, weil sie den bekannten Gesetzen nicht widersprechen. Aber viele spekulative Theorien widersprechen einander, sind weder bestätigt oder widerlegt. Es ist noch keine etablierte Wissenschaft.

Die Zeit ist mehr als nur Geometrie, sie betrifft auch alle Handlungen. Zeitreisen würden ein Chaos verursachen und sind nicht möglich. Diese Aussage ist nur eine Hypothese, aber nach unserer Erfahrung, dass die Vergangenheit nicht änderbar ist und die Zukunft noch nicht existiert, scheinen auch solche exotische Zeitreisen *unmöglich* zu sein, die man sich mit (noch nicht voll verstandener) Allgemeiner Relativitätstheorie und Quantentheorie ausdenkt. Der englische Physiker Stephen Hawking hat der Hypothese einen Namen gegeben: die Chronologie-Schutzvermutung. Er schrieb in einem ernsthaften Physik-Artikel mit seinem typischen Schalk (Hawking, 1992):

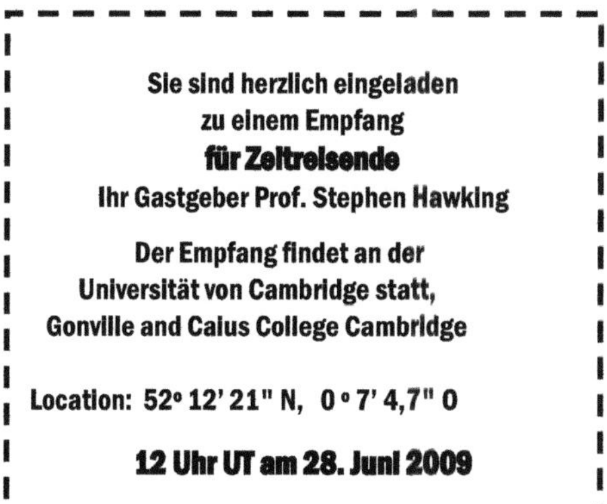

```
Sie sind herzlich eingeladen
zu einem Empfang
für Zeitreisende
Ihr Gastgeber Prof. Stephen Hawking

Der Empfang findet an der
Universität von Cambridge statt,
Gonville and Caius College Cambridge

Location: 52° 12' 21" N, 0° 7' 4,7" O

12 Uhr UT am 28. Juni 2009

Es ist keine Bestätigung
erforderlich
```

Abb. 5.30 Einladung für Zeitreisende. (Der Einladungstext für die Party von Stephen Hawking. *Kommt, ihr Zeitreisende, aus Eurer Zukunft, Wenn ihr könnt*)

Es scheint, dass es eine Chronologie-Schutzbehörde gibt, die das Auftreten geschlossener zeitlicher Kurven verhindert und so das Universum für Historiker sicher macht.

Stephen Hawking fand sogar einen schalkhaften Beweis dafür, dass es Zeitreisen nicht gibt. Er lud für den 28. Juni 2009 alle potenziellen Zeitreisenden, auch aus fernster Zukunft, zu einer Cocktail Party ein mit dem Motto «Willkommen, Zeitreisende».
Der Textblock der Abb. 5.30 gibt das Einladungsposter wieder. Der Trick der Party ist, dass die Einladung erst nach dem Einladungsdatum veröffentlicht wurde. Dafür gilt sie für alle Zukunft! Man muss nur in der Zeit zurückkreisen können. Aber Stephen Hawking war allein im Saal mit Champagner und Canapés. Niemand kam aus der Zukunft. Das Video *Die Party für Zeitreisende* ist in die Geschichte der Zeitforschung eingegangen[13]. Solange es Forscher gibt und so etwas wie das Internet und Archive, würde die Einladung wirken können oder besser «würde sie gewirkt haben werden können». Es ist typisch für Zeitreisen-Geschichten, dass die korrekten Zeiten und Konjunktive bei Zeitsprüngen grammatikalische Probleme bereiten!

---

[13] Das Video https://www.youtube.com/watch?v=elah3i_WiFI von Discovery Communications demonstriert den dramatischen Augenblick: 12 Uhr.

6

Die Zeit – Schlussgedanken

Was ist die Zeit?
Diese Frage wollen wir aus dem Erarbeiteten kurz beantworten oder besser diskutieren und mit Bildern illustrieren: aus physikalischer Sicht und aus menschlicher Sicht. Sie sollen auch die philosophischen Schlussgedanken sein.

Was sagt die Physik?

> Zeit ist, was geschieht, wenn nichts passiert.
> Richard Feynman, amerikanischer Physiker, in The Feynman Lectures, 1963.

Dies ist eine grossartige, nahezu poetische und eigentlich sogar nichttriviale Definition des brillanten Physikers. Die moderne Quantenphysik sagt nämlich, dass niemals nichts passiert. Das Vakuum ist in permanentem Austausch von virtuellen Teilchen. Der Satz klingt geistreich, sagt aber nicht viel aus. Eine Physik der Zeit selbst gibt es erst seit Einstein, und sie ist noch nicht weit gekommen. Die beiden grossen Theorien der Physik, die Relativitätstheorie und die Quantentheorie, passen noch nicht zusammen. Die Relativitätstheorie beschreibt die Zeit, die Quantentheorie sieht sie nur als Hilfsgrösse oder, wie in den ersten Versuchen der Verschmelzung zur Quantengravitation, überhaupt nicht.

Hier der Versuch einer Physiker-Antwort auf die Frage «Was ist die Zeit?»:

Die Zeit ist der Taktgeber für den ganzen Kosmos

Es ist der erwähnte Gedanke des Computererfinders Konrad Zuse: Die Zeit treibt den Kosmos weiter wie ein Taktgeber den Lauf eines Computers. Hier die technische Definition der Elektronik:

Der Taktgeber schaltet das ganze System gleich. Der Systemtakt wird zentral vom Taktgeber erzeugt und mit verschiedenen Multiplikatoren auf verschiedene Taktgeschwindigkeiten hochgetaktet. Darunter auch die des Hauptprozessors und Systembusses.
elektronik-kompendium.de, gez. 09/2023.

Die Zeit selbst zeigt nicht nur das Weitergehen an, sondern schiebt auch alle Vorgänge aktiv weiter. Dieser Taktgeber für das Universum ist die *kosmische Zeit*, die sich nach den Gesetzen der Relativitätstheorie mit Geschwindigkeit und Gravitation punktuell verändert und lokal den Ablauf von allem, dem ganzen Kosmos, bestimmt. Es ist ein kosmischer Vorschub, der für die Erhaltung der Kausalität sorgt und Zeitreisen verhindert.

Wir haben auf der Erde und im ganzen Sonnensystem eine lokale Zeitversion. Wir nennen diese Zeit, die uns und alle Lebensvorgänge direkt betrifft, die *metabolische Zeit*. Die einzige absolute Zeit für das Universum, wie sie sich Newton vorstellte und wir sie uns denken, existiert nicht, aber die lokale Zeit ist eine gute Näherung.

Der Physiker Richard Muller hat eine neue, spekulative Idee zur kosmischen Zeit (Muller, 2017): Der Raum selbst dehnt sich aus; dies ist seit einem Jahrhundert durch Beobachtungen ferner Galaxien bekannt. Es entsteht, anders formuliert, laufend neuer Raum. Nach Muller dehnt sich die *Raum-Zeit* aus, nicht allein der Raum, sondern auch die *Zeit*.

Dadurch wird laufend neue Zeit erschaffen. Die neu geschaffene Zeit im status nascendi ist dann die *Gegenwart*.

Nach Muller dehnt sich die Zeit aus und wir sind auf dem Kamm ihrer Welle. Ein anderes Bild ist die brennende Lunte, deren Anblick wir schon mehrfach verwendet haben. Es ist ein eindimensionales Analogon zur Expansion der Zeit. Damit haben wir vermutlich die fundamentale Antwort auf die Frage: «Was ist die Gegenwart?»:

Die Gegenwart ist die Schockwelle neuer Zeit, die uns und alles mitnimmt.

Im mehrfach verwendeten Bild der Zeit als brennende Zündschnur ist die Gegenwart die durchziehende brennende Stelle der Schnur. Nur hier geschieht etwas, nur hier läuft Physik ab. Wir fühlen dieses Durchlaufen als Erleben der Zeit. Eigentlich gibt es damit physikalisch nur die Gegenwart. Der Theologe Augustinus hat dies schon früh beschrieben mit einer nahezu mathematischen Einkapselung der Zeit auf einen Punkt. Dieses Verständnis der Zeit führt zu einer harten Antwort auf die Frage «Was ist die Zukunft?»:

Die Zukunft zu einer Gegenwart existiert nicht, sie wird in der Schockwelle der Gegenwart erst produziert.

Genauer muss man sagen, dass der Inhalt der Zukunft erst entsteht; die Zukunft selbst kommt durch das Weiterbrennen der unbegrenzten Lunte unweigerlich.

Anders die Vergangenheit:

Die Vergangenheit ist abgelegte Information aus dem Geschehen in der Gegenwart.

Damit ist auch die Vergangenheit keine Physik, aber ihre Information ist physikalisch gespeichert im Zustand der Natur.

Das grossartige Bild der Sanduhr als Modell für die Zeit ist fundamental falsch. Es gibt keinen Stoff «Zeit», der von oben nach unten fällt. Die Zeit arbeitet als Gegenwart und produziert die feste Vergan-

Abb. 6.1 Die Sanduhr, korrigiert. (Die fiktive Sanduhr der Zeit muss den Sand selbst erzeugen. Bild: Eigen unter Verwendung von Hour glass clip art, Wikimediaa Commons, Smart Server)

genheit (Abb. 6.1). Der «Sand» der Zeit entsteht in der Gegenwart und das Bild eines «Stoffes Zeit» passt nicht.

In der Gegenwart entstehen Myriaden von Zufällen (anders gesagt, es kollabieren Wellenfunktionen), die den Inhalt der Welt unvorhersehbar und unveränderlich weiterbauen. Dieser Inhalt ist dann fest, in sich vernetzt und versiegelt. Dies ist die Vergangenheit.

Nur die Gegenwart ist physikalische Aktion. Damit ist in der Tat von der Dreigestalt der Zeit nur die Gegenwart «echt», d. h. ein physikalisches Objekt. Wie die Physik der Zeit und der kosmische Taktgeber funktionieren, ist unbekannt, aber es besteht die Hoffnung, dass die Physik der Quantengravitation hier weiterführen wird.

Die Schockwelle der Gegenwart ist eigentlich etwas Konstruktives. Sie baut weiter an der Welt. Unser menschliches Zeitempfinden ist dagegen meistens durch die Endlichkeit unseres Lebens bestimmt. Die kleine Lunte unseres Lebens hat eine endliche Länge – damit wird der Lauf der Zeit etwas Negatives, Bedrohliches.

Eine besondere Uhr macht dieses Kürzerwerden der Lunte sichtbar, ja beinahe fühlbar durch ihren Lauf und ihre Technik. Es ist die Uhr im Corpus Christi College der Cambridge Universität (Abb. 6.2). Der Taktgeber der Uhr, die Hemmung oder das Escapement, ist als Zeitfresser gestaltet, als unerbittlicher *Chronophage*. Es ist in der Abbildung das

6 Die Zeit – Schlussgedanken   323

Abb. 6.2 Cambridge-Uhr mit Zeitfresser. (Der «Zeitfresser» ist das Insekt auf der Uhr. Konstruiert von John C. Taylor, geb. 1936. Foto mit Stephen Hawking bei der Einweihung. Bild: Corpus Clock 2, Wikimedia Commons, rubberpaw)

dunkle Insekt auf dem Zackenkranz des Uhrkreises, das Sekunde um Sekunde mit einem Klicken die Zeit wegfrisst und jede Minute wie die Schweizer Bahnhofsuhr die Zeit hinunterschluckt. Das Insekt frisst die Zeit, wir fühlen es beim Zusehen mit. Die Uhr ist ein mechanisches Meisterwerk; der Chronophage ist nichts anderes als eine fünfzigfach vergrösserte Grashüpfer-Unruh, wie sie der Uhrmacher John Harrison drei Jahrhunderte vorher erfunden hat. Damit ist die Uhr auch eine Hommage des modernen Ingenieurs, Erfinders und Uhrmachers John C. Taylor (geb. 1936) an diesen grossen historischen Uhrmacher. Wir können den Zeitfresser benützen, um die Gegenwart anschaulich zu definieren:

Gegenwart ist der aktuelle Zeit-Happen des Chronophagen.

Beim Zusehen der laufenden Uhr sieht man die Zeit unerbittlich verschwinden.

Informationstechnisch ist die Zeit oder besser unser Zeitempfinden bestimmt durch die Zeithappen, die durch unser Verarbeitungssystem im Gehirn geschoben werden. Damit können wir menschlich-nüchtern die Zeit und die Gegenwart definieren:

Die Gegenwart ist die Zeitspanne, die die Verarbeitung des Inhalts eines Zeitfensters benötigt. Das Verschieben des Zeitfensters ist die Zeit selbst.

Diese Definition gilt für den Menschen wie für (andere) Tiere. Damit wird die Zeit für uns zu einem Prozess und unser Gehirn ist der Zeitprozessor. Seine Funktion entspricht dem sich weiter fressenden Funken der brennenden Lunte (Abb. 2.30 und 2.31). Die Verarbeitung der Information im Zeitfenster produziert Vergangenheit und Zukunft für den Menschen. Die Vergangenheit mit den abgespeicherten Erinnerungen, die Zukunft als mehr oder weniger vage Erwartungshaltung. Die Gegenwart ist das Reale, Vergangenheit und Zukunft sind informationstechnische Konstrukte. Die Gegenwart wälzt sich weiter und «Verweile doch, du bist so schön» zum Augenblick zu sagen, ist zeittechnisch sinnlos.

Der zeitfressende Chronophage ist ein passendes dämonisches Bild für das gleitende Zeitfenster, so wie wir die Zeit als Bedrohung erleben. Er ist das negative Bild von der Wirkung der Zeit. Aber die Zeit schiebt die Naturgesetze auch neutral weiter und baut Neues auf. Dies ist z. B. in der Evolution der Fall – die Evolution hat uns Menschen entwickelt. Ein Bild für das Weiterschieben der Zeit kann der Heilige Pillendreher-Käfer oder Skarabäus sein (Abb. 6.3). Dieser Käfer schiebt eine Dungkugel vor sich her, im alten Ägypten ein Symbol für die Sonne und ihren Lauf. Der Skarabäus rollt die Sonnenkugel über den Horizont im Osten und bringt damit den neuen Tag. Die Zeit als Konstrukteur ist schwieriger darzustellen. Als repräsentierendes Insekt könnte man an

6 Die Zeit – Schlussgedanken

Abb. 6.3 Ein Skarabäus als ägyptische Zeitmetapher. (Bild: Лепешкар_(2), Wikimedia Commons, Tashkoskim. Metapher der Lebenszeit)

Termiten denken, die ganze Gebäude bauen, Erdklümpchen für Erdklümpchen. Fundamentaler ist das Erstellen der Baupläne der Lebensformen im Laufe der Äonen. Dazu könnte als Symbol ein fiktives Programmierer-Insekt gehören, das Schritt um Schritt unseren genetischen Bauplan weiterbaut und Byte um Byte den neuen Code ausscheidet. Es wäre das positive Gegenstück zum Chronophagen der Campusuhr. Denn das Erstellen neuer Baupläne ist das wesentliche Produkt der Zeit.

Wir erahnen heute das Geheimnis der Zeit besser, aber die Zeit bleibt rätselhaft. Sie ist eine Verbindung der tiefsten Konzepte der Physik, von Kausalität, Quantentheorie und dem Kosmos als Ganzem.

Tod und menschliche Zeit

Das Zusammenwirken der Echtzeit mit unseren Erinnerungen und Erwartungen macht unsere gefühlte Zeit aus. Das Empfinden der Zeit ist ein wichtiger Teil unseres Bewusstseins. Die menschliche Zeitempfindung kann sich durchaus von der physikalischen Zeit entkoppeln. Wir haben schon den leicht albernen Vergleich Einsteins «Mädchen vs. Ofenplatte» erwähnt. Literarisch drückt es die englische Schriftstellerin Virginia Woolfe (1882–1941) so aus:

Eine Stunde kann, wenn sie einmal in das seltsame Element des menschlichen Geistes eingedrungen ist, auf das Fünfzig- oder Hundertfache ihrer Länge gedehnt werden; andererseits kann eine Stunde auf der Uhr des Geistes durch eine Sekunde genau dargestellt werden.
Orlando – eine Biographie, 1928.

Allerdings sind psychologische Studien zur Wahrnehmung der Zeit oft widersprüchlich, auf jeden Fall komplex (Stojić, 2023). Die bekannteste Verzerrung der menschlichen Zeit ist die allgemeine Annahme, dass die Zeit im Alter schneller vergeht als in der Rückschau auf die Jugend. Wir stellen diese Wahrnehmung in der Abb. 6.4 metaphorisch dar mit einer vorgegebenen Rolle Lebensstoff. Der Stoff soll gleichmässig abgewickelt werden. Durch den kleiner werdenden Rollendurchmesser wird sich die Rolle immer schneller drehen.

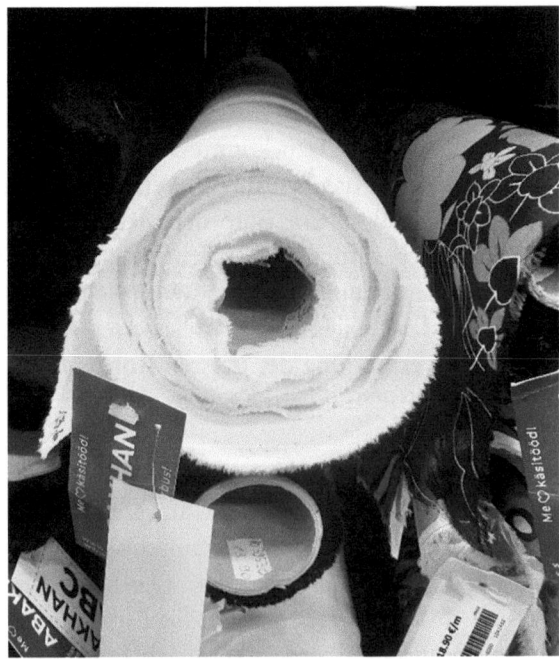

Abb. 6.4 Eine Rolle Stoff. (Eine Metapher der menschlichen Lebenszeit)

Die Metapher mit dem Leben als endliche Stoffrolle beruht auf einem bekannten Zitat des amerikanischen Journalisten Andy Rooney (1919–2011), allerdings dort mit banalem Toilettenpapier als Bild für die Lebenszeit:

> Ich habe gelernt, dass das Leben wie eine Rolle Toilettenpapier ist. Je näher man an das Ende kommt, umso schneller geht es.

Das Ergebnis ist, dass die Zeit eine grässliche Vorstellung werden kann.

> Der Begriff von Zeit ist mir jetzt fürchterlich. … Und wieder eine Stunde nach der andern von der Zeit zu betteln, sich vor dem Gedanken des Todes zu entsetzen! Wie elend ist der Mensch, daß er sterben muß, und wie höchst unglückselig müßte er sein, wenn er ewig lebte! Wie toll und unsinnig ist unser Leben durch diese unaufhörlichen Widersprüche!
> Ludwig Tieck, deutscher Dichter, in *William Lovell, 1795.*

Der Begriff von Zeit ist menschlich fürchterlich, wenn die Lebenszeit als sinnlos empfunden wird oder der Tod droht. Der Tod wirft seinen Schatten voraus, einmal durch die Erkenntnis, dass die Evolution unsere Spezies Mensch auf maximal 125 Jahre Lebenszeit programmiert hat, zum andern durch das Altern mit seinen Begleiterscheinungen. Die Zeit gräbt sich in den Körper ein mit Falten, Narben und Abnützungserscheinungen. Und dann müssen wir lernen, was Altwerden bedeutet.

Der junge Mensch wächst in eine Welt hinein, die er für einigermassen beständig hält. Die Weltgeschichte und seine eigenen persönlichen Erfahrungen und Erlebnisse lehren ihn: So ist die Welt. Aber dann ändert sich alles. Menschen sterben, Staaten verändern sich, die technische Umwelt und damit die Gesellschaft entwickeln sich. Man lernt, dass die Zeit arbeitet, verändernd, aufbauend, aber auch destruktiv. Mit dem Tod des Individuums wird vieles von seinen Erfahrungen, Erlebnissen, seinem Wissen, seinem Wesen verschwinden. Noch schlimmer: Man lernt einen wunderbaren Menschen kennen, sieht in seine lebendigen Augen – und dies wird einfach irgendwann verschwinden. Es ist unfassbar.

In der Jugend muss man lernen, mit der Unsicherheit des kommenden Lebens umzugehen, im Alter mit der Sicherheit des Todes.

Der Gedanke an den eigenen Tod ist für viele Religionen und Philosophien fundamental, etwa bei den christlichen Benediktinern und den islamischen Sufis. Damit ist die Pflicht verbunden, sich jeden Tag des Lebens den eigenen Tod zu vergegenwärtigen. Am besten ist es, sich bereits in ein offenes Grab oder einen Sarg zu legen (Abb. 6.5).

Die Verehrung des Todes geht bis zum Paradoxon, im Tod den Sinn des Lebens selbst zu sehen. Dies ist eine extreme, unwürdige Art, mit der Lebenszeit umzugehen. Eine andere Strategie ist das Leugnen des persönlichen Todes durch die Einführung von etwas Unsterblichem, Materielosem, einer feinstofflichen Seele. Dies ist eine aus heutiger Sicht ungerechtfertigte, aus der Luft gegriffene Behauptung angesichts des Vergehens unseres Seelen- und Zeitorgans Gehirn beim Eintritt des Todes. Diese Idee nimmt dem Tod seine abstrakte Würde des absoluten Endes, insbesondere mit der Verheissung auf die Wonnen eines Paradieses einerseits oder die Qualen einer Hölle andrerseits. Die fiktive Erweiterung des Lebens kann dem Leben keinen Sinn geben.

Die Zeit der Existenz der Erde ist nicht nur übermenschlich «tief» geworden – von den naiven 6000 Jahren zu 4,5 Mrd. Jahren – sondern die Zeit ist auch unheimlich geworden. Naiv war die Zeit eine ewige Wiederkehr der Jahreszeiten und es war, als gäbe es «nichts Neues unter

Abb. 6.5 Der eigene Tod als Drohung. (Lebendig begraben. Antoine Wiertz, Ölgemälde L'inhumation précipitée (1854) Bild: Wiertz Burial, Wikimedia Commons, Wiertz museum)

6 Die Zeit – Schlussgedanken

der Sonne». Die wirkliche Zeit ist unbestimmt und ein Strom, der sich laufend weiterentwickelt. Die Zeit bringt Neues hervor, sie hat das ganze Leben durch die Evolution erfunden.

Ein klassischer Trick, um ewige Beständigkeit in der Zeit zu suggerieren, war und ist die Einführung des Kalenders und von Jahrestagen. Das Gefühl der Stabilität wird erzeugt durch die sichere jährliche Wiederholung der definierten und markierten Tage, etwa der Feste, die an natürlichen Daten festgemacht sind wie Ostern und die Sonnwenden, oder von den Tagen politischen Ursprungs, etwa der 14. Juli als Erinnerung an den Sturm auf die Bastille in Paris. Aus der linearen unbegrenzten Reihe von Tagen wird ein zweidimensionales, unbegrenzt langes Zeitband unserer sozialen Zeit (Abb. 6.6). Die Breite des Bandes sind 365 oder 366 Tage, derart bestimmt, dass die Jahreszeiten sich nicht über lange Zeiten verschieben.

Die Sicherheit der sozialen Zeit ist nur fiktiv. Tod und Krieg kümmern sich nicht um den Kalender. Wir müssen persönlich, sozial und als Planet mit der Ungewissheit der Zukunft leben. Die Zukunft ist unbestimmt und es gibt kein Ziel für die Evolution. Persönlich haben wir andrerseits (noch?) die Gewissheit des eigenen Todes. Die Versuche, den einzelnen Menschen an eine Ewigkeit zu koppeln und seiner Lebenszeit dadurch einen Sinn zu geben, sind gescheitert.

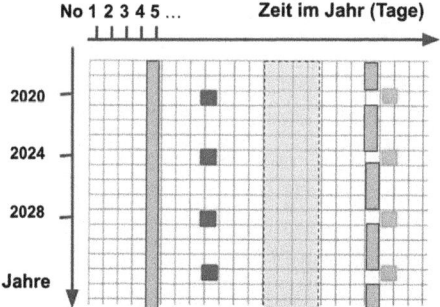

Abb. 6.6 Die soziale Zeit als zweidimensionales, unendlich langes Band. (Horizontal der laufende Tag des Jahres von 1 bis 365 bzw. 366, vertikal das laufende Jahr unbegrenzt. Blau menschliches Fest, Grün natürliches Ereignis, Rot Schalttag. Das Band ist nach unten unbegrenzt.)

Wenn man bewusst leben will, muss man für die endliche Lebenszeit den Sinn suchen. Die Zeit ist keine Illusion und sie kann nicht verleugnet werden, sondern sie ist eine knappe, begrenzte Ressource.

Sinnsuche für etwas bedeutet allgemein den Versuch, dieses «Etwas» in eine grössere Umgebung einbauen zu können, die den Sinn gibt. Dies war die Funktion der Religion, in der eine göttliche Umgebung keine Zweifel zuliess, dass sie den Sinn gab. Aber was ist eine wahre sinnvolle Umgebung für unser Leben ohne Ausweichen in eine überirdische Welt mit einer Ewigkeit, die das Zeitproblem löst? Es bleiben die unerbittlichen Eigenschaften der Zeit: Unsere Lebenszeit ist endlich, und die Zeit ist nicht umkehrbar.

Der Lösungsversuch ist, sich selbst eine «grössere» oder «höhere» Umgebung zu schaffen, um in ihr den Sinn für das Leben zu finden. Dies bedeutet, an Stelle einer religiösen Transzendenz eine «Selbsttranszendenz» zu finden. Ein westlicher Meister der Sinngebung ist der österreichische Psychologe Viktor Frankl (1905–1997). Frankl schaffte es sogar, in seinen Leiden als KZ-Gefangener einen Sinn zu finden. Die Möglichkeiten der Selbsttransparenz nach Frankl sind nahe am Religiösen, so etwa als Schöpfer mit der Erschaffung eines bleibenden Werks oder durch den Umgang mit «Schönem», sei es mit Musik oder mit bildender Kunst.

Eine naheliegende sinngebende Umgebung für ein menschliches Einzelleben ist der Dienst an der Gemeinschaft anderer Menschen mit der psychologischen Belohnung der Resonanz der anderen Menschen. Allerdings ist dies zunächst logisch ein Zirkelschluss, falls auch das Leben dieser anderen Menschen keinen Sinn hätte. Vielleicht ist das Leben eines anderen oder einer Gruppe oder das Leben der Menschheit als Ganzes erst wertvoll? Aber es geht für das Individuum bei der Sinnsuche nicht um harte Logik, sondern um Psychologie. Beim Umgang mit anderen Menschen ist die Psychologie nah.

Eine fundamentale Minimalthese zu Zeit und Sinn ist:

Sinn des Lebens ist das intensive Erleben der Lebenszeit.

Es ist wunderbar, wenn man für einige Augenblicke ganz intensiv leben kann, und noch besser, wenn man dies auch in ganz gewöhnlichen

Momenten tut. Intensives Erleben bedeutet, nach dem Sinn seines Lebens gar nicht mehr fragen zu müssen. Sinnvoll kann auch sein: Eines Nachmittags unter schönen hohen Bäumen im grünen Gras liegen und restlos nichts tun. Ein modernes Beispiel seine Zeit zu verbringen ist zu Reisen und den Reichtum der Erde aktiv zu erfahren. Darauf zielt der Bestseller von Patricia Schultz (Schultz, 2003) ab mit der Anweisung «1000 Plätze [auf der Erde], die man vor dem Tod gesehen haben sollte» (1000 places to see before you die). Aber für dieses Ziel benötigt man auch hinreichend Zeit und das nötige Geld.

Kurz gesagt: Die Zeit ist fundamental, für die Physik wie für unser Leben. Wir wissen viel über sie, aber noch nicht, wie sie entsteht. Wir wissen, dass eigentlich nur die Gegenwart existiert. Wir müssen mit unserem Leben in einem kurzen Zeitausschnitt aus der grossen physikalischen Zeit leben, in einer Epoche, die wir uns nicht ausgesucht haben, und von der wir nicht wissen, was sie uns bringt. Trotzdem müssen wir uns laufend entscheiden, was wir mit ihr anfangen wollen.

Es gilt der Spruch des englischen Physikers Stephen Hawking:

Nur die Zeit, was auch immer dies sein mag, wird es uns sagen.
Stephen Hawking in «Eine kleine Geschichte der Zeit», 1988.

Liste der Gedichte

Die Zeit als Zerstörer: Sonett 19, William Shakespeare.
Die Zeit als Zerstörer: This thing all things devours, John Tolkien.
Die Zeit als unermüdliche Angreiferin: Der Berg hält den Atem an, Jan Fosse.
Die Zeit als Treiber: The years like great black oxen, William Yeats.
Die Zeit (und wir) als Macher: Al andar se hace camino, Antonio Machado.
Die Zeit als Taktgeber: Der kosmische Schlagzeuger und sein Rhythmus, anonym.
Die begrenzte Zeit gibt dem Leben Wert: The morning glory and the giant pine, Alan Watts.
Die begrenzte Zeit gut verwenden: Carpe Diem, Horaz.
Die Zeit wirkt überall, auch unsichtbar: L'heure qui est – die Zeit, die ist, Robert Mallet.
Die Zeit als Gefühl: Wir müssen hindurch, wenn wir leben.
Stufen, Hermann Hesse.
Stundenbuch, Rainer Maria Rilke.
Die Zeit als Aufgabe: Wir müssen sie akzeptieren, Erich Freud.

Liste der Romane

Die Zeit als grundlegende Empfindung: Der Zauberberg von Thomas Mann.

Die Zeit aus der Erinnerung: Suche nach der verlorenen Zeit von Marcel Proust.

Die Endlichkeit als Bedingung: Alle Menschen sind sterblich von Simone de Beauvoir.

Der Drang zur Unendlichkeit: Cox oder der Lauf der Zeit von Christoph Ransmayr.

Die Schwierigkeit, die Zeit zurückzudrehen: Die Zeit, die Zeit von Martin Suter.

Die Lust, in der Zeit zu reisen: The Time Machine von H G Wells.

Die Gefahr, in der Zeit zu reisen: A sound of Thunder von Ray Bradbury.

Ausgewählte Wikipedia-Artikel

Deutsch	101. Sinfonie (Haydn)	English	Mr. Tompkins
English	2019 Redefinition of SI Units	Deutsch	Muße
English	Accelerating Change	Deutsch	Organ2/ASLSP
Deutsch	Analemma	English	Pitch drop experiment
Deutsch	Aufstieg der Seligen (Hieronymus Bosch)	English	Poème symphonique
Deutsch	Augustinus von Hippo	English	PSR J0437–4715
English	Arrow of Time	English	Pulsar Clock
English	Barycentric Coordinate Time	English	Quirico Filopanti
English	Bathos	English	Reminiscence Bump
English	Brainwave Entrainment	Français	Robert Mallet (écrivain)
English	Clock of the Long Now	Deutsch	Schleifenquantengravitation
English	Continental Drift	Deutsch	Schweizer Bahnhofsuhr
Français	Controverse sur la paternité de la relativité	Deutsch	Simon Effekt
English	Cox's timepiece	Deutsch	Square Kilometre Array
English	Day length variations	Englisch	Square Kilometre Array
Deutsch	Dorian-Gray-Syndrom	Deutsch	Stringtheorie
Deutsch	Der Zauberberg	Deutsch	Synchronizität
Deutsch	Ehrenfestsches Paradoxon	Deutsch	Technologische Singularität

Liste der Gedichte

Deutsch	*101. Sinfonie (Haydn)*	English	*Mr. Tompkins*
English	*Generation Timeline*	English	*Timeline, of the early universe*
Deutsch	*Goldberg-Variationen*	English	*Timeline of natural history*
English	*Great Year*	English	*Tidal Acceleration*
Deutsch	*Hochzusammengesetzte Zahl*	Deutsch	*Unverweslichkeit*
English	*I know it when I see it*	Deutsch	*Waffensalbe*
Français	*Immortalité*	English	*Wheel of Time*
Englisch	*Instructions per second*	Deutsch	*Zehntausend Jahre*
Deutsch	*Koyaanisqatsi (Filmmusik)*	Deutsch	*Zeitdilatation bewegter Teilchen*
Deutsch	*Liste von Zeitreisefilmen*	Deutsch	*Zeitschleife*
Deutsch	*Liste von Zeittafeln*	Deutsch	*Zwerge auf den Schultern von Riesen*
English	*Light cone*		
English	*Long-term experiments*		
English	*Mental Chronometry*		

Glossar

ABB steht für kosmische Zeitangaben und bedeutet «After the Big Bang».
Analemma die Figur, die die Sonne über ein Jahr hinweg bei gleicher mittlerer Zeit am Himmel erzeugt.
Analepse oder Rückblende ist» im Film oder in einer Erzählung das Zurückgehen aus der Zeit des Erzählten. Das Gegenstück ist die Prolepse.
Arpeggio von italienisch **arpa,** Harfe, ist ein Akkord, der zeitlich versetzt gespielt wird.
Autotelisch Tätigkeiten, bei denen nicht nach dem Sinn gefragt wird.
Badewannenkurve die Fehlerwahrscheinlichkeit eines Produkts über dir Lebenszeit.
Baryzentrische Zeit ist auf eine fiktive Uhr am Schwerpunkt des Sonnensystems bezogen.
Big Bang (Urknall) der Beginn der Ausdehnungsphase des Universums in Raum und Zeit. Hypothetisch der Beginn von Raum, Zeit und Materie.
Blockuniversum alle Vergangenheit und die Zukunft als ein Raum vorgestellt. Die Gegenwart läuft als Scheinwerfer hindurch. s.a. Eternalismus.
Chronophage ein mythischer Zeitfresser.
Chronotopos der enge Zusammenhang von Raum und Zeit in einer Erzählung.

CPU *Central Processing Unit*, die zentrale Verarbeitungsfunktion des Computers. Historisch auch «das Rechenwerk». Sie arbeitet im Takt und ist damit auch eine Uhr.

Dedekindscher Schnitt die Eingrenzung eines fiktiven Objekts durch immer engere Schranken aus Bekanntem.

Dorian-Gray-Syndrom die krankhafte Weigerung, alt zu werden.

Energie Ernten (Energy harvesting) die Energiegewinnung für ein Uhrwerk aus einem beiläufigen Vorgang der Umgebung wie Ebbe und Flut oder Tag und Nacht.

Entropie allgemein ein Mass für die Unordnung. In der Thermodynamik ein Mass für die nicht verwertbare Energie.

Epizykel ein Punkt bewegt sich auf einem Kreis, der selbst auf einem anderen Kreis läuft.

Epoche in der Astronomie der Beginn eines bestimmten Zeitabschnitts.

Eternalismus fasst Vergangenheit, Gegenwart und Zukunft als gleichzeitig existierend auf. Die Zeit wird als Raum angesehen. s.a. Blockuniversum.

Flow der rauschartige Zustand, in den man bei erfolgreichen Tätigkeiten gelangen kann.

Fluchtgeschwindigkeit die benötigte Geschwindigkeit zum Verlassen des Gravitationsfelds eines Himmelskörpers. Hier: Zeitpunkt, wenn die Lebensverlängerung die physikalische Zeit übersteigt.

Gedehnte Gegenwart (specious presence) die Zeitspanne, den die Verarbeitung der Szene der Gegenwart benötigt.

Gegenwart die Front der Welle der Verarbeitung der Naturgesetze.

Gleitendes Fenster (Sliding window) ein in der Zeit fortschreitender Arbeitsbereich.

Hemmung (Escapement) die Verbindung zwischen dem Taktgeber und dem Räderwerk einer Uhr.

Lichtkegel ein Doppelkegel in Raum und Zeit, der die Bereiche angibt, die von einem Raum-Zeit-Punkt erreichbar sind.

Life Logging die umfassende digitale Aufzeichnung des eigenen Lebens, vor allem mit einer Videokamera im «ego-shooter» – Modus.

Logische Zeit eine Serie von monoton in der Zeit anwachsenden Markierungen.

Maxwellscher Dämon fiktives Wesen, das im Atomaren Ordnung schaffen kann.

Metabolische Zeit die aktuell bestimmende Zeit für den Ablauf eines Prozesses.

Methuselarität ein fiktiver Zeitpunkt, ab dem (nahezu) ewiges Leben wählbar ist.

Oddball Effekt ein besonderes Ereignis, das aus einer Gleichförmigkeit herausragt.
Ouroboros das Prinzip, dass ein Phänomen aus sich selbst heraus entsteht.
Paradoxon des Alterns das subjektive Wohlbefinden bleibt gleich oder nimmt sogar zu, auch wenn sich der Zustand objektiv verschlechtert.
Präsentismus (Geschichtswissenschaft) die falsche Interpretation der Geschichte aus der heutigen Sicht heraus.
Präsentismus (Philosophie der Zeit) die Betonung der Gegenwart bis zur Leugnung der Existenz von Zukunft und Vergangenheit.
Prolepse eine Vorwegnahme zukünftiger Ereignisse in einer Erzählung oder einem Film. Das Gegenstück ist die Analepse.
Proust-Effekt eine Erinnerung, die durch einen Geschmack oder Geruch ausgelöst wird.
Prozess die zeitliche Folge von Aktionen, um ein Ziel oder Produkt zu erreichen.
Raumzeit die Verbindung der Raumkoordinaten mit der imaginären Zeitkoordinate zu einem Vierervektor. Die Darstellung erlaubt elegante mathematische Formulierungen.
Relativitätstheorie, allgemeine gibt den Zusammenhang von Raum und Materie.
Relativitätstheorie, spezielle beschreibt die Effekte durch die endliche Lichtgeschwindigkeit.
Roman-fleuve (wörtlich: Roman [wie ein] Fluss) ein grossangelegter, i.A. mehrbändiger Roman.
Selbstsynchronisation erfolgt durch die Schwingungen selbst, nicht extern.
Singularität in der Entwicklung der Welt ist das Überschreiten einer Schwelle in eine andere Welt ohne Wiederkehr.
Systemzeit die systeminterne Zeit in einem Computer. Sie wird vom Betriebssystem des Computers verwaltet.
Taktgeber eine Uhr, die direkt Impulse für Aktionen abgibt.
Temperozentrismus das Gefühl eines grösseren Wertes der Gegenwart als Vergangenes oder Zukünftiges. Auch Chronozentrismus.
Temporalität die zeitliche Einordnung von Aussagen und Gefühlen.
Tiefe Zeit (Deep time) eine Zeitspanne, viel grösser als menschliche Zeiten.
Vergangenheit die Menge der abgelegten und eingefrorenen Information aus dem Lauf der Zeit.
Zeit der (unbekannte) Mechanismus, der die Welle der Gegenwart antreibt.

Zeitgleichung gibt den Unterschied der wahren und der mittleren Zeit über ein Jahr an.
Zeitstempel eine in ein digitales Objekt gesetzte Marke der aktuellen Zeit.
Zirkadian ein Rhythmus mit 24 h Periode.
Zufall ein Ereignis ohne Vergangenheit. Das Ereignis ist kausal, aber im Detail prinzipiell nicht vorhersehbar. Der Lauf der Welt besteht vor allem aus Zufällen, allerdings im Rahmen der Naturgesetze.
Zukunft gibt es physikalisch nicht. Sie entsteht in der Gegenwart.
Zwillingsparadoxon ein auf die Spitze getriebener (wahrer) Effekt, um die Abhängigkeit des Ablaufs der Zeit von der Geschwindigkeit zu zeigen.

Literatur

Aichelburg, Peter C., 2006. Zur Entwicklung des Zeitbegriffs bei Aristoteles. DeGruyter, Berlin. https://doi.org/10.1515/9783110333213.101.

Barnes, Jonathan, 1984. Physics. The complete works of Aristotle. https://sites.unimi.it/zucchi/NuoviFile/Barnes%20%20-%20Physics.pdf.

Bejan, Adrian, 2019. Why the days seem shorter as we get older. Cambridge Univ. Press., https://doi.org/10.1017/S1062798718000741.

Bergstresser, Ralph, 1970. Nikola Tesla – The Forgotten Superman of the Industrial Age, Health Research, 1970/1996.

Bragova, 2020. The concept *cum dignate otium* in Cicero's writings, ResearchGate. https://www.researchgate.net/publication/316504246_The_concept_cum_dignitate_otium_in_Cicero%27s_writings.

Buyse, Filip. 2017. Spinoza and Christiaan Huyghens. Societate si Pol., 2017. t: https://www.researchgate.net/publication/322294569.

Sinai-Cedars, 2017. Making Memory: New Study Explains the Brain's RAM. cedars-sinai.org/blog. https://www.cedars-sinai.org/blog/making-memory-brains-ram-study.html.

Campen, van, Cretien, 2014.The Proust Effect: The Senses as Doorways to Lost Memories. Oxford Academic. https://academic.oup.com/book/11350.

Carroll, Rory, 2013. Kip Thorne: physicist studying time travel tapped for Hollywood film. The Guardian, June 2013. https://www.theguardian.com/science/2013/jun/21/kip-thorne-time-travel-scientist-film.

Cohen, Marc, 2006. Plato's Cosmology: The Timaeus. Philosophy 320, Univ. Washington. https://faculty.washington.edu/smcohen/320/timaeus.htm#:~:text=Plato%20clearly%20says%20that%20time,to%20the%20realm%20of%20becoming.

During, Ellen, 2014. Langevin ou le paradoxe introuvable. Rev. Metaphys. et Moral, Vol. 84, https://www.cairn.info/revue-de-metaphysique-et-de-morale.htm.

Eagleman, David, 2009. Brain Time: What is next? Ed. Brockman, Vintage, NY. https://eagleman.com/latest/brain-time/.

Einstein, Albert, 1905. Zur Elektrodynamik bewegter Körper. Ann. Physik und Chemie, Vol.17, 1905. https://myweb.rz.uni-augsburg.de/~eckern/adp/history/einstein-papers/1905_17_891-921.pdf.

Einstein, Albert, 1907. Im Jahrbuch der Radioaktivität und Elektronik, Bd. 4, ed. Johannes Stark. Hirzel, Leipzig. https://archive.org/details/jahrbuch-der-radioaktivitat-und-elektronik-4.1907/page/n5/mode/2up.

Einstein, Albert, 1911. Einfluss der Schwerkraft auf die Ausbreitung des Lichtes. In: Annalen der Physik. Band 35, 1911, S. 898–908, https://doi.org/10.1002/andp.200590033 (uni-augsburg.de [PDF]).

Elliott, Mark, und Anne Giersch, 2016. What happens in a Moment. Front Psychol. 2015, 6. https://www.ncbi.nlm.nih.gov/pmc/articles/PMC4703812/.

ESO, 2018. First successful test of Einstein's general relativity near supermassive hole. eso1825, science release. https://www.eso.org/public/news/eso1825/.

Fischer, Bernd, 2019. Was bedeutet "von Ewigkeit zu Ewigkeit"? derHahnenschrei.de. https://derhahnenschrei.de/index.php/14-gastbeitraege/165-was-bedeutet-von-ewigkeit-zu-ewigkeit.

Freris, Nicolaos et al., 2011. Fundamental Limits on Synchronizing Clocks over Networks, IEEE Trans. Aut. Control, Vol. 56, 2011. https://ieeexplore.ieee.org/document/5605654.

Galilei, Galileo, 1638. Unterredungen und mathematische Demonstrationen …, Dritter und Vierter Tag. Engelmann 1871, Leipzig. https://books.google.ch/books?id=zskEAAAAYAAJ&pg=PA1&redir_esc=y#v=onepage&q=singen&f=false.

Gamow, George, 1940. Mr. Tompkins in Wonderland. Discovery Magazine, UK. Cambridge University Press. https://www.arvindguptatoys.com/arvindgupta/tompkins.pdf.

Gillen, Erny, 2016. Die Papst-Sankt-Franziskus-Formel, Inst. Sozialstrategie, https://institut-fuer-sozialstrategie.de/wp-content/uploads/2018/04/re_ifs_apr-18_gillen_papst-franziskus.pdf.

Goldenberg, Suzanne, 2015. US Senate refuses to accept humanity's role. TheGuardian.https://www.theguardian.com/environment/2015/jan/22/us-senate-man-climate-change-global-warming-hoax.

Gritters, Jenni, 2019. Meditation can alter our perception of time, study finds. https://www.mindbodygreen.com/articles/meditation-can-make-time-feel-like-it-moves-faster-research-shows.

Hassler, Horst, 2003. A. Scheibe und U. Adelsberger – Physiker und Uhrenbauer aus Deutschland. Chronos. https://www.yumpu.com/de/document/read/6713434/physiker-und-uhrenbauer-chronos.

Hattrup, Dieter, 2010. Bekenntnisse Confessiones [des Augustinus], Edition Europa, Paderborn. https://www.unifr.ch/dogmatik/de/assets/public/files/Dokumentation/Online-Bibliothek/Klassiker/Augustinus_Bekenntnisse.pdf.

Hawking, Stephen, 1988. A Brief History of Time, Bantam-Dell, New York.

Hawking, Stephen, 1992. Chronology projection conjecture. Phys. Review D, Vol. 46. http://reprints.gravitywaves.com/TimeTravel/Hawking-1991_ChronologyProtectionConjecture_PhysRevD.46.603.pdf.

Hillis, Danny, 1985. The Millenium Clock, Wired.com, 1995. https://www.wired.com/1995/12/the-millennium-clock/.

Indino, Marcello, 2009. Die subjektive Interferenz von Raum und Zeit. Diss. Univ. Zürich, 2009. https://www.zora.uzh.ch/id/eprint/31351/1/Indino.pdf.

Kabil, Ahmed, 2018. Keeping good time for 10,000 years. longnow.org. https://longnow.org/ideas/the-equation-of-time-cam-keeping-good-time-for-10000-years/.

Kant, Immanuel, 1782. Kritik der reinen Vernunft, Felix Meiner, Leipzig. 1919. https://ia600503.us.archive.org/18/items/kritikderreinenv19kant/kritikderreinenv19kant.pdf.

Klarsfeld, André, 2013. At the dawn of Chronobiology. 122-mairan-analysis.pdf. http://www.bibnum.education.fr/sites/default/files/122-mairan-analysis.pdf.

Knapton, Sarah, 2021. The Earth is spinning now faster than …. The Telegraph, 4 Jan. 2021. https://www.telegraph.co.uk/news/2021/01/04/earth-spinning-faster-now-time-past-half-century/.

Kosak Ferdinand 2020. Das Tempo der Zeit, Vortrag Wohlfahrtswerk, Stuttgart. https://www.wohlfahrtswerk.de/fileadmin/default/mediapool/09_Presse/Vortrag-Kosak-Wohlfahrtswerk-Stuttgart.pdf.

Köstler, Arthur, 1959. The Sleepwalkers. Penguin Books. https://www.academia.edu/5699033/Arthur_Koestler_The_Sleepwalkers.

Kraus, Ute et al., 2002 A. Was Einstein noch nicht sehen konnte – Visualisierung relativistischer Effekte. Physik Journal 2002, Nr. 7/8. https://www.spacetimetravel.org/tompkins/tompkins.pdf.

Kraus, Ute et al., 2002 B. Tempolimit Lichtgeschwindigkeit. Universität Hildesheim. https://www.tempolimit-lichtgeschwindigkeit.de/tompkins/node1.html.

Lehmkuhl, Dennis, 2014. Why Einstein did not believe that general relativity geometrizes gravity, Physics 46, May 2014. https://doi.org/10.1016/j.shpsb.2013.08.002.

Lombardi, Michael, 2008. The Accuracy and Stability of Quartz Watches. Horological J., Feb 2008. https://tf.nist.gov/general/pdf/2276.pdf.

Luy, Marc, 2006. Leben Frauen länger oder sterben Männer früher? Public Health Forum. https://web.archive.org/web/20130208105217/http://www.marc-luy.de/pub/ml013.pdf.

Mann, Thomas, 1924. Der Zauberberg. Fischer, Berlin. z.B. Projekt Gutenberg https://www.gutenberg.org/ebooks/65661 und https://www.gutenberg.org/ebooks/65662.

Maudlin, Tim, 2017. A Defense of the Reality of Time, Quanta Magazine, https://www.quantamagazine.org/a-defense-of-the-reality-of-time-20170516/.

Mach, Ernst, 1883. Die Mechanik in ihrer Entwicklung. Leipzig, 1883. https://www.deutschestextarchiv.de/mach_mechanik_1883/221.

Martin, Sean, 2019. Black hole news: Standing on edge of black hole … https://www.express.co.uk/news/science/1191121/black-hole-news-time-travel-milky-way-space-discovery-supermassive-black-holes-sagittarius.

Minkowski, Hermann, 1908. Raum und Zeit, Vortrag 21.9.1908, Teubner, 1909. https://de.wikisource.org/wiki/Raum_und_Zeit_(Minkowski).

Moskalewicz, Marcin, 2018. Temporal Delusion. 'Duality' Accounts of Time and Double Orientation. J. of Consc. Studies, Vol. 25. https://www.academia.edu/44618.357/Temporal_Delusion_Duality_Accounts_of_Time_and_Double_Orientation_to_Reality_in_Depressive_Psychosis.

Muller, Richard, 2017. Now – the Physics of Time. Norton, New York/London.https://colab.research.google.com/drive/1jkrO1g9ArPX8_qvGvvFJroUA3REgBkqZ.
Newman, Phil, 2021. Aubrey de Grey – Methuserality until 2035.https://longevity.technology/news/longevity-escape-velocity-by-2035-and-it-will-be-free/.
Newton, Sir Isaac, 1728. The Chronology of Ancient Kingdoms amended. London. z.B. in: https://www.e-rara.ch/zut/doi/https://doi.org/10.3931/e-rara-37430
Nigel, Calder, 2003. Magic Universe: The Oxford Guide to Modern Science. Oxford University Press.
NIST, 2021. NIST Team Compares Three Top Atomic Clocks … Bacon Collaboration. https://doi.org/10.1038/s41586-021-03253-4.
Osten, Manfred, 2003. ‚Alles veloziferisch' oder Goethes Entdeckung der Langsamkeit. Insel, Frankfurt a. Main.
Ostojic, Ljerka, 2022. The temporal Doppler effect may not be a robust and culturally universal phenomen. https://rr.peercommunityin.org/articles/rec?id=274.
Plato/Susemihl, Franz, 1856. *Timaios* in *Platons Werke*, Stuttgart, 1856. http://www.opera-platonis.de/Timaios.pdf.
Plinius, der Ältere, 77. Naturae historiarum, Buch 7. Siehe z.B. https://www.attalus.org/translate/pliny_hn7c.html.
Popper, Karl, 1956. The Arrow of Time. Nature 177, 538 (1956). https://doi.org/10.1038/177538a0.
Proust, Marcel, 1927. À la recherche du temps perdu, Gallimard, 1946. https://fr.wikisource.org/wiki/%C3%80_la_recherche_du_temps_perdu.
Puhlmann, Jannis, 2020. Zeiterfahrung in Manie und Depression. Academia.edu. https://www.academia.edu/42909653/Zeiterfahrung_in_Manie_und_Depression.
Puschmann, Helmut, 2023. Johann Sebastian Bach – Goldberg Variationen. https://www.dr-puschmann.de/de/musika/klassik_jahrhundertaufnahmen/jsbach_goldberg_variationen/index.html.
Quoteinvestigator, 2016. In the Zone. Quoteinvestigator.com, https://quoteinvestigator.com/2016/09/16/zone/.
Richards, Blake und Paul Frankland, 2017. The Persistence and Transience of Memory. https://doi.org/10.1016/j.neuron.2017.04.037.
Rovelli, Carlo, 2016. Die Wirklichkeit, die nicht ist, wie sie scheint. Rowohlt, Hamburg.

Rovelli, Carlo, 2017. Die Ordnung der Zeit. (L'ordine del tempo). Rowohlt, Hamburg.

Ruggert, Amanda, 2018. Do we really live longer? bbc.com/future. https://www.bbc.com/future/article/20181002-how-long-did-ancient-people-live-life-span-versus-longevity.

Rynasiewicz, Robert, 2011. Newton's Scholium on Time, Space, Place and Motion. Stanford Encyclopedia of Philosophy. https://plato.stanford.edu/entries/newton-stm/scholium.html.

Schichting, Hans, 2006. Wie man die Zeit aufhalten kann. Phys. Unserer Zeit, 2, 2006. https://hjschlichting.files.wordpress.com/2011/01/09_wie_man_die_zeit_aufhalten_kann1.pdf.

Schreber, Daniel, 1903. Denkwürdigkeiten eines Nervenkranken, Mutze, Leipzig. https://userpage.fu-berlin.de/~quirrrrl/Denkwuerdigkeiten_eines_Nervenkranken.htm.

Schultz, Patricia, 2003. 1000 Places to see before you die. Workman, New York, 2003.

Schwarcz, Joseph, 2018. No sympathy for the «Powder of Sympathy». McGill OSS, 2018. https://www.mcgill.ca/oss/article/history/no-sympathy-powder-sympathy.

ScienceDaily, 2020. Goethe Universität Frankfurt, Zeptoseconds, Oct 16, 2020. https://www.sciencedaily.com/releases/2020/10/201016090209.htm.

Shah, Agam, 2023. How Tesla uses and improves its AI for autonomous driving.. https://www.enterpriseai.news/2023/03/08/how-tesla-uses-and-improves-its-ai-for-autonomous-driving/.

Sheidlower, Jesse, 2022. SFDictionary Grandfather, https://sfdictionary.com/view/2178/grandfather-paradox.

Siegel, Ethan, 2022. Does time really exist? Bigthink.com, April 2022. https://bigthink.com/starts-with-a-bang/does-time-exist-182965/.

Siegel, Ethan, 2022. The Big Bang no longer means what it used to be. Medium.com. https://medium.com/starts-with-a-bang/the-big-bang-no-longer-means-what-it-used-to-1c7d059a7c30.

Sobel, Dava, 1995. Longitude. Walker, New York, 1995.

Stojić, Sandra et al., 2023. Children and adults rely on different heuristics... Sci. Reports 13. https://www.nature.com/articles/s41598-023-27419-4.

Suter, Martin Suter, 2013. *Die Zeit, die Zeit.* Roman, Diogenes 2012.

Trafton, Anne, 2017. How the brain keeps time. MIT News, Dec 2017. https://news.mit.edu/2017/networks-neurons-stretch-compress-control-timing-1204.

Turing, Alan, 1950, Computing Machinery and Intelligence, Mind Vol. 49. https://redirect.cs.umbc.edu/courses/471/papers/turing.pdf.
Uggerhøj, Ulrik, et al. 2016. The Young Center of the Earth. https://arxiv.org/pdf/1604.05507.pdf.
Ward, Ritchie R., 1971. The Living Clocks. Alfred Knopf, New York.
Webb, Jonathan, 2014. Tedium, tragedy and tar: The slowest drops in science. https://www.bbc.com/news/science-environment-28402709.
Weiner, Jonathan, 2022. The bird is fine, … it's dead. MIT Technology Review, Oct 2022. https://www.technologyreview.com/2022/10/20/1060934/pursuing-immortality-consolations-mor.
Wells, H.G., 1895. The Time Machine, Heinemann, London. Gescanned: Wikimedia commons, The_Time_Machine (H. G. Wells, William Heinemann, 1895).djvu.
White, Terence Hanbury, 1956. Der König auf Camelot, Bd. 1, Klett-Cotta, Stuttgart.
Wittmann, Marc, 2014. Wie unser Gefühl für die Zeit entsteht. Spektrum.de, Sept. 2014. https://www.spektrum.de/news/wie-unser-gefuehl-fuer-die-zeit-entsteht/1309744.
Wood, Michael, 2010. The Platonic Year. Oxford Academic, June 2010. https://doi.org/10.1093/acprof:oso/9780199557660.003.0003.
Yutang, Lin, 1937. Die Weisheit des lächelnden Lebens, Inselverlag, Berlin, 2004.

Stichwortverzeichnis

21cm-Linie 60

A

ABB 124
ABB (After the Big Bang) 337
Aberration, astronomische 93, 98
Abiogenese 128, 132, 226
Adelsberger, Udo 59
After the Big Bang (ABB) 337
Alhazen 78
Allan, David 70
Allan-Mass 70
Allgemeine Relativitätstheorie 124
Alter 328
Altern 254, 284
Analemma 30, 337
Analepse 182, 337
Anti-Primzahl 34
Aphel 29

Apogäum 39
Aristoteles 13, 22, 57, 71, 214
Armillarsphäre 14
Astrologie 37
Äther 81
Atmos-Uhr 297
Atombombe 227
Atomuhr (Cäsium) 61
Atomzeit 69
Auf der Suche nach der verlorenen Zeit 279
Augustinus von Hippo 2, 5, 6, 11, 23
Ausdehnung des Universums 121
autotelisch 212, 337
A-Zeit 181

B

Babbage, Charles 132
Babylonier 34

Bach, Johann Sebastian 290
Badewannenkurve 235, 242, 337
Barbour, Julian 113
Baryzentrische Koordinierte Zeit (Temps coordonné barycentrique, TCB) 112
Baryzentrum 111
bathos 252
Beeckman, Isaac 79
Bell, Jocelyn 64
Benussi, Vittorio 196
Bergkristall 57
Bernoulli, Daniel 45
Beverly-Uhr 300
Bewusstsein 176, 182, 217, 245
Bezos, Jeff 296
Big Bang 11, 120, 121, 123
Blockuniversum 12, 151
Bohr, Niels 78
Bologna, Kathedrale 40
Bonhoeffer, Dietrich 182
Bosch, Hieronymus 246
Bradley, James 98
Brahe, Tycho 14
Breguet, Abraham Louis 55
Bürgi, Jost 33
B-Zeit 181

C

Cache 184, 188
Cade, John 218
Cage, John 291, 293
Cambridge-Uhr 322
Carpe diem 266
Cassini, Giovanni Domenico 40
Ceres 43

Chronobiologie 200
Chronometer (John Harrison) 54
Chronophage 324, 337
Chronos 193
Chronotopos 272
Cicero, Marcus Tullius 214
Clausius, Rudolf 138, 145
Cloud Speicherung 188
Computer 155, 161
Conant, Hezekiah 34
Confessiones 5
Cook, Claire 209
Cordeiro, José 243
Cox, James 286
Csikszentmihalyi, Mihaly 212

D

Dalí, Salvatore 219
Danzig, Pulsaruhr 65
Darwin, Charles 199
da Vinci, Leonardo 49
Dawkins, Richard 133
de Beauvoir, Simone 282
de Candolle, Augustin Pyramus 197
de Champaigne, Philippe 46
Dedekindscher Schnitt 8
Deferent 15
de Grey, Aubrey 240, 242
de Mairan, Jean-Jacques 196
Demiurg 12
Dern, Laura 176
Descartes 79
de Vic, Henri 48
Don Quijote 235
Doppler-Effekt 93
    zeitlicher 210

Dorian-Gray-Syndrom 254
d'Ormesson, Jean 263

E

Eagleman, David 194
Ecco, Umberto 251
Eddington, Arthur 139
Eigenfrequenz 58, 169
Eigenzeit 119
Einstein, Albert 4, 5, 23, 43, 84, 88, 94, 99, 102, 114, 136, 149, 192
Einstein-Ringe 106
Einsteinsche Relativitätstheorie 111
Ekliptik 14, 37
Energie, freie 147
Energieernte 286, 300, 338
Entropie 136, 147, 241
Ephemeridenzeit 66, 111
Epizykel 15
Epoche 158
Erde, flache 74
Erdrotation 35, 66, 68
Erhaltung des Drehimpulses 36
Erinnerungshügel 207
Erlebnis 210
Essen, Louis 61
Eternalismus 151
Ewigkeit 10

F

Fechner, Gustav 204
Fenster, gleitendes 177, 179, 184, 193, 338
Feynman, Richard 109
Filopanti, Qurico 32

Flow 212
Fluchtgeschwindigkeit 338
 für ewiges Leben 242
Foliot 48
Fosse, Jan 261
Foucault, Léon 115
Foucault-Pendel 115
Frankl, Viktor 330
Freud, Sigmund 217
Fried, Erich 270
Funktionspunkt 226

G

Galilei, Galileo 24, 33, 44, 49, 79, 98
Galle, Johann 35
Gamow, George 100
Gates, Bill 187
Gegenwart 8, 321, 322
Gehirn als Zeitorgan 180
Genauigkeit einer Uhr 59
Gibran, Khalil 302
Glass, Philip 290, 293
Gleichzeitigkeit 93, 153
Goldberg Variationen 290
Gorki, Maxim 209
GPS 74, 166
Grande Complication 294
Grashüpfer-Hemmung 53
Graunt, John 235
Grundeinheiten der Physik 73
Gryphius, Andreas 249
Guth, Alan 125

H

Hafele, Joseph 91
Harrison, John 53, 54, 286

Hauptsatz, zweiter der Thermodynamik 138, 145
Havel, Vaclav 144
Hawking, Stephen 107, 136, 303
Haydn, Joseph 291
Heidegger, Martin 283
Heisenberg, Werner 4
Helson, Harry 196
Hemmung 48
Heraklit von Ephesus 46
Herodot 11
Herschel, William 35, 42
Herz, zuckendes 199
Hesiod 238
Hesse, Hermann 268
Hillis, Danny 295
Hoggarth, William 252
Homo sapiens 128
Horaz 265
Hoyle, Fred 121
Hubble, Edwin 121
Huyghens, Christiaan 50, 170
Hypothalamus 201

I

Illusion 3, 5, 151, 195
Imhofe, Jim 230
Inflation 125
Information 145
Informationstechnologie 227, 228
Interozeption 205
Isolationstank 205

J

Jacquard, Joseph-Marie 132
Jahr

astronomisches 39
platonisches 37
siderisches 37
tropisches 37, 39, 60
Jainismus 11
James, William 178
Jetlag 202
Jetzt 163
Jobs, Steve 161
Joshi, Kedar 156
Joyce, James 181, 291
Jugend 327
Julius Cäsar 38
Jung, Carl Gustav (CG) 53, 217
Jupiter (Monde) 79

K

Kairos 193
Kalender 38, 329
    Gregorianischer 38
    Julianischer 38
Kanonenexperiment 98
Kant, Immanuel 20, 174
Kausalität 119, 143, 195, 307
Keating, Richard 91
Keller, Gottfried 269
Kepler, Johannes 14
Klarsfeld. André 200
Klepshydras 44
Klimawandel 37, 68, 227
Kollaps (Wellenfunktion) 307, 322
Kopernikus 16, 29
Kosak, Ferdinand 209
Kosmologie 123
Koyaanisqatsi (Film) 293
Kurzweil, Ray 225
Kybalion 138

Stichwortverzeichnis

L

Lämmert, Eberhard 182
Längenkontraktion 95
Langevin, Paul 89
Laplace, Simon 106
Larkin, Philip 266
Laughlin, Robert 127
Law of accelerating returns 225
Leben, ewiges 241
Lebenserwartung 237, 238
Lebensspanne 237
Le Guin, Ursula 160
Leibniz, Gottfried Wilhelm 17, 20
Lemaître, George 121
Le Verrier, Urban 35
Lichtenberg, Georg Christoph 46, 248
Lichtgeschwindigkeit 21, 72, 78, 82, 113
Lichtkegel 117
Lichtmasse 103
Life Logging 189, 191
Ligeti, György 291
Lilly, John 205
Lin Yutang 216, 256
Lithium 218
Longitude Act 52
Long-Now-Projekt 295, 299
Lorentz, Hendrik 84
Lorentz-Faktor 84
Luther, Martin 215
Lyrik zur Zeit 256

M

Mach, Ernst 70, 72, 113, 115
Machado, Antonio 262
Machsches Prinzip 115
Mallet, Robert 267
Mann, Steve 189
Mann, Thomas 272
Marti, Kurt 248
Mather, John 121
Maudlin, Tim 148
Maxwell, James Clerk 71, 81, 145
Maxwellscher Dämon 141
McTaggart, John 181
Meditation 206, 216
Memento mori 249
Menstruation 199
Meridian 41
METAS 69
Meter (Definition) 72
Metronom 170
Michell, John 106
Michelson, Abraham 82, 84
Mimose 196
Minkowski, Hermann 117
Mittelpunkt der Erde 109, 111
Monat, synodischer 199
Mond 153
Mondkrater 130
Mooresches Gesetz 223
Morley, Edward 82
Moskalewicz, Marcin 218
Multiplexen 161
Musik zur Zeit 290
Muße 214
Myon 87

N

Netzwerk Zeit Protokoll 166
Newton, Isaac 16, 19, 43, 66, 98, 122, 174
Nigel, Calder 87

NIST 69
Nucleus suprachiasmaticus 201
nycthemeral 198

O
Oddball-Effekt 207
Opitz, Martin 266
Organ2/ASLSP 291
Ourobos 152

P
Pais, Abraham 4
pánta chorei 35, 267
Papst Franziskus 134
Paradoxon von Ehrenfest 110
Pechtropfen-Experiment 301
Peirce, Charles 134
Pendel 25
Pendeluhr 50, 169
Perigäum 39
Perihel 29
Pfeil-Paradox 19
Phi-Effekt 195
Piazzi, Guiseppe 43
Pirouetteneffekt 36
Planck-Länge 114
Planck-Zeit 9, 114, 124, 158
Plato 12, 22, 35, 182, 267
Plinius der Ältere 245
Poème Symphonique 291
Poincaré, Henri 117
Popper, Karl 140
Potter, Stewart 2
Präsentismus 7, 151, 339
Präzession 37
Programmierer im Flow 213

Prolepse 182
Protestantismus 215
Proust-Effekt (Madeleine-Effekt) 280
Prozess 339
Psychologie der Zeit 7
PTB 69
Ptolemäus 15
Puhlmann, Jannis 217
Puls als Uhr 24
Pulsar 64

Q
Quantencomputer 156

R
Ransmayr, Christoph 179, 285
Raum 81
Raumkrümmung 126
Raumzeit 116
Reichenbach, Hans 134, 149
Relativitätstheorie 153
    Allgemeine 22
    spezielle 84
Reminiszenz-Efekt 207
Rheologie 45
Rilke, Rainer Maria 268
Romane mit Zeit 271
Roman-fleuve 339
Rooney, Andy 327
Roosevelt, Eleanor 254
Rotation 14
Rotverschiebung (Gravitation) 104
Round Trip Signal 165
Rovelli, Carlo 152
Rømer, Ole 22, 79

S

Sagan, Carl 39, 125
Sanduhr 46, 47, 118, 249
Schaltmonat 33
Schaltsekunde 67
Schalttag 38
Scheibe, Adolf 59
Schifffahrt 26
Schleifenbewegung 15
Schleifenquanten-Gravitation 124
Schreber, Daniel 217
Schrödinger, Erwin 147, 182
Schwarze Löcher 105
Schweizer Bahnhofsuhr 167, 278
Schwingung 14
Scilly-Flottenkatastrophe 50
Seemeile 51
Sekunde (Definition) 33, 60, 66
Sekundenpendel 60
Selbstvermessung (Quantified Self) 189
Sellars, Peter 293
Sexagesimal-System 33
Sexualität 128, 240
Shakespeare, William 234, 235, 257
Signalgeschwindigkeit 93
Sinfonie 101 von Haydn 291
Singularität 225, 227, 339
Sinn 330
SKA-Projekt 168
Smith, Sue Stuart 271
Sobel, Dava 53
Sokrates 13, 214
Sonnentag 27, 66
  mittlerer 33
Sonnenuhr 30, 39, 40
Sonnenzeit, wahre 67, 69
Spaghettisierung 107
Speichern von Daten 185
Stabilität einer Uhr 59
Sterbetafel 235
Sternenstaub 125
Sterntag 27, 35
Sternzeit 26
Straus, Erwin 177
String-Theorie 124
Struldbruggs 242, 284
Stunde, temporale 30
Supernova SN 1987A 97
Sushi (Zeit-Metapher) 70
Suter, Martin 303
Swift, Jonathan 242, 284
Symmetrie 14
Sympathiepulver 52
Synchronisation 94, 166, 167
Synchronizität 53
Systementwicklung der Welt 129, 145
Systemzeit 158, 339

T

Taktgeber 157, 265
Taylor, John C. 323
Temperozentrismus 339
Temporalität 339
Tertie 33
Tesla, Nikola 57
Theorie von Allem 127
Thomson, William (Lord Kelvin) 81
Tieck, Ludwig 327
Time Sharing 161
Time, Universal 67
Tod 244, 246, 250, 258, 276, 283, 327
Tolkien, JRR 161, 260

Tolle, Eckhart 163
Torricelli, Evangelista 44
Tote aus der Seine 259
Tourbillon 55
Transhumanismus 244
Turing, Alan 174
Turmuhr Zytglogge Bern 31
Turm von Abraj-el-Bait 108

U
Uhr
   dienstleistende 62
   mechanische 26, 34, 48, 59, 64, 66, 72, 294
Unendlichkeit 11
Unschärferelation 4
Ussher, James 122

V
Vanitas-Motiv 46, 249
veloziferisch 222
Vergangenheit 321, 339
Vergessen 186
Vernes, Jules 89
Verschränkung 4
Verwesung 258
Vico, Giambattista 176
Vinge, Vernor 226
von Goethe, Johann Wolfgang 222, 246

W
Wachstum, exponentielles 221, 225
Walser, Martin 281
Wärmetod 145
Wasseruhr 24, 44
Watts, Alan 265
Weber, Ernst 204
Weber-Fechner-Gesetz 204
Wells, H.G. 117, 304
Weltpunkt 118
Weltzeit, koordinierte 67, 69
Weyl, Hermann 89
Wheeler, John 115, 144
White, Terence Hanbury 142
Wilde, Oscar 254
Wittmann, Marc 206
Woolfe, Virginia 325
Wurmloch 107

Y
Yeats, William Butler 261

Z
Zahl, höchstzusammengesetzte 33
Zauberberg (Roman) 273
Zehn-nach-Zehn 164
Zehntausend-Jahre-Uhr 295
Zeit
   als brennende Zündschnur 150
   als fahrender Zug 263
   gefühlte 204, 218
   internationale physikalische 66
   kosmische 120, 124
   lineare 70
   metabolische 120, 338
   mittlere 30
   qualitätskorrigierte 239
   subjektive 192
   wahre 30
Zeit.Definition 169

Zeitdilatation 85
Zeitfaden 161
Zeitfenster (Weite) 184
Zeitgleichung 30
Zeitpfeil 139, 140, 143, 190
Zeitreise 303
Zeitvenus 298
Zeitwahrnehmung 208
Zeitzone 32

Zeno von Elea 19
zirkadianisch 198
Zufall 134, 340
Zufallsgenerator 157
Zukunft 321, 340
Zündschnur 150, 162, 163, 308
Zuse, Konrad 132, 156Zwillings-
 Paradox 88

MIX
Papier aus verantwortungsvollen Quellen
Paper from responsible sources
FSC® C105338

If you have any concerns about our products,
you can contact us on
ProductSafety@springernature.com

In case Publisher is established outside the EU,
the EU authorized representative is:
**Springer Nature Customer Service Center GmbH
Europaplatz 3, 69115 Heidelberg, Germany**

Printed by Libri Plureos GmbH
in Hamburg, Germany